Photoshop 平面设计案例教程

张玉华　赵海侠　编著

北京理工大学出版社
BEIJING INSTITUTE OF TECHNOLOGY PRESS

内容简介

本书依据平面设计工作的实际需求，在作者多年的平面设计的实践与教学经验的基础上，根据计算机相关专业的职业岗位能力需求及学生的认知规律倾心组织编写。本书采用任务模块化的编排方式，每个任务通过案例讲解知识点的使用，以培养学生的实践能力。本书案例覆盖面广，涉及图像合成、照片处理、图像修复、图像绘制、图标设计、图文设计、图像调整、滤镜应用等多个领域，主要内容包括选区工具、绘图工具、形状工具、文字工具、修复工具、“图层”面板、“路径”面板等核心知识点的讲解。

本书内容系统性强，有完善的知识体系，理论与实践结合，突出实训部分，具有先进性和实用性。本书可以作为高职院校计算机相关专业平面设计课程的教材，也可以作为相关从业人员的参考用书。

图书在版编目（CIP）数据

Photoshop平面设计案例教程 / 张玉华，赵海侠编著.
北京：北京理工大学出版社，2025.6.
ISBN 978-7-5763-4915-3

Ⅰ. TP391.413

中国国家版本馆CIP数据核字第2025Q8R025号

责任编辑：王玲玲　　**文案编辑**：王玲玲
责任校对：刘亚男　　**责任印制**：施胜娟

出版发行 / 北京理工大学出版社有限责任公司
社　　址 / 北京市丰台区四合庄路6号
邮　　编 / 100070
电　　话 / （010）68914026（教材售后服务热线）
（010）63726648（课件资源服务热线）
网　　址 / http://www.bitpress.com.cn

版 印 次 / 2025年6月第1版第1次印刷
印　　刷 / 河北盛世彩捷印刷有限公司
开　　本 / 787 mm×1092 mm　1/16
印　　张 / 18.75
字　　数 / 480千字
定　　价 / 89.00元

图书出现印装质量问题，请拨打售后服务热线，负责调换

前言

Photoshop 是由 Adobe 公司开发的图形图像处理软件，它的功能强大、易学易用，深受图形图像爱好者和平面设计人员的喜爱，已经成为该领域最流行的软件之一。目前，我国很多高职院校的计算机相关专业都将"Photoshop 平面设计"作为一门重要的专业课程。帮助高职院校的教师全面、系统地讲授这门课程，使学生能够熟练地使用 Photoshop 进行创意设计是编写本书的目的。

本书具有完善的知识结构体系，按照"学习任务—知识要点—扩展练习—项目考核"这一思路进行编排。秉承"精讲理论、重在实践"的教学理念，结合课程特点，将每个项目分解为多个任务，每个任务包含知识目标、能力目标、素质目标、教学重点和教学难点的说明。每个任务都有任务描述、任务分析、任务实施模块，其中，先通过"任务描述"的要求进行"任务分析"，通过"任务实施"完成案例的精心设计。学习任务后，有本项目涉及的理论知识详细讲解。然后通过拓展练习，巩固本项目所学的知识和技能。最后通过理论考核和实践考核测评学生学习情况。

本书精心编写了 10 个项目，23 个学习任务，20 个拓展练习，10 个实践考核。这些案例将素养元素融入其中，通过以项目教学、任务驱动的教学方式，指导学生完成任务设计，学生能快速熟悉软件功能；通过课堂案例演练，学生深入理解软件功能；通过拓展练习，学生能提高应用能力。通过这些案例的全面分析和详细讲解，可以使学生的实际应用能力得到提高，艺术创意思维更加开阔，实际设计与制作水平不断提升。

本书在栏目设计上有机融入党的二十大精神，秉承能力教育与素质教育同向同行的理念，在正文中设置了"中国梦""喜迎国庆""长征精神""红色传承""党史学习教育"等栏目，让学生在潜移默化中树立正确的人生观、世界观和价值观，主动肩负起时代责任和历史使命，成为堪当民族复兴的时代新人。

本书在内容编写方面，力求细致全面、重点突出；在文字叙述方面，力求言简意赅、通俗易懂；在色彩搭配方面，着重视觉设计效果；在案例选取方面，强调案例的针对性和实用性。

本书配套云盘中包括了书中所有案例的素材、效果文件和视频文件等。另外，为方便教师教学，本书配备了 PPT 课件、教学大纲、电子教案等丰富的教学资源，任课教师可到出版社网站免费下载使用。

本书由张玉华、赵海侠编著，其中项目三、项目四、项目五、项目六、项目七、项目九和项目十由张玉华老师编写，项目一、项目二和项目八由赵海侠老师编写，同时赵海侠老师负责收集材料、统稿、校稿等工作。

因专业水平有限，书中或许存在不当之处，敬请专家和广大读者不吝批评指正，以使我们日后修订时能做得更好。

学习情境一　图像处理

学习情境二　图像设计

学习情境三　图像调整

学习情境五　综合实训

学习情境一

图像处理

项目一 走进图像世界

图像是人类视觉的基础，是自然景物的客观反映，是人类认识世界和认识人类本身的重要源泉。“图”是物体反射或透射光的分布，“像”是人的视觉系统所接受的图在人脑中所形成的印象或认识，照片、绘画、剪贴画、地图、书法作品、手写汉字、传真、卫星云图、影视画面、X 光片、脑电图、心电图等都是图像。为了使原始图像具备更好的视觉效果或能满足某些应用的特定要求，需要对图像进行后期处理加工，其中，Photoshop 是平面设计多个应用领域处理图像必不可少的工具软件之一。

学习目标：

通过本项目的学习，可以理解图形图像的基础知识、常用图像文件格式、颜色的基础知识，掌握 Photoshop 的安装、工作区、基础辅助功能的使用和图像的文件管理。

学习框架：

1.1 学习任务 1：中国梦
1.2 学习任务 2：喜迎国庆
1.3 知识要点
1.4 拓展练习
1.5 项目考核

1.1 学习任务 1 中国梦

知识目标	(1) 了解图形图像的基本概念 (2) 了解常用图像文件格式 (3) 了解颜色的基础知识 (4) 熟练掌握 Photoshop 的工作区 (5) 熟练掌握图像文件的管理 (6) 熟练掌握移动工具的使用方法

续表

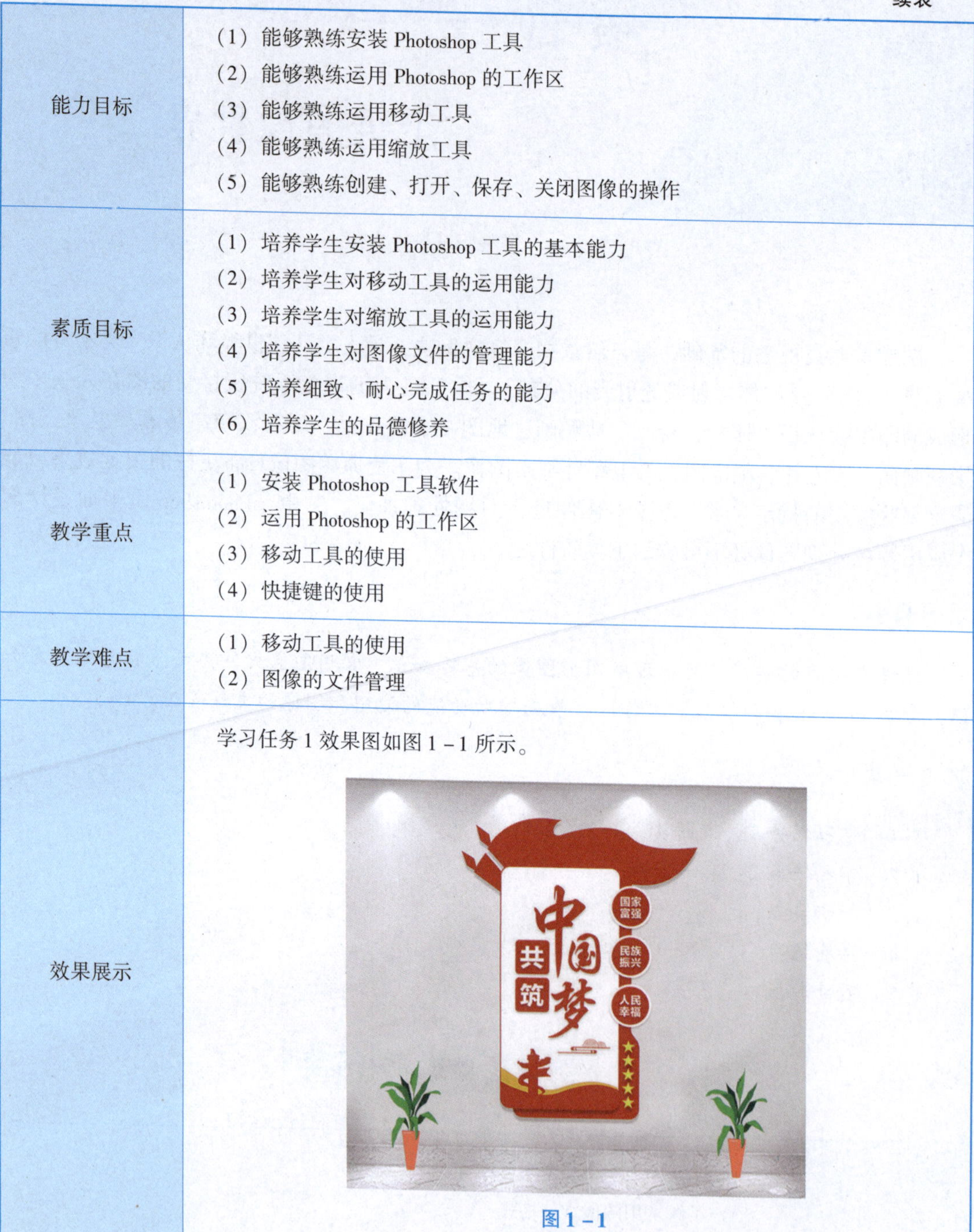

能力目标	（1）能够熟练安装 Photoshop 工具 （2）能够熟练运用 Photoshop 的工作区 （3）能够熟练运用移动工具 （4）能够熟练运用缩放工具 （5）能够熟练创建、打开、保存、关闭图像的操作
素质目标	（1）培养学生安装 Photoshop 工具的基本能力 （2）培养学生对移动工具的运用能力 （3）培养学生对缩放工具的运用能力 （4）培养学生对图像文件的管理能力 （5）培养细致、耐心完成任务的能力 （6）培养学生的品德修养
教学重点	（1）安装 Photoshop 工具软件 （2）运用 Photoshop 的工作区 （3）移动工具的使用 （4）快捷键的使用
教学难点	（1）移动工具的使用 （2）图像的文件管理
效果展示	学习任务 1 效果图如图 1－1 所示。 图 1－1

1.1.1 任务描述

将给定的图像素材合成为一幅图像。图像合成的过程中，练习 Photoshop 中的移动工具和将图像保存为多种格式的文件操作。

1.1.2　任务分析

根据任务描述，使用 Photoshop 打开图像素材，使用移动工具合成图 1－1 所示图像，最后将图像文件保存为“. psd”和“. jpg”格式的文件。

1.1.3　任务实施

（1）打开素材图像文件“中国梦 . jpg”，如图 1－2 所示，打开的素材图像文件“盆栽 . png”，如图 1－3 所示。

图 1－2

图 1－3

（2）切换到图像文件“盆栽 . png”，选择移动工具，将花的图像移至“中国梦 . jpg”文件所在的画布中，得到图层 1，将花放入合适的位置，如图 1－4 所示。

图 1－4

（3）重复步骤（2），效果如图 1－1 所示。

（4）选择“文件”→“存储副本”命令，在弹出的“存储副本”对话框中，设置保存类型为 Photoshop（＊. PSD；＊. PDD；＊. PSDT），输入文件名“1－1－中国梦 . psd”。

（5）选择“文件”→“存储副本”命令，在弹出的“存储副本”对话框中，设置保存类型为 JPEG（＊. JPG；＊. JPEG；＊. JPE），输入文件名“1－1－中国梦 . jpg”。

1.2 学习任务2 喜迎国庆

知识目标	（1）了解图像合成处理基础知识 （2）熟练掌握移动工具的使用方法 （3）掌握图像大小的知识和使用方法 （4）掌握画布大小的知识和使用方法 （5）掌握参考线的管理
能力目标	（1）能够熟练运用移动工具 （2）能够熟练运用参考线 （3）能够熟练掌握图像大小的知识 （4）能够熟练掌握画布大小的知识
素质目标	（1）培养学生运用 Photoshop 进行图像合成的基本能力 （2）培养学生对移动工具的运用能力 （3）培养学生对画布操作的运用能力 （4）培养学生对参考线的运用能力 （5）培养细致、耐心完成任务的能力 （6）培养学生的品德修养
教学重点	（1）移动工具的操作 （2）画布的操作 （3）参考线的操作
教学难点	（1）理解图像大小的知识 （2）画布的操作 （3）参考线的使用
效果展示	学习任务 2 效果图如图 1－5 所示。  图 1－5

1.2.1　任务描述

利用给定的图像素材“国庆.jpg”和“74.jpg”，两幅图像宽为650像素，高为470像素，将两幅图像合成为如图1－5所示的一幅图像，最后保存为“.psd”和“.jpg”格式的文件。

1.2.2　任务分析

根据任务描述，第一种方法：新建图像文件，宽为650像素，高为940像素，分辨率为72像素/英寸，颜色模式为RGB的画布；第二种方法：调整画布大小，实现两幅图像拼合。

1.2.3　任务实施

第一种方法：新建图像文件，实现两幅图像拼合。

（1）选择“文件”→“新建”命令创建一个新文件，在弹出的对话框中设置文件名为“喜迎国庆”，文件的“宽度”为650像素，文件的“高度”为940像素，“分辨率”为72像素/英寸，“颜色模式”为RGB，“背景内容”为白色，参数设置如图1－6所示。

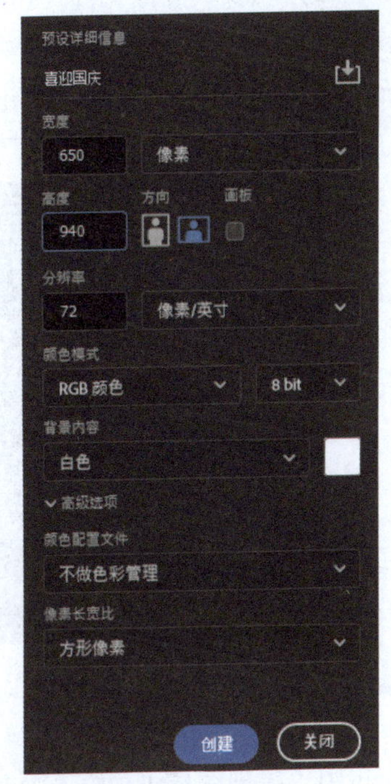

图1－6

（2）选择“视图”→“参考线”→“新建参考线”命令，距离上方470像素处创建水平参考线，选择“视图”→“参考线”→“锁定参考线”命令，将参考线锁定。

（3）打开素材图像文件“国庆.jpg”和“74.jpg”，如图1－7、图1－8所示。

图1－7

图1－8

（4）切换到图像文件“国庆.jpg”，选择移动工具，将图像移至“喜迎国庆”文件所在的画布中，得到图层1，对齐参考线，放入画布的上方位置。

（5）切换到图像文件“74.jpg”，选择移动工具，将图像移至“喜迎国庆”文件所在的画布中，得到图层2，对齐参考线，放入画布的下方位置，如图1－5所示。

（6）选择“文件”→“存储副本”命令，在弹出的“存储副本”对话框中，设置保存类型为 Photoshop（＊. PSD；＊. PDD；＊. PSDT），输入文件名“1－2－喜迎国庆 . psd”。

（7）选择“文件”→“存储副本”命令，在弹出的“存储副本”对话框中，设置保存类型为 JPEG（＊. JPG；＊. JPEG；＊. JPE），输入文件名“1－2－喜迎国庆 . jpg”。

第二种方法：使用调整画布大小，实现两幅图像的拼合。

（1）打开素材图像文件“国庆 . jpg”和“74. jpg”，如图 1－7、图 1－8 所示。

（2）切换到图像文件“国庆 . jpg”，选择“图像”→“画布大小”命令，弹出“画布大小”对话框，原参数值如图 1－9 所示。调整原图像的定位到上方，画布高度调整为 940 像素，新参数值如图 1－10 所示，单击“确定”按钮，“国庆 . jpg”图像如图 1－11 所示。

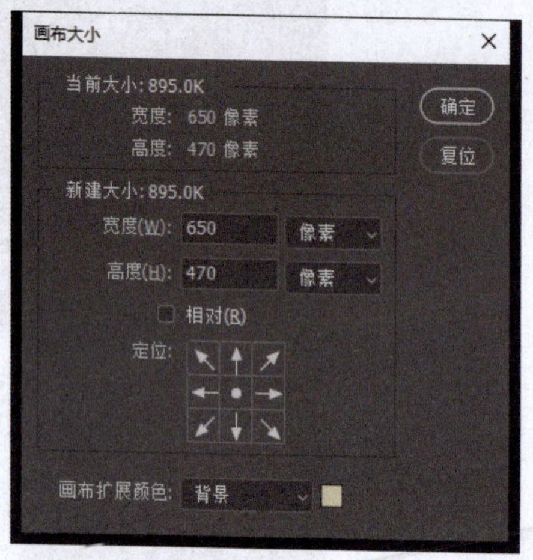

图 1－9

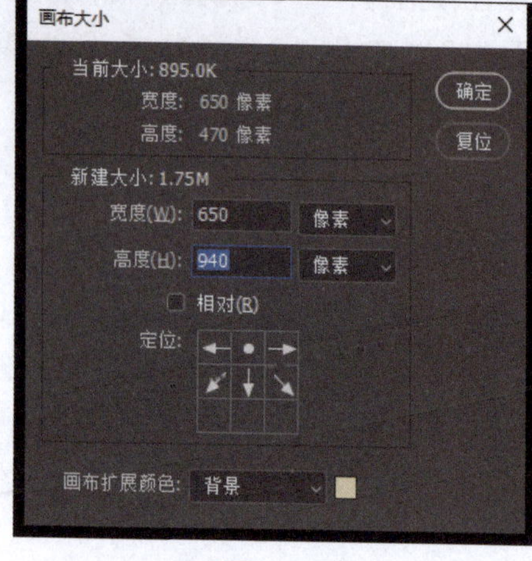

图 1－10

（3）切换到图像文件“74. jpg”，选择移动工具，将图像移至“国庆 . jpg”文件所在的画布中，得到图层 1，放入画布的下方位置并对齐，如图 1－12 所示。

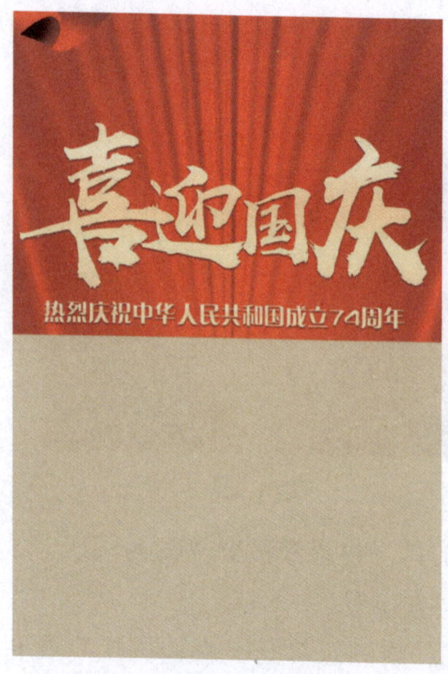

图 1－11

图 1－12

（4）分别保存为“＊. PSD”和“＊. JPG”格式的文件。

1.3 知识要点

1.3.1 图形图像的基本概念

1.3.1.1 栅格图像和矢量图像

图像可以分为两大类：栅格图像和矢量图像。在绘图或处理图像的过程中，这两种类型的图像可以交叉使用。

1. 栅格图像（有时称位图图像）

由称为像素的图片元素的矩形网格组成。每个像素都分配有特定的位置和颜色值，因此，栅格图像可以精确地表现色彩丰富的图像。但图像的色彩越丰富，像素就越多，图像文件占用的空间也就越大。在处理栅格图像时，所编辑的是像素，而不是对象或形状。

常见用例：栅格图像是连续色调图像（如照片或数字绘画）最常用的电子媒介，因为它们可以有效地表现阴影和颜色的细微层次。

常用软件和文件类型：大多数专业人士使用 Photoshop 处理栅格图像。常见的从 Photoshop 中导出的栅格文件类型有 JPEG、GIF、PNG 和 TIFF。

分辨率和文件大小：栅格图像与分辨率相关，即包含固定数量的像素。调整图像大小时，栅格图像会丢失或增加像素，从而降低图像品质。如果以较大的倍数放大栅格图像，或以过低的分辨率打印栅格图像，栅格图像就会出现锯齿状的边缘，并且会丢失细节，如图 1－13 所示。

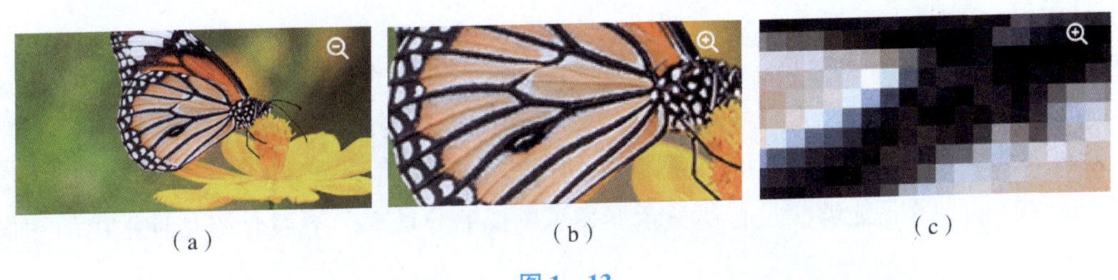

（a）　　（b）　　（c）

图 1－13

（a）原图；（b）原图放大 50%；（c）原图放大 80%

2. 矢量图像（有时称为矢量图形、矢量形状或矢量对象）

由几何（点、线或曲线）、有机或自由形状组成，是根据几何特征绘制的。矢量图像中的图形元素称为对象，每个对象都是独立的，具有各自的属性。矢量图由各种直线、曲线或文字组合而成。

常见用例：矢量图像是创作技术插图、信笺抬头、字体或徽标等图稿的最佳选择，这些图稿可用于各种大小和各种输出媒体。矢量图形还适用于专业标牌印制、CAD 和 3D 图形。

常用文件类型和软件：最好使用 Adobe Illustrator 创建矢量图稿。一些常见的矢量图形文件格式包括 AI、EPS、SVG、CDR 和 PDF。

分辨率和文件大小：任意移动或修改矢量图形，不会丢失细节或影响清晰度，因为矢量图形与分辨率无关，即当调整矢量图形的大小、将矢量图形打印到 PostScript 打印机、在 PDF 文件中存储矢量图形或将矢量图形导入基于矢量的图形应用程序中时，矢量图形都将保持清晰的边缘。如图 1－14 所示。

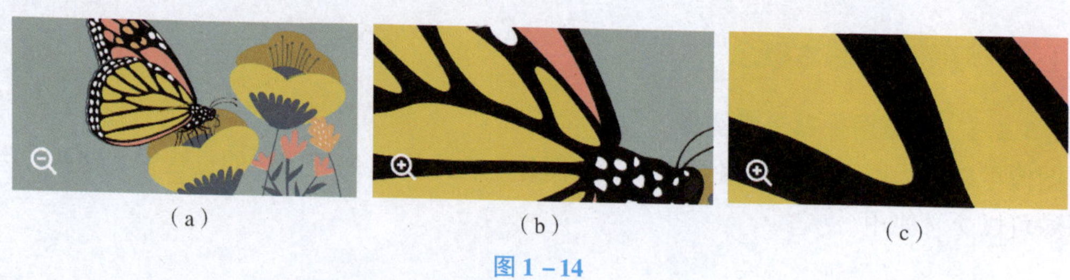

(a)　(b)　(c)

图 1－14

(a) 原图；(b) 原图放大 50%；(c) 原图放大 80%

1.3.1.2　像素

像素是栅格图像（位图图像）的基本单位，像素尺寸是指位图的高度和宽度所包含像素的数量，一个位图的大小由组成它的像素的多少决定。同一幅图像的像素大小是固定的，像素越多，图像就越细腻、自然，图像也就越大。

单个像素尺寸与分辨率有关，分辨率越小，像素尺寸就越大。高分辨率的图像比低分辨率的图像包含的像素多。与低分辨率的图像相比，高分辨率的图像可以呈现更多细节和更细微的颜色过渡，因为高分辨率图像中的像素密度高。在打印图像时，高品质图像常需要较高的分辨率。

1.3.1.3　分辨率

分辨率通常有图像分辨率、显示器分辨率、输出分辨率和位分辨率 4 种。

1. 图像分辨率

图像分辨率是指图像中每单位长度所包含像素（点）的数目，常以像素/英寸（pixels per inch，ppi）为单位。像素分辨率越高，图像越清晰。但过高的分辨率会使图像文件过大，对设备要求也越高，因此，应根据图像的用途合理设置分辨率。Photoshop 默认图像的分辨率为 72 ppi，这是能够满足普通显示器显示图像的分辨率。下面介绍几种常用的图像分辨率。

- 发布于网页上的图像的分辨率通常设置为 72 ppi 或 96 ppi。
- 报纸的图像的分辨率通常设置为 120 ppi 或 150 ppi。
- 打印的图像的分辨率通常设置为 150 ppi。
- 彩版印刷的图像的分辨率通常设置为 300 ppi。
- 制作灯箱广告的图像的分辨率一般不低于 30 ppi。
- 一些特别大的墙面广告等图像的分辨率可以设定在 30 ppi 以下。

2. 显示器分辨率

显示器分辨率是以像素为单位，指显示器中每单位长度显示的像素（点）的数目，通常以点/英寸（dots per inch，dpi）为单位。通常的显示器分辨率有 1 920 像素 ×1 080 像素（每列分布 1 920 个像素点，每行分布 1 080 个像素点）、1 280 像素 ×1 024 像素、1 024 像素 ×768 像素等。用点/英寸表示时，PC 显示器的典型分辨率为 96 dpi，MAC 显示器的典型

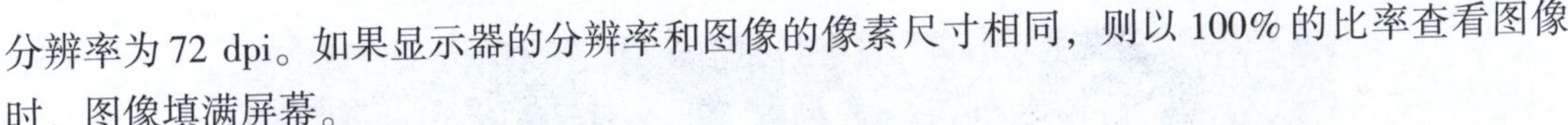

分辨率为 72 dpi。如果显示器的分辨率和图像的像素尺寸相同，则以 100% 的比率查看图像时，图像填满屏幕。

决定图像在屏幕上显示大小的因素：

- 图像的像素尺寸。
- 显示器的大小和分辨率设置。

在 Photoshop 中，可以更改屏幕上图像的放大率，从而轻松处理任何像素尺寸的图像。

在不同尺寸和分辨率的显示器上显示的 640 像素 ×480 像素的图像如图 1－15 所示。

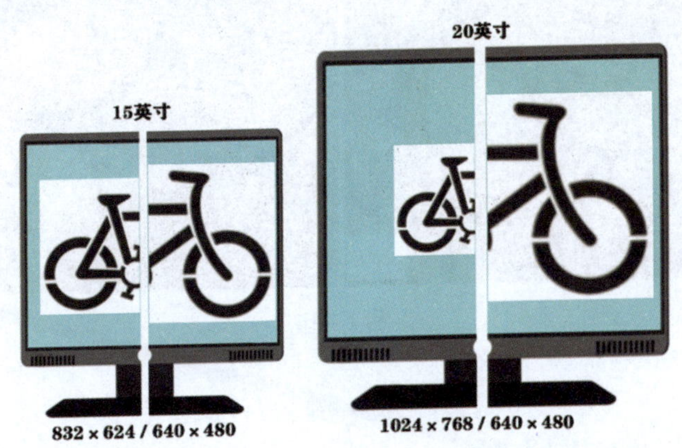

图 1－15

3. 输出分辨率

输出分辨率是指打印机等输出设备在输出图像时，每英寸所产生的油墨点的数量，其单位也是点/英寸（dpi）。

（1）打印机分辨率。

打印机分辨率以每英寸点数（dpi）为单位。dpi 越高，打印输出的效果越好。大多数喷墨打印机的分辨率为 720～2 880 dpi。

打印机的分辨率不同于图像分辨率，但与图像分辨率相关。要在喷墨打印机上打印出高质量的照片，图像分辨率应至少为 220 ppi，才能获得较好的效果。

（2）网频。

网频是打印灰度图像或分色稿所使用的每英寸打印机点数或网点数。网频也称为网目线数或线网，度量单位通常采用线/英寸（lpi），或半调网屏中每英寸的网点线数。输出设备的分辨率越高，可以使用的网目线数就越精细。

图像分辨率和网频间的关系决定了打印图像的细节品质。要生成最高品质的半调图像，通常使用的图像分辨率为网频的 1.5～2 倍。

对某些图像和输出设备而言，较低的分辨率会产生较好的结果。要确定打印机的网频，请参阅打印机文档或向服务供应商咨询。

注意：有些照排机和 600 dpi 激光打印机使用的是网屏技术，而不是半调技术。如果在非半调打印机上打印图像，请向服务供应商咨询或查阅打印机文档，以了解推荐的图像分辨率。网频示例如图 1－16 所示。

图 1-16

（a）65 lpi：粗糙网屏通常用于印刷快讯和赠券；（b）85 lpi：一般网屏，通常用于印刷报纸；
（c）133 lpi：高品质网屏，通常用于印刷四色杂志；
（d）177 lpi：超精细网屏，通常用于印刷年度报表和艺术书籍中的图像

（3）打印图像的分辨率规格。

300 像素/英寸的分辨率是高质量打印的行业标准。此分辨率可确保图像在打印时清晰明了。

300 像素/英寸的分辨率非常适合近距离观察小尺寸打印，但如果远距离观察大尺寸打印，也可以选择较低的分辨率。例如，如果要打印一个竖立在高速公路旁的广告牌，可以在不影响质量的情况下用较低的分辨率进行打印，因为离图像越远，高分辨率就越不重要。

- 打印机的默认分辨率

通常，打印机的默认打印分辨率为 300 像素/英寸，如果打印分辨率较低的图像，打印机会调整图像设置，以按默认分辨率打印图像。

- 在屏幕上查看尺寸

选择“视图”→“打印尺寸”命令，在屏幕上显示图像的近似打印大小。显示器的大小和分辨率会影响屏幕上的打印大小。

注意：屏幕上显示的图像大小与其打印尺寸往往是不同的，当图像的分辨率高于显示器的分辨率时，图像在屏幕上的显示比例就比实际尺寸大。

4. 位分辨率

位分辨率又称位深，用来衡量每像素所保存的颜色信息的位元数。例如，一个 24 位的 RGB 图像，R、G、B 三原色各占 8 位，其和为 24 位。在 RGB 图像中，每像素都记录 R、G、B 三原色值，因此每像素所保存的位元数是 24 位。

1.3.2 常用图像文件格式

存储图像文件时，选择一种恰当的文件格式是非常重要的。Photoshop 2023 支持多种文件格式，除了 Photoshop 专用的文件格式外，还包括 JPEG、GI、TIFF、BMP 等常见文件格式。下面介绍一些常见的图像文件格式。

1. PSD 格式和 PDD 格式

PSD 格式和 PDD 格式是 Photoshop 软件的专用格式，是唯一能支持图像颜色模式的格式。以 PSD 格式或 PDD 格式存储图像时，可以保存图像的每个细节，以及图层、通道和蒙版等数据信息。这两种格式文件比其他格式文件的打开和存储速度快，但比其他格式的图像文件占用的磁盘空间多。

2. JPEG 格式

JPEG 格式既是一种文件格式，也是一种压缩技术，有时也写成 JPG 格式。如果某图像文件只用于预览、欣赏或作为素材，或为了携带方便而存储在移动磁盘上，则可以将其保存为 JPEG 格式。使用 JPEG 格式保存的图像经过了高倍率的压缩，图像文件变得较小，占用的磁盘空间较小。但该格式的文件会丢失部分不易觉察的数据，所以印刷时不宜使用。

3. BMP 格式

BMP 格式是微软公司画图软件自身的格式，与 Windows 平台兼容，支持 RGB、索引颜色、灰度和位图模式，常用于视频输出和演示，存储时可以进行无损压缩。其特点是可以保留图像的全部细节，颜色丰富，但是该格式的文件通常较大。

4. PNG 格式

PNG 格式是 Netscape 公司开发的一种无损压缩网页格式。PNG 格式将 GIF 格式和 JPEG 格式的优势结合起来，支持 24 位真彩色，无损压缩，支持透明和 Alpha 通道。由于 PNG 格式不断支持所有的浏览器，所以在网页中使用得比 GIF 和 JPEG 格式要少，但随着网络的发展和 Internet 传输速度的改善，PNG 格式将成为网页中使用的一种标准图像格式。

5. GIF 格式

GIF 格式是 CompuServe 公司提供的一种图像交换格式，是一种经过压缩的 8 位图像文件格式。由于 GIF 格式使用高品质的压缩方式，且解压缩的时间比较短，因此被广泛用于通信领域和 Internet 的 HTML 网页文档中。

6. TIFF 格式

TIFF 格式是一种通用的图像模式，大部分的扫描仪和多数的图像处理软件都支持这种格式。由于 TIFF 格式采用一种无损压缩方案，所以存储时不需要考虑它给图像带来的任何像素损失。同时，由于 TIFF 格式有不影响图像的特点，所以被广泛应用于存储各种色彩绚丽的图像文件。TIFF 格式是一种非常重要的文件格式。

7. PDF 格式

PDF 格式是一种灵活的跨平台、跨应用程序的便携文档格式，可以精确地显示并保留字体、页面版式以及矢量和位图图形，并可以包含电子文档的搜索和导航功能，如超链接等。

8. Photoshop DCS 格式

DCS 格式是标准 EPS 格式的一种特殊格式，支持剪裁路径和去背功能。DCS2.0 格式支持多通道模式和 CMYK 模式，可以包含 Alpha 通道和多个专色通道的图像。

9. Targa 格式

Targa 格式多用于 Truevision 视频卡系统，还用于 MS－DOS 颜色应用程序。Targa 格式不仅支持 24 位和 32 位 RGB 图像，还支持无 Alpha 通道的索引颜色和灰度图像。以这种格式存储 RGB 图像时，可以选择像素深度。

10. PCX 格式

PCX 格式是 Windows 绘图程序和 DOS 绘图程序之间的桥梁。

1.3.3 颜色的基础知识

1.3.3.1 色彩的运用

色彩的运用是一门学问。一件设计作品一般包括色彩、图像和文字 3 个要素，其中色彩最为重要。人们对色彩很敏感，当首次接触一件设计作品时，最引人注目的就是作品的颜色，所以设计师应注意通过色彩表达设计理念。

1. 三原色

人眼所见的各种色彩是由光线的波长所形成的，实验发现，人类肉眼对红、绿、蓝这 3 种颜色的光的感受特别强烈，只要适当调整这 3 种色光，就可以呈现出几乎所有颜色。因此，将红色（R）、绿色（G）和蓝色（B）称为三原色（RGB）。

2. 色彩搭配

颜色不是单独存在的，它总是与其他颜色产生要素。对于某种颜色来说，无所谓“好”与“坏”，只有当与其他颜色搭配作为一个整体时，才可以说搭配得协调或者不协调。以下是常用的几种色彩的搭配。

（1）单色搭配。单色由暗、中、明 3 种色调组成。单色搭配时，并没有形成颜色的层次，但形成了明暗的层次。

（2）类比色搭配。相邻的颜色称为类比色。类比色拥有共同的颜色，如黄色和红色，这种颜色搭配能产生一种低对比度的令人悦目和谐的美感。类比色非常丰富，在设计时应用这种搭配同样可以产生不错的视觉效果。

（3）补色搭配。补色搭配能形成强烈的对比效果，能传递出活力、能量、兴奋等含义，如橙色和蓝色搭配。补色搭配要达到最佳的效果，最好的方法是其中一种颜色的面积比较小，另外一种颜色的面积比较大，如在一个蓝色的区域中搭配橙色的小圆点。

（4）分裂补色。如果同时用补色和类比色的方法确定颜色关系，则称为分裂补色。这种颜色搭配既具有类比色的低对比度美感，又具有补色的力量感，能形成一种既和谐又有重点的颜色关系。

（5）暖色和冷色。黄色、橙色、红色、紫色等属于暖色系列。暖色和黑色调和可以达到很好的效果。暖色一般用于购物类网站、电子商务网站和儿童类网站等，用于体现商品的琳琅满目、儿童类网站的活泼温馨等。

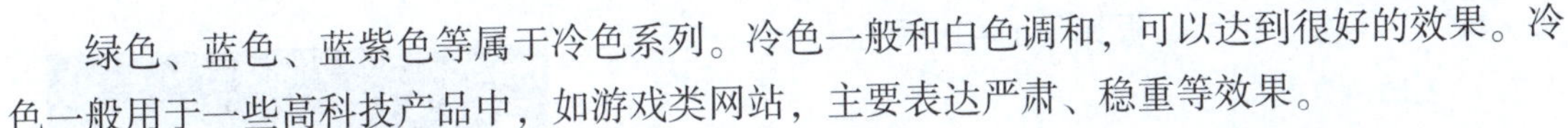

绿色、蓝色、蓝紫色等属于冷色系列。冷色一般和白色调和，可以达到很好的效果。冷色一般用于一些高科技产品中，如游戏类网站，主要表达严肃、稳重等效果。

1.3.3.2　颜色模式

Photoshop 提供了多种色彩模式，这些色彩模式正是作品能够在屏幕和印刷品上成功表现的重要保障。在这些色彩模式中，经常使用到的有 CMYK 模式、RGB 模式、Lab 模式、HSB 模式和灰度模式。另外，还有索引颜色模式、灰度模式、位图模式、双色调模式、多通道模式等。这些模式都包含在模式菜单中，每种色彩模式都有不同的色域，并且各种模式之间可以转换。下面介绍几种主要的色彩模式。

1. CMYK 模式

CMYK 代表了印刷用的 4 种颜色：C 代表青色，M 代表洋红色，Y 代表黄色，K 代表黑色。CMYK“颜色”控制面板如图 1－17 所示。CMYK 模式在印刷时应用了色彩学中的减法混合原理，即减色色彩模式，它是 Photoshop 中最常用的一种用于印刷图像等的色彩模式。在印刷中通常都要进行四色分色，出四色胶片，然后进行印刷。

2. RGB 模式

RGB 模式是一种加色模式，它通过红、绿、蓝 3 种色光叠加形成更多的颜色。RGB 模式是色光的彩色模式，一幅 24 位的 RGB 图像有 3 个色彩信息的通道：红色（R）、绿色（G）和蓝色（B）。RGB“颜色”控制面板如图 1－18 所示。

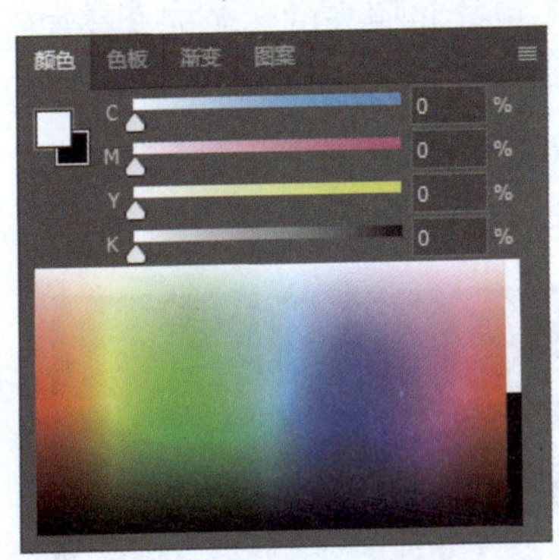

图 1－17

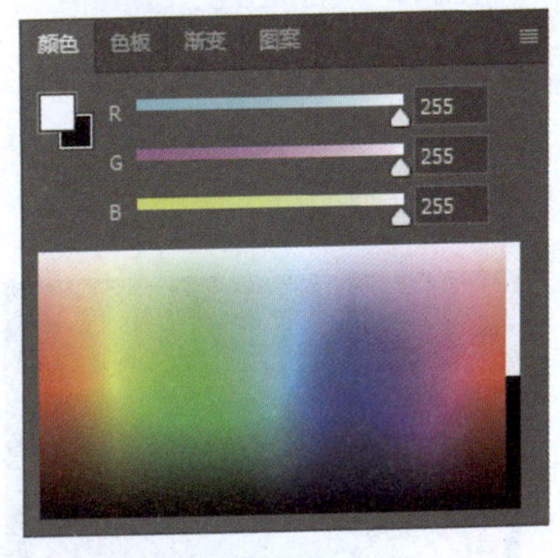

图 1－18

每个通道都有 8 位色彩信息，一个 0～255 的亮度值色域。也就是说，每一种色彩都有 256 个亮度水平级。3 种色彩相叠加，可以有 256×256×256≈1 678 万种可能的颜色。这 1 678万种颜色足以表现出绚丽多彩的世界。

在 Photoshop 中编辑图像时，RGB 模式是更理想的选择。因为它可以提供全屏幕的多达 32 位的色彩范围，一些计算机领域的色彩专家称其为“True Color”（真彩显示）。

3. Lab 模式

Lab 颜色是 Photoshop 在不同颜色模式之间转换时使用的内部颜色模式。它能毫无偏差地在不同系统和平台之间进行转换。L 代表亮度分量，范围为 0～100；a 表示从绿到红的光谱变化，b 表示从蓝到黄的光谱变化，两者范围都是＋120～－120。计算机将 RGB 模式转换成 CMYK 模式时，实际上是将 RGB 模式转换成 Lab 模式，然后将 Lab 模式转换成 CMYK 模式。Lab“颜色”控制面板如图 1－19 所示。

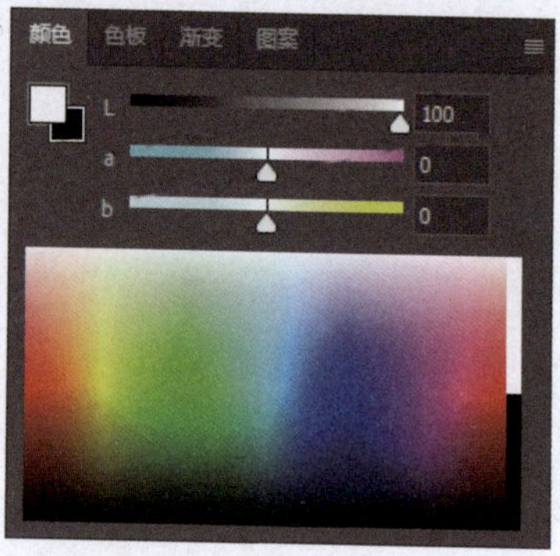

图 1－19

4. HSB 模式

HSB 模式是基于人类感觉颜色的方式建立起来的。利用该模式可以任意选择不同明亮度的颜色。HSB 模式描述颜色的 3 个基本特征如下。

（1）H 表示色调。色调是从物体反射或透过物体传播的颜色。在 0～360 的标准色轮上，是按位置度量的。在通常的使用中，色调由颜色名称标识，比如红色、绿色或橙色。

（2）S 表示饱和度，有时也称颜色度。饱和度是指颜色的强度或纯度，表示色度中灰成分所占的百分比，用0%（灰度）～100%（完全饱和）的百分比来度量。

（3）B 表示亮度。亮度是颜色的相对明暗程度，常用 0%（黑）～100%（白）的百分比来度量。HSB“颜色”控制面板如图 1－20 所示。

5. 灰度模式

灰度模式又叫 8 位深度图，每个像素用 8 个二进制位表示，能产生 256 级灰色调。当一个彩色文件被转换为灰度模式文件时，其他的颜色信息都会从文件中丢失。尽管 Photoshop 允许将一个灰度模式文件转换为彩色模式文件，但不可能将原来的颜色完全还原。

像黑白照片一样，一个灰度模式的图像只有明暗值，没有色相和饱和度这两种颜色信息。0% 代表纯白，100% 代表纯黑。其中的 K 值用于衡量黑色油墨用量。灰度模式“颜色”控制面板如图 1－21 所示。

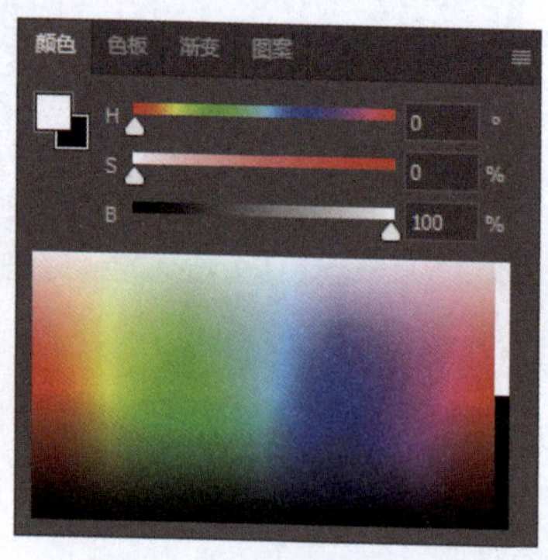

图 1－20

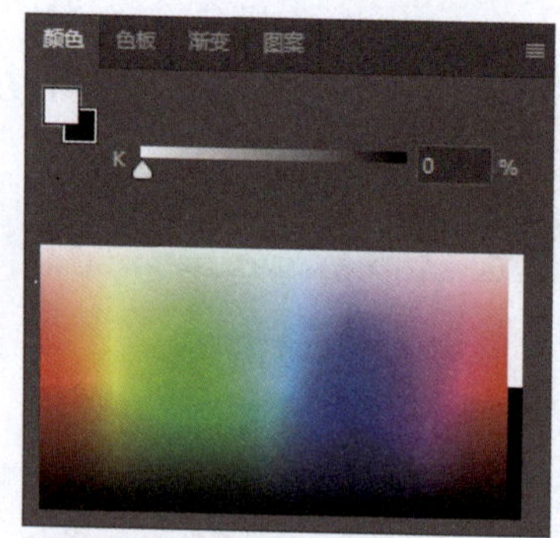

图 1－21

1.3.4 安装 Photoshop 2023 工具软件

（1）将“Adobe Photoshop 2023 SP. rar”安装文件的压缩包复制到磁盘中，并解压文件到“Adobe Photoshop 2023 SP”文件夹中，如图 1－22 所示。

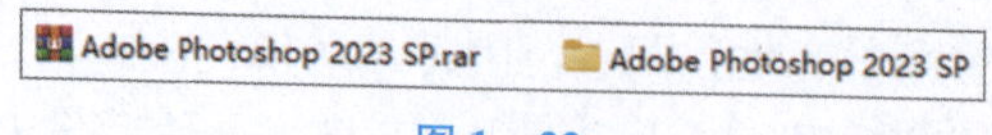

图 1－22

（2）在“Adobe Photoshop 2023 SP”文件夹中找到“Set－up. exe”文件，如图1－23所示。双击“Set－up. exe”安装文件，安装Photoshop 2023工具软件，如图1－24～图1－27所示。

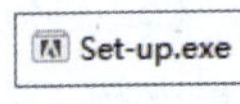

图1－23

图1－24

图1－25

图1－26

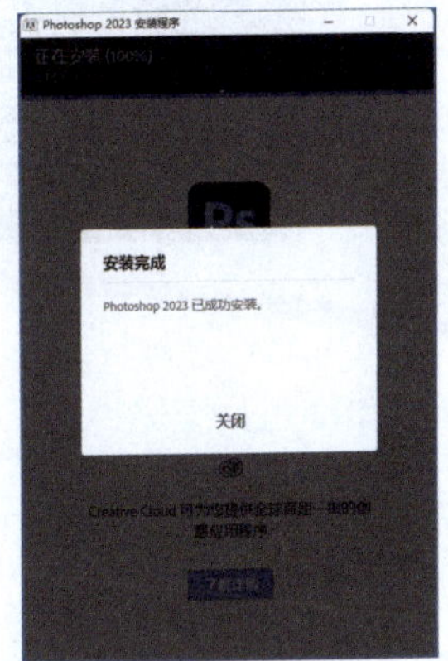

图1－27

（3）安装完成后，桌面快捷图标如图1－28所示。

（4）首次运行时，设置暂存盘首选项，如图1－29所示。

图1－28

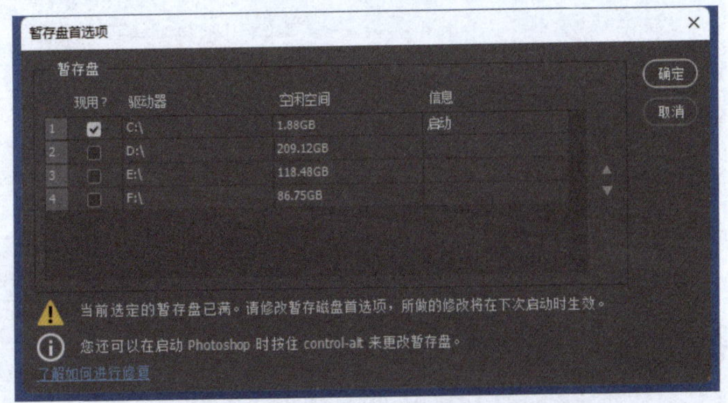

图1－29

（5）打开 Photoshop 2023，图 1－30、图 1－31 所示分别为新建和打开图像的工作界面，可通过图 1－30 左上角的 Ps 图标在两种工作界面中切换。

图 1－30

图 1－31

1.3.5 Photoshop 2023 工作区

使用工作界面是学习 Photoshop 2023 的基础。熟练掌握工作界面的内容，有助于广大初学者灵活运用 Photoshop 2023。

Photoshop 2023 的工作界面主要由菜单栏、属性栏、工具箱、控制面板和图像编辑区组成，如图 1－32 所示。

图 1－32

菜单栏：菜单栏中共包含12个菜单。利用菜单命令可以完成图像编辑、调整色彩、添加滤镜等操作。

属性栏：属性栏是工具箱中各个工具的功能扩展区。在属性栏中设置不同的选项，可以快速地完成多样化操作。

工具箱：工具箱中包含了多个工具。利用不同的工具可以完成图像处理、绘制等操作。

编辑区：处理图像的区域。

控制面板：控制面板是Photoshop 2023工作界面的重要组成部分。通过不同的控制面板，可以完成对图像填充颜色、设置图层等操作。

1.3.6　图像大小和画布大小

1.3.6.1　图像大小

调整图像大小是最常见的图像处理工作流程之一，根据需要自定义图像的大小，而不会降低图像锐度。

（1）在Photoshop中打开图像并选择“图像”→“图像大小”命令，如图1－33所示。

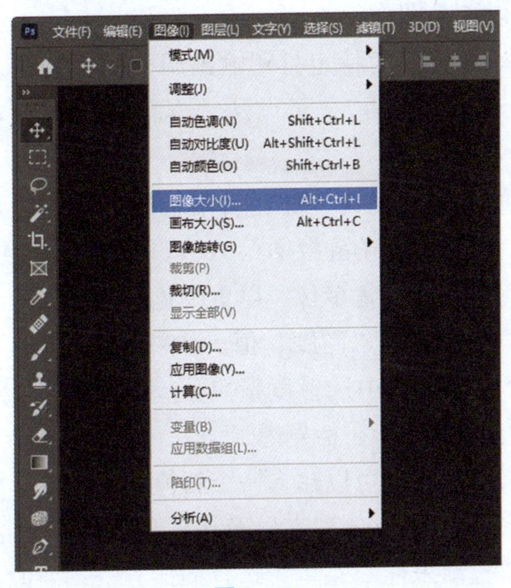

图1－33

（2）调整图像大小，参数如图1－34所示。

（3）预览图像。

①在“图像大小”对话框中可以预览图像。执行下列任一操作可以修改图像预览：

- 要更改预览窗口的大小，拖动“图像大小”对话框的一角并且调整其大小。
- 要查看不同的图像区域，拖动在预览中显示的手形图标。
- 要更改预览显示比例，按住Ctrl键并单击预览图像以增大显示比例；按住Alt键并单击以减小显示比例。单击之后，显示比例的百分比将简短地显示在预览图像的底部附近。

②尺寸：要更改像素尺寸的度量单位，单击尺寸附近的三角形，并从菜单中选择度量单位。

图 1－34

③调整为：使用此选项，可以

- 选择“预设”，可以调整图像大小。
- 选择“自动分辨率”，可以为特定打印输出调整图像大小。在“自动分辨率”对话框中，指定“屏幕”值并选择“品质”，可以从“屏幕”文本框右侧的菜单中选择度量单位，以更改度量单位。

④约束：要保持最初的宽高度量比，确保启用“约束比例”选项。如果要分别缩放宽度和高度，单击“约束比例”图标（链接图标），以取消它们的链接。可以从“宽度”和“高度”文本框右侧的菜单中选择度量单位，以更改宽度和高度的度量单位。

⑤宽度/高度：输入“宽度”和“高度”值。如果要以其他度量单位输入值，则从“宽度”和“高度”文本框旁边的菜单中选择度量单位，图像文件大小会出现在“图像大小”对话框的顶部，而旧文件大小则显示在括号内。

⑥分辨率：要更改“分辨率”，可以输入一个新值，也可以选择其他度量单位。

⑦重新采样：要更改图像大小或分辨率以及按比例调整像素总数，则要确保选中“重新采样”，并在必要时从“重新采样”菜单中选择插值方法。要改图像大小或分辨率而又不更改图像中的像素总数，则取消选择“重新采样”。

⑧如果图像带有应用了样式的图层，则单击齿轮图标，选择“缩放样式”，在调整大小后的图像中查看缩放效果。只有选中了“约束比例”选项，才能使用此选项。

⑨设置完选项后，单击“确定”按钮。

要恢复“图像大小”对话框中显示的初始值，从“调整为”菜单中选择“原稿大小”，或按住 Alt 键，然后单击“重置”按钮。

（4）重新采样选项。

①自动。Photoshop 根据文档类型以及是放大还是缩小文档来选择重新采样方法。

②保留细节（扩大）。选择该方法，可在放大图像时使用减少杂色滑块来消除杂色。

③两次立方（较平滑）（扩大）。一种基于两次立方插值且旨在产生更平滑效果的有效

图像放大方法。

④两次立方（较锐利）（缩小）。一种基于两次立方插值且具有增强锐化效果的有效图像减小方法。此方法可在重新采样的图像中保留细节。如果使用“两次立方（较锐利）”，会使图像中某些区域的锐化程度过高。

⑤两次立方（平滑渐变）。一种将周围像素值分析作为依据的方法，速度较慢，但精度较高。“两次立方”使用更复杂的计算，产生的色调渐变比“邻近”或“两次线性”更为平滑。

⑥邻近（硬边缘）。一种速度快但精度低的图像像素模拟方法。该方法会在包含未消除锯齿边缘的插图中保留硬边缘并生成较小的文件。但是，该方法可能产生锯齿状效果，在对图像进行扭曲或缩放时，或在某个选区上执行多次操作时，这种效果会变得非常明显。

⑦两次线性。一种通过平均周围像素颜色值来添加像素的方法。该方法可生成中等品质的图像。

1.3.6.2　画布大小

（1）在 Photoshop 中打开图像“荷花 . png”，如图 1－35 所示。选择“图像”→“画布大小”命令，图 1－36 所示是原始图像及相应的画布大小参数。画布可以缩小，也可以扩展。

图 1－35

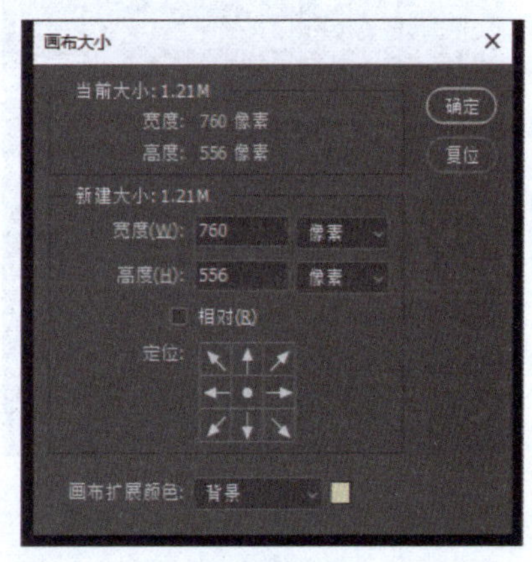

图 1－36

①定位：在图 1－36 画布大小设置对话框中设置画布尺寸时，应适当设定“定位”栏。9 个定位块中，被选中的块为当前图像在新画布上的位置，随着尺寸的调整，箭头自动指示画布的尺寸调整方向，箭头指向定位框表示缩小或不变，箭头背向定位框表示画布放大或不变。图 1－37 中“定位”栏的显示表示当前图像位于调整后画布的右端中部，即所设定的变动尺寸是自图像左侧裁剪或扩展。

②在“新建大小”选项组中，勾选“相对”复选框，表示输入的尺寸为变化值，即在原来的基础上增大或减小的值。如图 1－38 所示，调整后的画布比原来的画布宽多 200 像素，高多 100 像素。

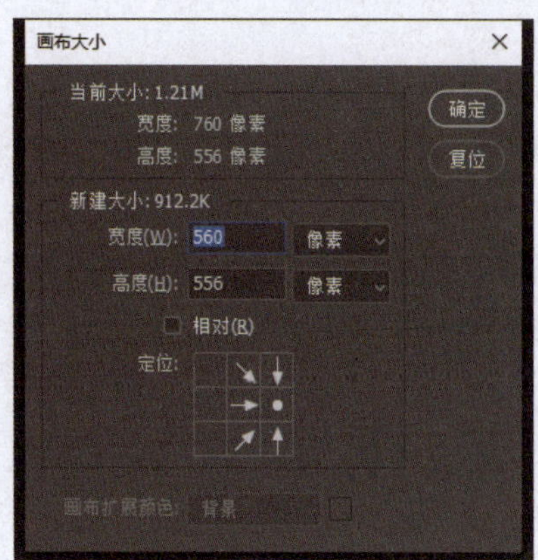

图 1－37

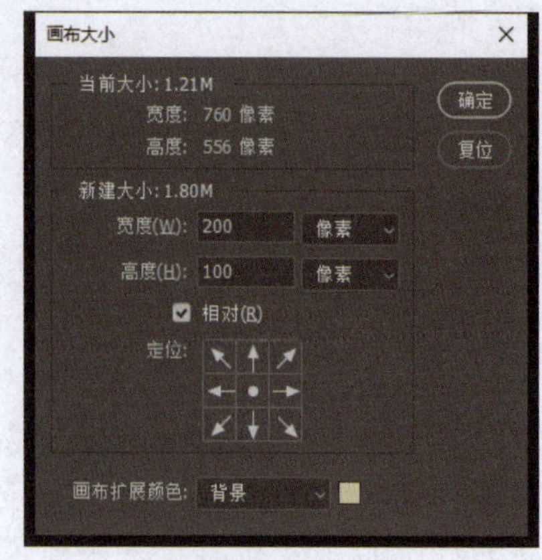

图 1－38

（2）缩小画布。

缩小画布相当于裁剪图像，缩小画布大小的设置如图 1－39 所示。由于调整后的画面会被裁剪，所以单击“确定”按钮后，会弹出 1－40 所示的提示框，单击“取消”按钮终止操作，单击“继续”按钮应用设定的裁剪。由于原图像定位右侧中部，所以裁剪时，图像左侧被裁剪。原图像和裁剪后的图像如图 1－41 所示。

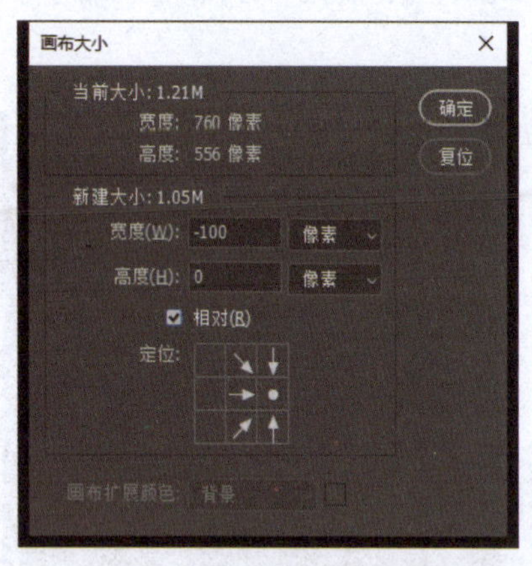

图 1－39

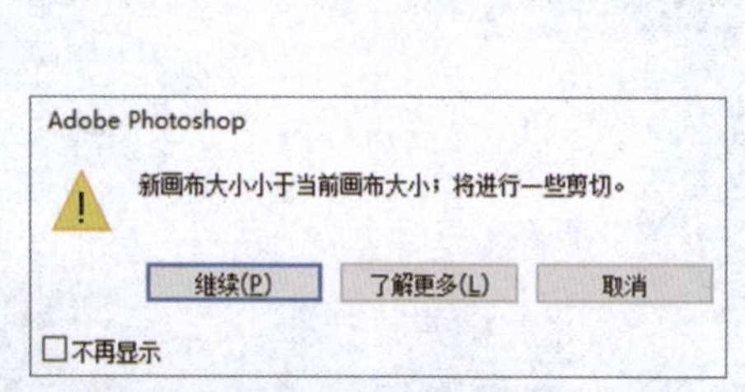

图 1－40

图 1－41

（3）扩展画布。

将原始画布宽度和高度分别调宽 200 像素，调整后的画布大小的设置如图 1－42 所示，单击“确定”按钮后，图像如图 1 - 43 所示。由于定位没变，调整后的画布上、下、左和右分别宽 50 像素。

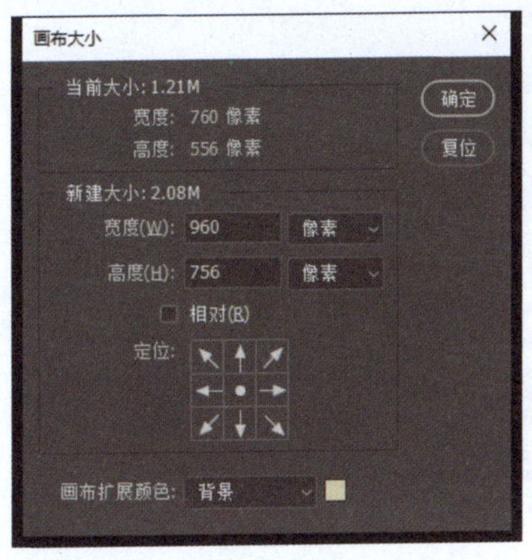

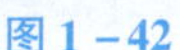
图 1 - 42

图 1 - 43

1.3.7　图像的显示效果

使用 Photoshop 编辑和处理图像时，可以通过改变图像的显示比例来使工作变得更加便捷、高效。

1.3.7.1　100%显示图像

在此状态下可以对文件进行精确的编辑，如图 1 - 44 所示。

图 1 - 44

1.3.7.2　放大显示图像

放大显示图像有利于观察图像的局部细节并更准确编辑图像。要放大显示图像，有以下几种方法。

（1）使用“缩放”工具。选择工具箱中的“缩放”工具，图像中的光标变为放大工具，在图像上每单击一次图标，图像就会放大原图的一倍。例如，图像以 100% 的比例显示在屏幕上，单击放大工具一次，则图像的比例变成 200%，再单击一次，则变成 300%，如图 1 - 45、图 1 - 46 所示。

图 1 - 45

图 1 - 46

（2）当要放大一个指定的区域时，先选择放大工具，然后把放大工具定位在要放大区域，按住鼠标左键并拖动鼠标，使画出的矩形框选住所需的区域，然后松开鼠标左键，这个区域就会放大显示并填满图像窗口，如图 1 - 47 所示、图 1 - 48 所示。

图 1 - 47

图 1 - 48

（3）使用 Ctrl + + 组合键，可逐次地放大图像。

（4）使用属性栏，如图 1 - 49 所示。如果希望将图像的窗口放大至填满整个屏幕，可以在缩放工具的属性栏中单击“适合屏幕”按钮，再勾选“调整窗口大小以满屏显示”选项，这样在放大图像时，窗口就会和屏幕的尺寸相适应。

图 1 - 49

（5）使用“导航器”控制面板。单击“窗口”→“导航器”命令，显示“导航器”控制面板，如图 1 - 50 所示。单击控制面板右下角较大的三角图标，可逐次地放大图像；单击控制面板左下角较小的三角图标，可逐次地缩小图像。拖动滑块可以自由地将图像放大或缩小。在左下角的数值框中直接输入数值后，按 Enter 键确认，也可以将图像放大或缩小。

图 1 - 50

（6）用鼠标双击工具箱中抓手工具，可以把整个图像放大或“满画布显示”。

1.3.7.3 缩小显示图像

缩小显示，可使图像变小，这样一方面可以用有限的屏幕空间显示出更多的图像，另一方面可以看到一个较大图像的全貌。要缩小显示图像，有以下几种方法。

（1）使用“缩放”工具。选择工具箱中的“缩放”工具，图像中的光标变为放大工具，按住 Alt 键，则屏幕上的缩放工具图标变为缩小工具图标，每单击一次鼠标，图像将缩小一级，如图 1 - 51 所示。

（2）使用 Ctrl + - 组合键，可逐次地缩小图像。

（3）使用属性栏，如图 1 - 52 所示。单击缩小工具按钮，则屏幕上的缩放工具图标变为缩小工具图标。每单击一次图标，图像将缩小显示一级。

图 1－51

图 1－52

1.3.7.4　浏览放大图像

当图像放大后，屏幕不能显示所有图像细节，要浏览图像，有以下几种方法。

（1）单击工具箱中的抓手工具，图像中的鼠标指针变为抓手，在放大的图像中拖动，可以浏览图像的每个部分。

（2）拖动显示图像窗口的“垂直”或“水平”滚动条，浏览图像的每个部分。

1.3.7.5　全屏显示图像

全屏显示图像可以更好地观察图像的完整效果。要全屏显示图像，有以下几种方法。

（1）单击工具箱中的“更改屏幕模式”按钮，弹出屏幕快捷菜单，如图 1－53 所示。

（2）使用快捷键，反复按 F 键，可以切换不同的屏幕模式效果，如图 1－54～图 1－56 所示。

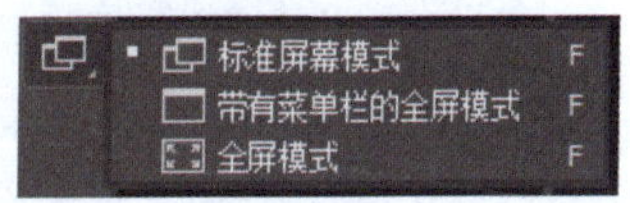

图 1－53

图 1－54

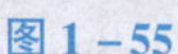

图 1－55

图 1－56

（3）按 Tab 键，可以关闭除图像和菜单外的其他控制面板，效果如图 1－57 所示。

图 1－57

1.3.7.6 图像窗口显示

当打开多个图像文件时，会出现多个图像文件窗口，这就需要对窗口进行布置和摆放。

（1）用鼠标双击 Photoshop 界面，弹出“打开”对话框。在“打开”对话框中，选多个图像，如图 1－58 所示，然后单击“打开”按钮，效果如图 1－59 所示。

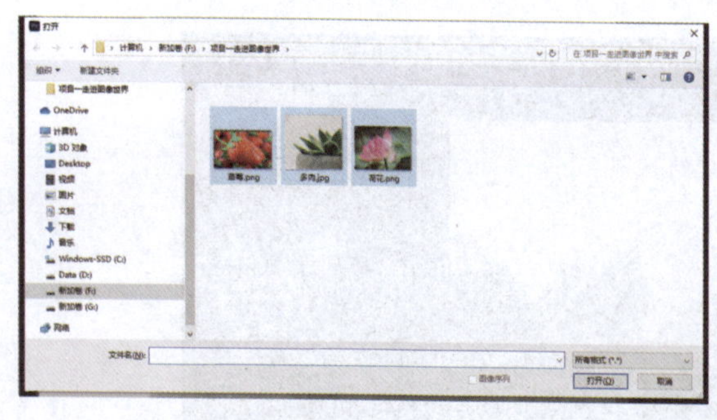

图 1－58

图 1－59

（2）将鼠标指针放在图像窗口的标题栏上，拖动图像窗口到屏幕的任意位置，如图 1－60 所示。

（3）选择“窗口”→“排列”命令，显示如图 1－61 所示，单击“全部垂直拼贴”“全部水平拼贴”，效果如图 1－62、图 1－63 所示。

图 1－60

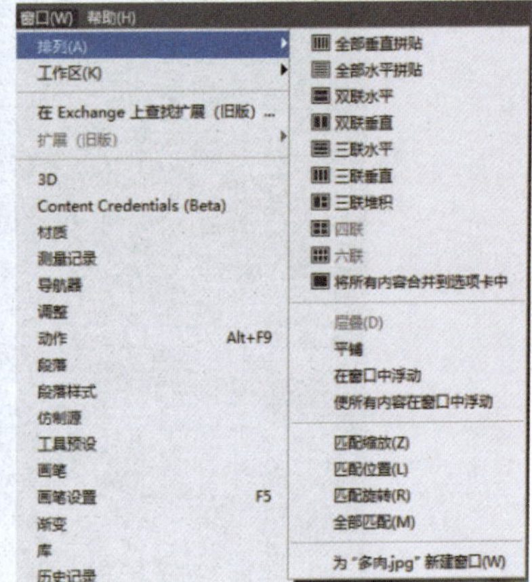

图 1－61

图 1－62

图 1－63

1.3.8　图像的显示效果标尺、参考线和网格线的设置

标尺、参考线和网格线的设置可以使图像处理变得更加明确。有许多实际设计任务中的问题也需要使用标尺、参考线和网格线来解决。

1.3.8.1　标尺的设置

（1）设置标尺可以精确地编辑和处理图像，选择“编辑”→“首选项”→“单位与标尺”命令，如图 1－64 所示。“单位”选项组用于设置标尺和文字的显示单位，有不同的显示单位可供选择；“列尺寸”选项组可以用列来精确确定图像的尺寸；“点/派卡大小”选项组则与输出有关。

（2）选择“视图”→“标尺”命令，或反复按 Ctrl＋R 组合键，可以显示或隐藏标尺，如图 1－65、图 1－66 所示。

（3）将鼠标指针放在标尺的 X 轴和 Y 轴的 0 点处，如图 1－67 所示。单击并按住鼠标左键不放，拖动指针到适当的位置，如图 1－68 所示。松开鼠标左键，标尺的 X 轴和 Y 轴的 0 点就会处于光标移动到的位置，如图 1－69 所示。

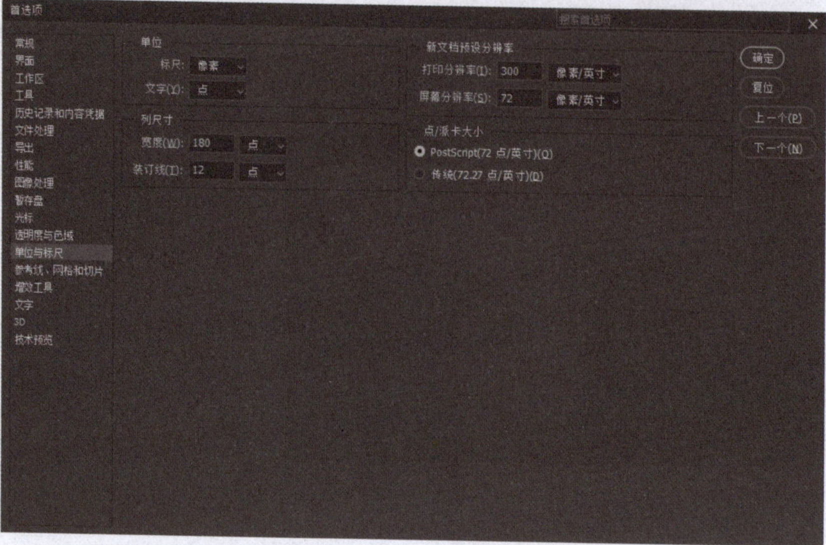

图 1－64

图 1－65

图 1－66

图 1－67

图 1－68

图 1－69

1.3.8.2 参考线的设置

（1）新建参考线：设置参考线可以使编辑图像的位置更精确。有两种方法新建参考线。

①将鼠标指针放在水平标尺处，按住鼠标左键不放，可以拖曳出水平参考线，效果如图1－70所示。将鼠标指针放在垂直标尺处，按住鼠标左键不放，可以拖曳出垂直参考线，效果如图1－71所示。按住Alt键，可以从水平标尺中拖曳出垂直参考线，也可以从垂直标尺中拖曳出水平参考线。

图1－70

图1－71

②选择“视图”→“参考线”→“新建参考线”命令，如图1－72所示。可在图像中精确位置创建水平和垂直参考线，可设置参考线的颜色。

（2）选择参考线：选择工具箱中的“移动”工具，将鼠标指针放在参考线上，单击鼠标左键，即可选中参考线，如图1－73所示。

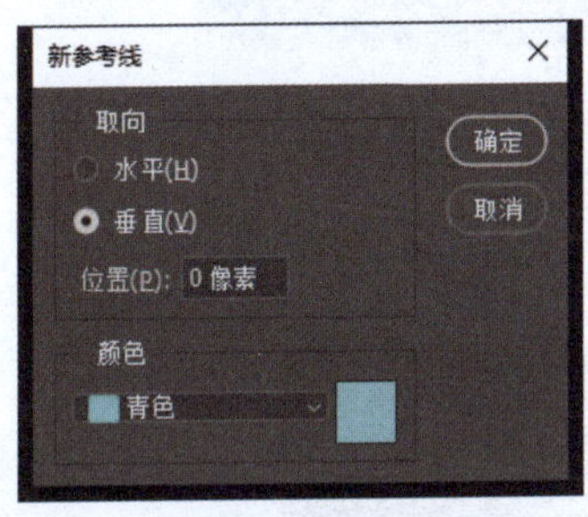

图1－72

图1－73

（3）移动参考线：选择工具箱中的“移动”工具，将鼠标指针放在参考线上，指针由“移动工具”图标变化时，可上下移动水平参考线，左右移动垂直参考线。

（4）锁定参考线：操作“视图”→“参考线”→“锁定参考线”命令或按Ctrl＋Alt＋；组合键，可将参考线锁定，锁定后便不能移动参考线。

（5）删除参考线：删除单条参考线和删除所有参考线。

删除单条参考线：

①将水平参考线移到画布外，即可删除水平参考线；将垂直参考线移到画布外，即可删除垂直参考线。

②选中参考线，操作“视图”→“参考线”→“清除所选参考线”命令，将删除选中的参考线。

删除所有参考线：

选择“视图”→“参考线”→“清除参考线”命令，将删除图像中所有的参考线。

（6）对齐参考线：操作“视图”→“对齐到”→“参考线”命令，处理图像时自动对齐参考线。

（7）显示/隐藏参考线：操作“视图”→“显示”→“参考线”命令，可显示或隐藏参考线。

1.3.8.3 网格线的设置

设置网格线可以更精确地处理图像，设置方法如下。

（1）选择“编辑”→“首选项”→“参考线、网格和切片”命令，如图 1-74 所示。“参考线”选项组用于设定参考线的颜色和样式；“网格”选项组用于设定网格的颜色、样式、网格线间隔和子网格等；“切片”选项组用于设定线条颜色和显示切片编号。

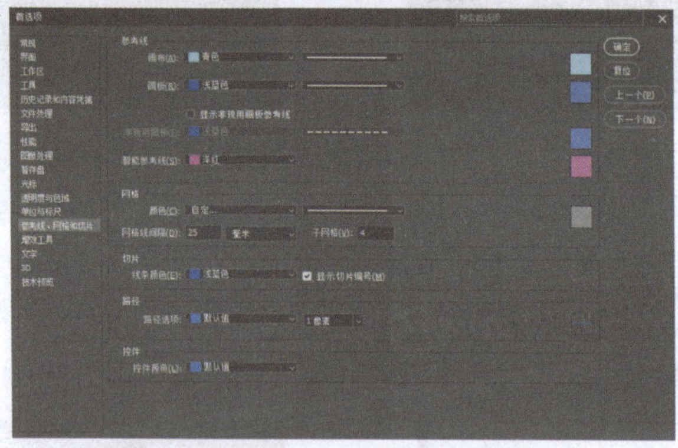

图 1-74

（2）选择“视图”→“显示”→“网格”命令或反复按 Ctrl +’组合键，可以将网格显示或隐藏，如图 1-75 所示。

图 1-75

1.3.9 文件管理

1.3.9.1 新建图像文件

如果要在一个空白的图像上绘制，就要新建一个图像文件。

选择“文件”→“新建”命令或按 Ctrl + N 组合键，弹出如图 1-76 所示对话框。可以在左侧“您最近使用的项目”中任选一个创建新图像文件，或者设置右侧创建新图像的各项参数。

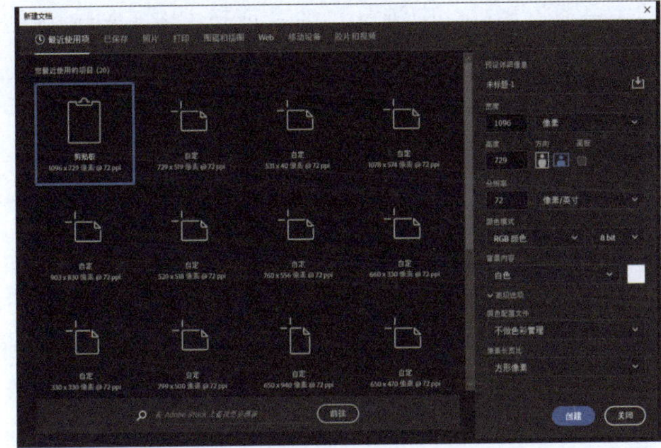

图 1－76

名称：默认“未标题－1”，可输入新建图像的文件名。

宽度和高度：输入新建图像的宽度和高度值。

分辨率：输入新建图像的分辨率的数值。分辨率越高，图像的文件越大。应根据工作需要设定合适的分辨率。

颜色模式：选择新建图像的颜色模式。

背景内容：用于新建图像的背景颜色。

高级选项：其中“颜色配置文件”选项的下拉列表可以设置文件的色彩配置方式；“像素长宽比”选项的下拉列表可以设置文件中像素比的方式。

1.3.9.2　打开图像文件

打开图像文件是对原有图像进行处理的第一步。

(1) 选择“文件”→“打开”命令或按 Ctrl + O 组合键，弹出如图 1－77 所示对话框。在对话框中搜索路径和文件，确认文件类型和名称，选中一个或多个图像文件或者双击图像文件，即可打开指定的图像文件。

图 1－77

（2）选择“文件”→“最近打开文件”命令，系统会弹出最近打开过的文件菜单供用户选择。

（3）选择“文件”→“在 Bridge 中浏览”命令或按 Ctrl + Alt + O 组合键，系统会弹出“文件浏览器”控制面板，在“文件浏览器”控制面板中可以直观地浏览和检索图像，双击选中的文件即可打开该图像文件。

1.3.9.3 保存图像文件

对图像的编辑和制作完成后，就需要对图像进行保存。

（1）选择“文件”→“保存”命令或按 Ctrl + S 组合键，当对设计好的作品进行第一次存储时，系统将弹出“存储为”对话框，如图 1 – 78 所示。在对话框中输入文件名并选择文件格式，单击“保存”按钮，即可保存图像。当图像文件继续各种编辑后，选择“文件”→“保存”命令，系统不会弹出“存储为”对话框，直接保留最终确认的结果，并覆盖原始文件。

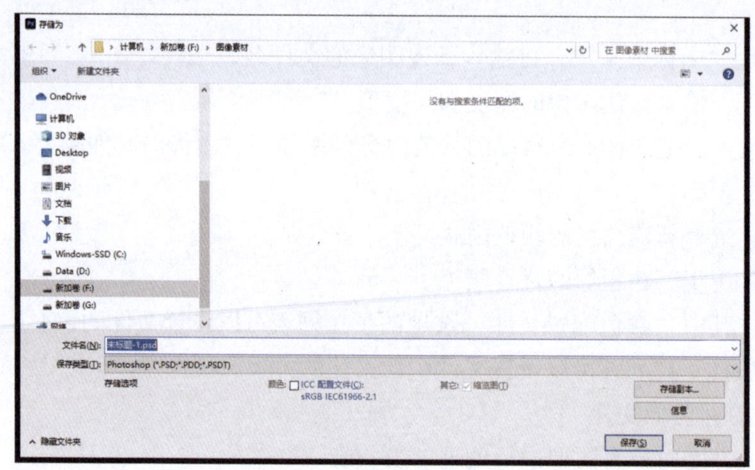

图 1 – 78

（2）既要保留修改过的文件，又不想放弃原文件，可以选择“文件”→“存储为”命令或按 Ctrl + Shift + S 组合键，系统将弹出“存储为”对话框，可以为文件重新命名、选择路径和文件格式，然后进行保存，原图像文件保留不变。

1.3.9.4 关闭图像文件

对于暂时不用的图像，进行保存后就可以关闭图像。

（1）选择“文件”→“关闭”命令或按 Ctrl + W 组合键或单击图像窗口右上方的“关闭”按钮 ，关闭图像时，若当前图像被修改过或是新建的图像，则系统会弹出提示框，如图 1 – 79 所示，询问用户是否进行保存，若单击“是”按钮，则保存图像。

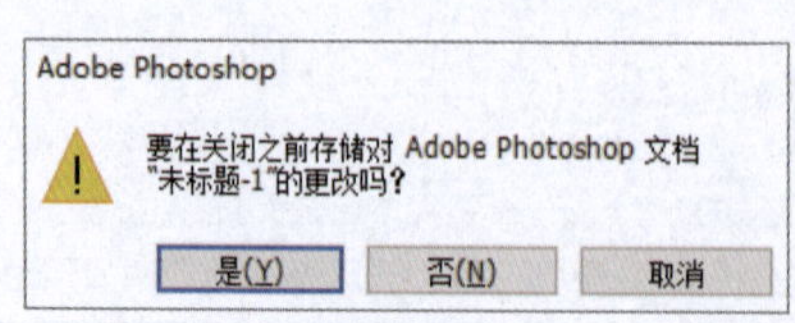

图 1 – 79

（2）如果要将打开的图像全部关闭，选择“文件”→“关闭全部”命令。

1.4　拓展练习

1.4.1　红色传承

效果如图 1－80 所示。

图 1－80

操作要点：

（1）打开素材图像文件“红色传承 . png”，如图 1－81 所示，打开的素材图像文件“盆栽 . png”，如图 1－82 所示。

图 1－81

图 1－82

（2）切换到图像文件“盆栽 . png”，选择移动工具，将花的图像移至“红色传承 . png”文件所在的画布中，得到图层 1，将花放入合适的位置，如图 1－83 所示。

（3）重复步骤（2），效果如图 1－80 所示。

（4）选择“文件”→“存储副本”命令，在弹出的“存储副本”对话框中，设置保存类型为 Photoshop（＊. PSD；＊. PDD；＊. PSDT），输入文件名“1－4－1－红色传承 . psd”。

（5）选择“文件”→“存储副本”命令，在弹出的“存储副本”对话框中，设置保存类型为 JPEG（＊. JPG；＊. JPEG；＊. JPE），输入文件名“1－4－1－红色传承 . jpg”。

图 1-83

1.4.2 长征精神

效果如图 1-84 所示。

图 1-84

操作要点：

第一种方法：

（1）选择“文件”→“新建”命令创建一个新文件，在弹出的对话框中设置文件名为“长征精神”，文件的“宽度”为 660 像素，文件的“高度”为 330 像素，“分辨率”为 72 像素/英寸，“颜色模式”为 RGB，“背景内容”为白色。

（2）选择“视图”→“参考线”→“新建参考线”命令，距离左侧 330 像素处创建垂直参考线，选择“视图”→“参考线”→“锁定参考线”命令，将参考线锁定。

（3）打开素材图像文件“长征精神左 . jpg”和“长征精神右 . jpg”，如图 1-85、图 1-86 所示。

图 1-85

图 1-86

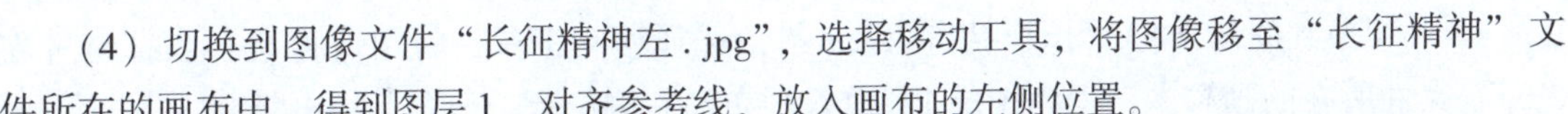

(4) 切换到图像文件“长征精神左.jpg”，选择移动工具，将图像移至“长征精神”文件所在的画布中，得到图层1，对齐参考线，放入画布的左侧位置。

(5) 切换到图像文件“长征精神右.jpg”，选择移动工具，将图像移至“长征精神”文件所在的画布中，得到图层2，对齐参考线，放入画布的右侧位置，如图1-84所示。

(6) 选择“文件”→“存储副本”命令，在弹出的“存储副本”对话框中，设置保存类型为Photoshop（*.PSD；*.PDD；*.PSDT），输入文件名“1-4-2-长征精神.psd”。

(7) 选择“文件”→“存储副本”命令，在弹出的“存储副本”对话框中，设置保存类型为JPEG（*.JPG；*.JPEG；*.JPE），输入文件名“1-4-2-长征精神.jpg”。

第二种方法：

使用调整画布大小的方法实现两幅图像的拼合。

(1) 打开素材图像文件“长征精神左.jpg”和“长征精神右.jpg”，如图1-85、图1-86所示。

(2) 切换到图像文件“长征精神左.jpg”，选择“图像”→“画布大小”命令，弹出“画布大小”对话框，原参数值如图1-87所示。调整原图像的定位到左侧，画布宽度调整为660像素，新参数值如图1-88所示。单击“确定”按钮，“长征精神左.jpg”图像如图1-89所示。

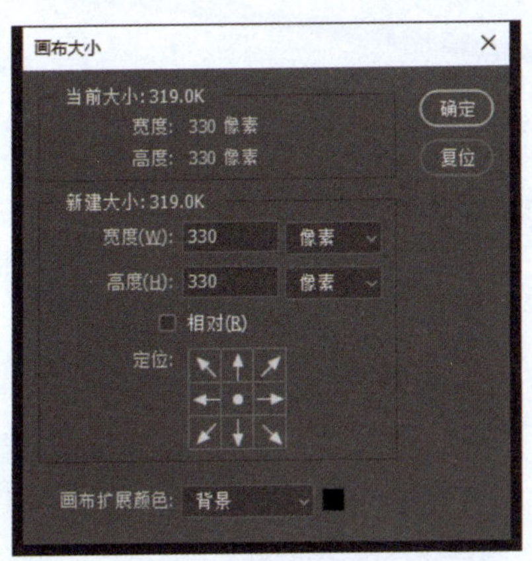

图1-87

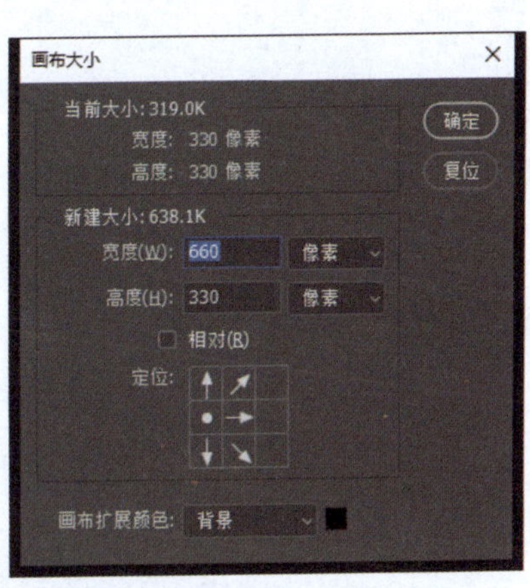

图1-88

图1-89

（3）切换到图像文件“长征精神右 .jpg”，选择移动工具，将图像移至“长征精神左 .jpg”文件所在的画布中，得到图层 1，放入画布的右侧位置，如图 1－84 所示。

（4）保存为“. PSD”和“. JPG”格式的文件。

（5）案例视频见二维码“长征精神”。

长征精神

1.5 项目考核

项目一考核

项目二 图像合成

图像合成应用于平面设计的各个领域，是将多张图像经过处理合成为一张图像。本项目通过结合使用 Photoshop 移动工具、选区工具、自由变换命令和“图层”面板进行图像合成来制作艺术照片。在图像合成过程中处理细节上的一些问题，让学生了解图像合成处理基础知识和图像合成的常用技巧。

学习目标：

通过本项目的学习，可以掌握 Photoshop 中移动工具、选区工具、自由变换命令、设置羽化和“图层”面板的使用。

学习框架：

2.1 学习任务 1：清新世界

2.2 学习任务 2：蓝色玫瑰

2.3 学习任务 3：宝贝故事

2.4 学习任务 4：粉红纪念

2.5 知识要点

2.6 拓展练习

2.7 项目考核

2.1 学习任务 1 清新世界

知识目标	(1) 了解图像合成处理基础知识 (2) 熟练掌握移动工具的使用方法 (3) 掌握椭圆选框工具的创建和编辑使用方法 (4) 掌握羽化的设置方法 (5) 掌握“图层”面板的简单使用方法

续表

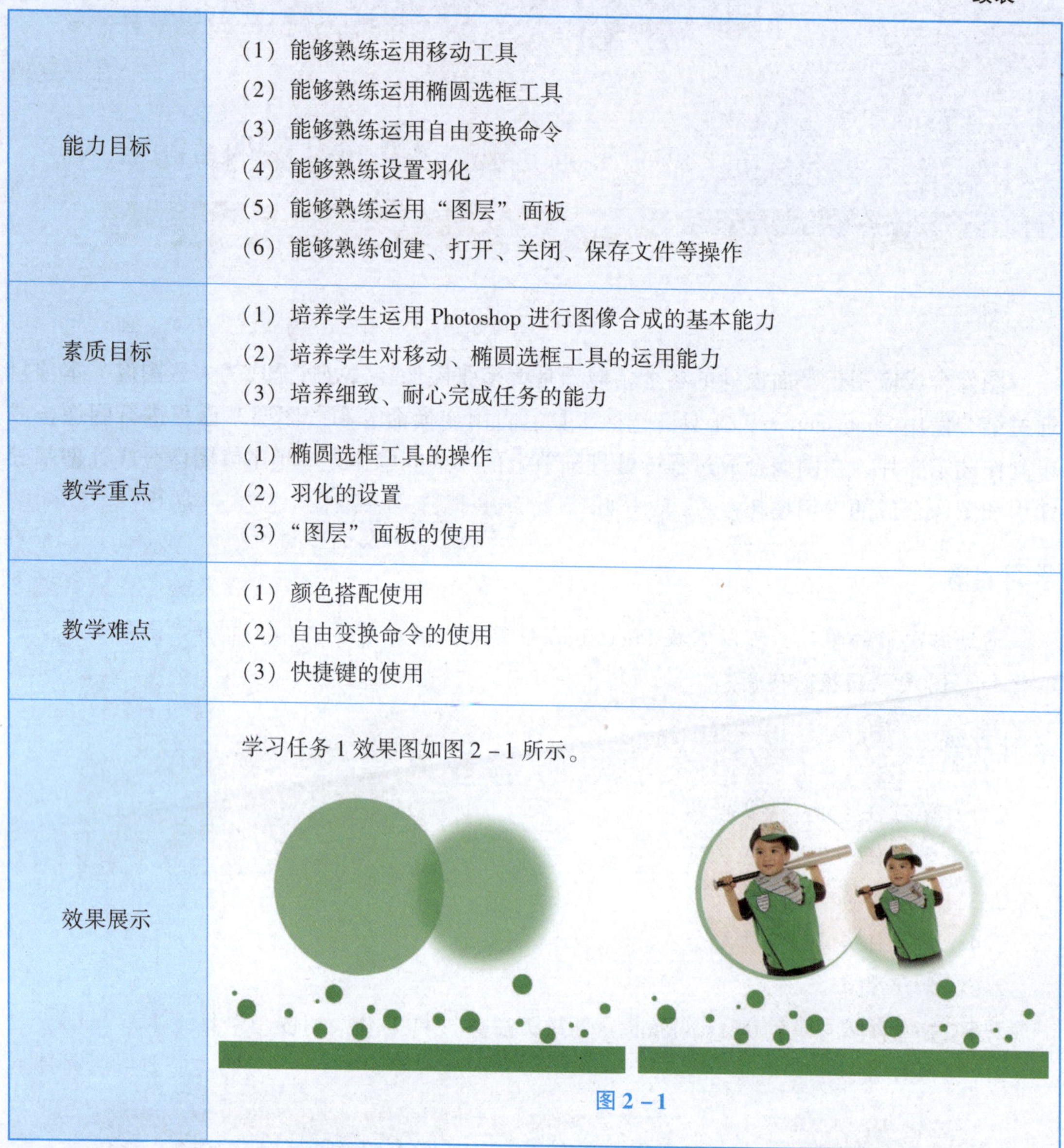

能力目标	(1) 能够熟练运用移动工具 (2) 能够熟练运用椭圆选框工具 (3) 能够熟练运用自由变换命令 (4) 能够熟练设置羽化 (5) 能够熟练运用“图层”面板 (6) 能够熟练创建、打开、关闭、保存文件等操作
素质目标	(1) 培养学生运用 Photoshop 进行图像合成的基本能力 (2) 培养学生对移动、椭圆选框工具的运用能力 (3) 培养细致、耐心完成任务的能力
教学重点	(1) 椭圆选框工具的操作 (2) 羽化的设置 (3)“图层”面板的使用
教学难点	(1) 颜色搭配使用 (2) 自由变换命令的使用 (3) 快捷键的使用
效果展示	学习任务 1 效果图如图 2－1 所示。 图 2－1

2.1.1 任务描述

利用给定的图像素材模板，选择合适的图像合成到模板中，图像合成的过程中练习使用移动工具、椭圆选框工具、自由变换命令，制作羽化效果，使用“图层”面板。

2.1.2 任务分析

根据任务描述，图像合成后不需要出图，只在电脑上浏览，创建文件时的颜色模式为 RGB。

2.1.3　任务实施

（1）打开素材图像文件“2－1－模板.jpg”，如图2－2所示。打开素材图像文件“照片1.jpg”，如图2－3所示。

图2－2

图2－3

（2）选择椭圆选框工具，按Shift键＋拖动鼠标左键，在图像“照片1.jpg”画布上创建圆的选区，如图2－4所示。

（3）选择移动工具，将鼠标指针放在选区内，移动选区内的图像至“2－1－模板.jpg”文件所在的画布中，得到图层1。

（4）按Ctrl＋T组合键，右击，在弹出的菜单中选择“缩放”命令，如图2－5所示，调整合适大小，按Enter键，效果如图2－6所示。

图2－4

图2－5

（5）切换到图像文件“照片1.jpg”，选择“选择”→“修改”→“羽化”命令，羽化半径为50像素。

（6）选择移动工具，将鼠标指针放在选区内，移动选区内的图像至“2－1－模板.jpg”文件所在的画布中，得到图层2。按Ctrl＋T组合键，右击，在弹出的菜单中选择“缩放”命令，调整合适大小，按Enter键，效果如图2－7所示，“图层”面板如图2－8所示。

图 2－6

图 2－7

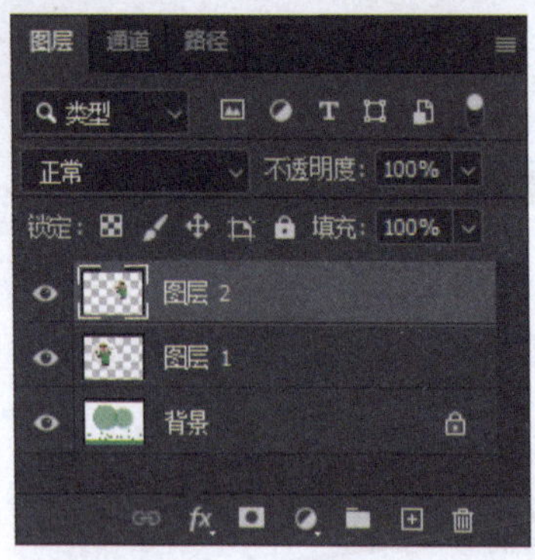

图 2－8

（7）选择“文件”→“存储副本”命令，在弹出的“存储副本”对话框中，设置保存类型为 Photoshop（＊. PSD；＊. PDD；＊. PSDT），输入文件名“2－1－清新世界 . psd”。

（8）选择“文件”→“存储副本”命令，在弹出的“存储副本”对话框中，设置保存类型为 JPEG（＊. JPG；＊. JPEG；＊. JPE），输入文件名“2－1－清新世界 . jpg”。

2.2 学习任务 2 蓝色玫瑰

知识目标	（1）了解图像合成处理基础知识 （2）熟练掌握移动工具的使用方法 （3）掌握矩形选框工具的创建和编辑使用方法 （4）掌握羽化的设置方法 （5）掌握“图层”面板的简单使用方法
能力目标	（1）能够熟练运用移动工具 （2）能够熟练运用矩形选框工具 （3）能够熟练运用自由变换命令 （4）能够熟练运用设置羽化 （5）能够熟练运用“图层”面板 （6）能够熟练创建、打开、关闭、保存文件等操作

续表

素质目标	(1) 培养学生运用 Photoshop 进行图像合成的基本能力 (2) 培养学生对移动、矩形选框工具的运用能力 (3) 培养细致、耐心完成任务的能力
教学重点	(1) 矩形选框工具的操作 (2) 羽化的设置 (3)"图层"面板的使用
教学难点	(1) 颜色搭配使用 (2) 快捷键的使用
效果展示	学习任务 2 效果图如图 2-9 所示。 图 2-9

2.2.1 任务描述

利用给定的图像素材模板，选择合适的图像合成到模板中。图像合成的过程中，练习使用移动工具、矩形选框工具、自由变换命令，制作羽化效果，使用“图层”面板。

2.2.2 任务分析

根据任务描述，图像合成后不需要出图，只在电脑上浏览，创建文件时，颜色模式为 RGB。

2.2.3 任务实施

(1) 打开素材图像文件“2-2-模板.jpg”，如图 2-10 所示。打开素材图像文件“照片 2.jpg”，如图 2-11 所示。

(2) 选择矩形选框工具，拖动鼠标左键，在图像“照片 2.jpg”画布上创建矩形选区，如图 2-12 所示。

图 2－10

图 2－11

（3）选择移动工具，将鼠标指针放在选区内，移动选区内的图像至“2－2－模板 . jpg”文件所在的画布中，得到图层 1。

（4）按 Ctrl＋T 组合键，右击，在弹出的菜单中选择“缩放”命令，如图 2－13 所示。调整合适大小，按 Enter 键，效果如图 2－14 所示。

图 2－12

图 2－13

（5）切换到图像文件“照片 2. jpg”，选择“选择”→“修改”→“羽化”命令，羽化半径为 50 像素。

（6）选择移动工具将鼠标指针放在选区内，移动选区内的图像至“2－2－模板 . jpg”文件所在的画布中，得到图层 2。按 Ctrl＋T 组合键，右击，在弹出的菜单中选择“缩放”命令，调整合适大小，按 Enter 键，效果如图 2－15 所示。

图 2－14

图 2－15

(7) 选择“文件”→“存储副本”命令，在弹出的“存储副本”对话框中，设置保存类型为 Photoshop（*. PSD；*. PDD；*. PSDT），输入文件名“2-2-蓝色玫瑰. psd”。

(8) 单击“图层”面板，隐藏“图层 2”，显示“图层 1”，如图 2-16 所示。选择“文件”→“存储副本”命令，在弹出的“存储副本”对话框中，设置保存类型为 JPEG（*. JPG；*. JPEG；*. JPE），输入文件名“2-2-蓝色玫瑰 1. jpg”。

(9) 单击“图层”面板，隐藏“图层 1”，显示“图层 2”，“图层”面板如图 2-17 所示。选择“文件”→“存储副本”命令，在弹出的“存储副本”对话框中，设置保存类型为 JPEG（*. JPG；*. JPEG；*. JPE），输入文件名“2-2-蓝色玫瑰 2. jpg”。

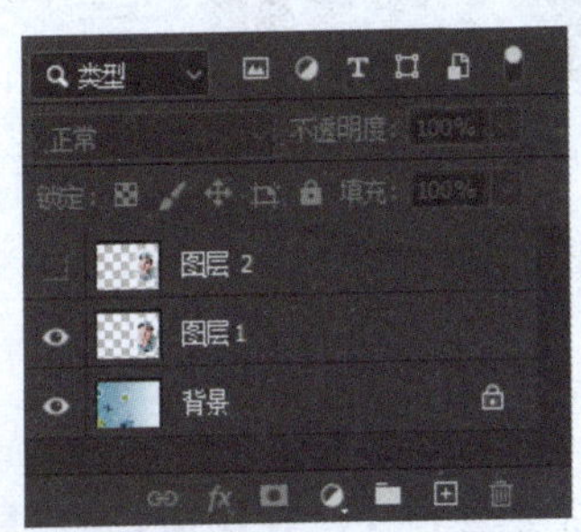

图 2-16

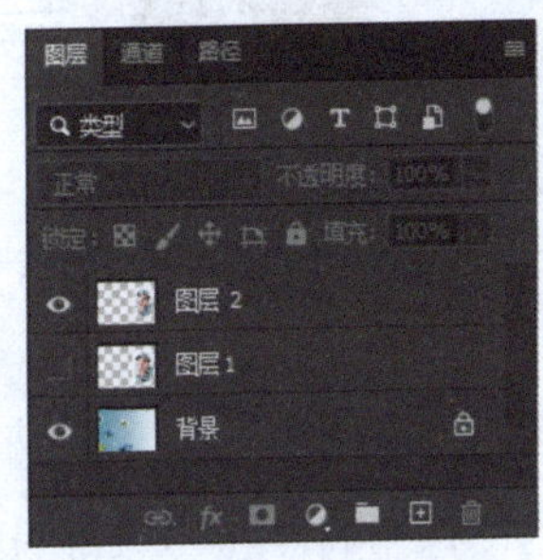

图 2-17

2.3 学习任务 3 宝贝故事

知识目标	(1) 了解图像合成处理基础知识 (2) 熟练掌握等比例缩放的使用方法 (3) 掌握变换选区的使用方法 (4) 掌握复制图层的使用方法
能力目标	(1) 能够熟练运用等比例缩放 (2) 能够熟练运用变换选区 (3) 能够熟练运用复制图层
素质目标	(1) 培养学生运用等比例缩放的基本能力 (2) 培养学生对变换选区和变换图像的运用能力 (3) 培养学生运用复制图层的能力 (4) 培养细致、耐心完成任务的能力
教学重点	(1) 等比例缩放的操作 (2) 变换选区和变换图像操作的区别
教学难点	(1) 等比例合成图像的操作方法 (2) 变换选区和变换图像的操作区别 (3) 颜色搭配的使用 (4) 快捷键的使用

续表

效果展示	学习任务 3 效果图如图 2-18 所示。  图 2-18

2.3.1 任务描述

利用给定的图像素材模板，选择合适的图像合成到模板中，在图像合成的过程中练习使用移动工具、矩形选框工具、自由变换命令变换选区和变换图像，制作羽化效果，使用“图层”面板。

2.3.2 任务分析

根据任务描述，图像合成后不需要出图，只在电脑上浏览，创建文件时颜色模式为 RGB。

2.3.3 任务实施

（1）打开素材图像文件“2-3-模板.psd”，如图 2-19 所示。打开素材图像文件“照片 3-1.jpg”“照片 3-2.jpg”“照片 3-3.jpg”，分别如图 2-20～图 2-22 所示。

图 2-19

图 2-20

图 2 – 21

图 2 – 22

(2) 选择矩形选框工具，拖动鼠标左键，在图像“2 – 3 – 模板 . jpg”画布上创建矩形的选区，如图 2 – 23 所示。

(3) 选择矩形选区工具，将鼠标指针放在选区内，移动选区内的图像至图 2 – 20 所示文件所在的画布中，如图 2 – 24 所示。

图 2 – 23

图 2 – 24

(4) 选择“选择”→“变换选区”命令，右击，在弹出的菜单中选择“缩放”命令，按住 Shift 键的同时拖动鼠标左键，调整合适大小，选区位置如图 2 – 25 所示。

(5) 选择“选择”→“修改”→“羽化”命令，羽化半径为 20 像素。选择移动工具将鼠标指针放在选区内，移动选区内的图像至“2 – 3 – 模板 . jpg”文件所在的画布中，得到图层 1。按 Ctrl + T 组合键，右击，在弹出的菜单中选择“缩放”命令，调整至合适大小，按 Enter 键，效果如图 2 – 26 所示。

(6) 重复步骤 (2) ~ (5) 操作，将“照片 3 – 2. jpg”图像素材移至“2 – 3 – 模板 . jpg”文件所在的画布中，效果如图 2 – 27 所示，“图层”面板如图 2 – 28 所示。

图 2-25

图 2-26

图 2-27

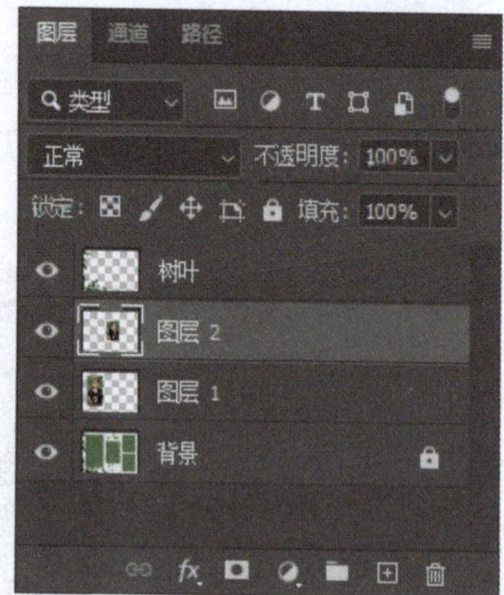

图 2-28

（7）重复步骤（2）~（5）操作，将“照片 3-3.jpg”图像素材移至“2-3-模板.jpg”文件所在的画布中，效果如图 2-29 所示，“图层”面板如图 2-30 所示。

图 2-29

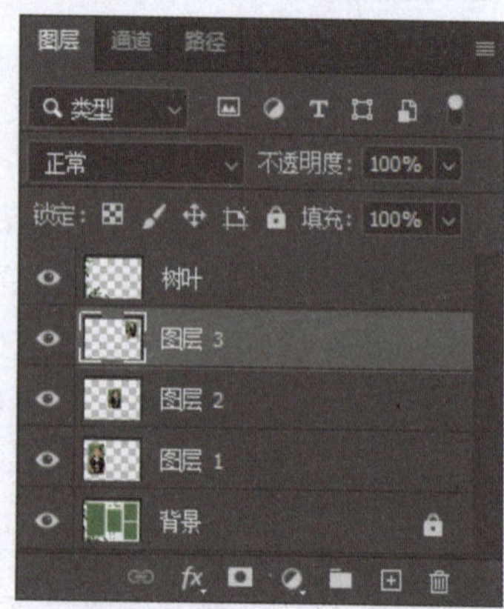

图 2-30

(8) 选中“图层3”，拖动鼠标左键至“图层”面板底部“创建新图层”按钮上，得到“图层3拷贝”图层，移动适合位置，效果如图2-31所示，“图层”面板如图2-32所示。

图2-31

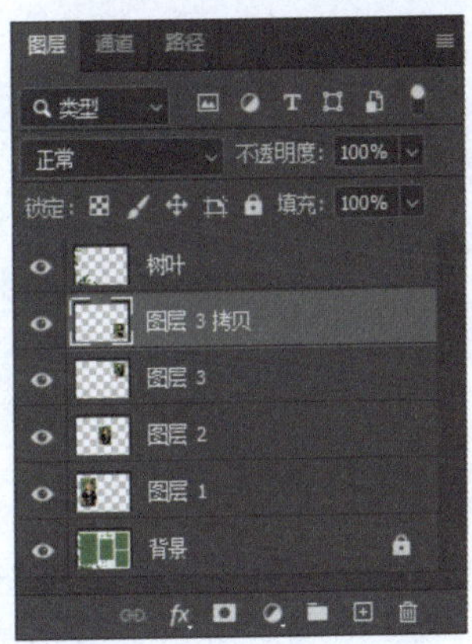

图2-32

(9) 选择“文件”→“存储副本”命令，在弹出的“存储副本”对话框中，设置保存类型为Photoshop (＊.PSD；＊.PDD；＊.PSDT)，输入文件名“2-3-宝贝故事.psd”。

(10) 选择“文件”→“存储副本”命令，在弹出的“存储副本”对话框中，设置保存类型为JPEG (＊.JPG；＊.JPEG；＊.JPE)，输入文件名“2-3-宝贝故事.jpg”。

2.4 学习任务4　粉红纪念

知识目标	(1) 掌握套索工具的使用方法 (2) 掌握磁性套索工具的使用方法 (3) 掌握魔棒工具的使用方法 (4) 掌握快速选择工具的使用方法 (5) 掌握选区计算的使用方法 (6) 掌握图层透明度的使用方法 (7) 掌握图层顺序的使用方法
能力目标	(1) 能够熟练运用套索工具 (2) 能够熟练运用磁性套索工具 (3) 能够熟练运用魔棒工具 (4) 能够熟练运用快速选择工具 (5) 能够熟练运用选区计算 (6) 能够熟练运用图层透明度融合图像 (7) 能够熟练运用图层顺序

续表

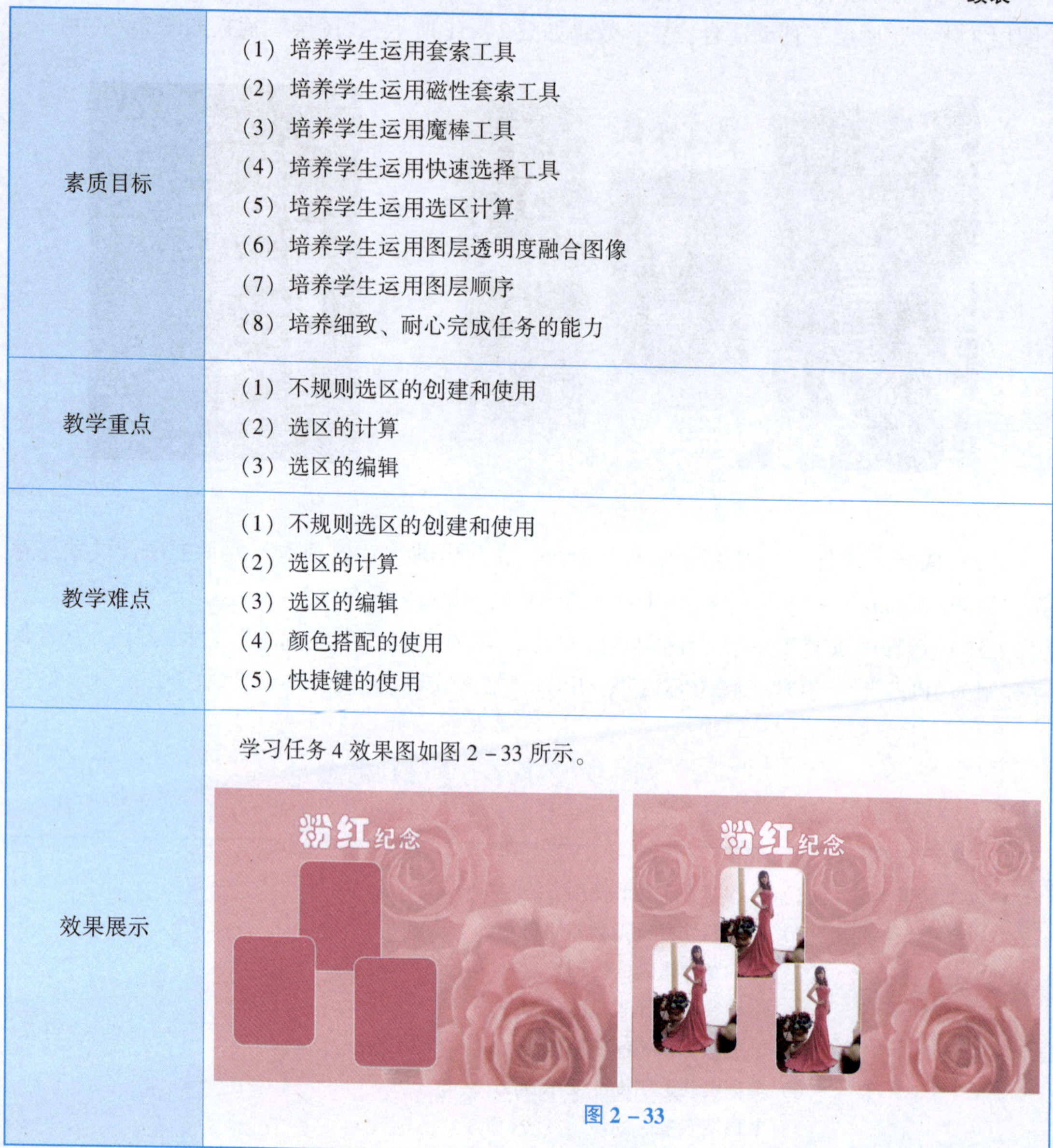

素质目标	（1）培养学生运用套索工具 （2）培养学生运用磁性套索工具 （3）培养学生运用魔棒工具 （4）培养学生运用快速选择工具 （5）培养学生运用选区计算 （6）培养学生运用图层透明度融合图像 （7）培养学生运用图层顺序 （8）培养细致、耐心完成任务的能力
教学重点	（1）不规则选区的创建和使用 （2）选区的计算 （3）选区的编辑
教学难点	（1）不规则选区的创建和使用 （2）选区的计算 （3）选区的编辑 （4）颜色搭配的使用 （5）快捷键的使用
效果展示	学习任务 4 效果图如图 2－33 所示。 粉红纪念　粉红纪念 图 2－33

2.4.1　任务描述

利用给定的图像素材模板，选择合适的图像合成到模板中。图像合成的过程中，练习使用套索工具、磁性套索工具、魔棒工具、快速选择工具、选区计算和图层透明度。

2.4.2　任务分析

根据任务描述，图像合成后不需要出图，只在电脑上浏览。创建文件时，颜色模式为 RGB。

2.4.3 任务实施

(1) 打开素材图像文件"2-4-模板.jpg"，如图2-34所示。打开素材图像文件"图片4.png"，如图2-35所示。

图2-34

图2-35

(2) 选择套索工具，属性栏羽化值设置为20，拖动鼠标左键，在图像"图片4.png"画布上创建不规则的选区，如图2-36所示。

(3) 选择移动工具，将鼠标指针放在选区内，移动选区内的图像至"2-4-模板.jpg"文件所在的画布中，得到图层1，如图2-37所示。

图2-36

图2-37

(4) 按Ctrl+T组合键，右击，在弹出的菜单中选择"缩放"命令，调整合适大小，按Enter键，调整图层的透明度为14%，位置在图像左上角，如图2-38所示。

(5) 选择"图片4.png"文件，按Ctrl+D组合键将创建的选区取消，使用磁性套索工具、魔棒工具或者快速选择工具创建花瓣选区。

①选择磁性套索工具，沿着花瓣边缘拖动鼠标创建选区，如图2-39所示。

图2-38

图2-39

②选择魔棒工具，单击黄色区域，将黄色区域创建选区，如图 2－40 所示。选择“选择”→“反向”命令，将花瓣选中，如图 2－41 所示。

图 2－40

图 2－41

③选择快速选择工具，在黄色区域拖动鼠标，创建选区，如图 2－42 所示。属性栏使用“从选区减去”，将多选的部分从选区减去。将黄色背景选中，选择“选择”→“反选”命令，将花瓣选中，选择移动工具，将鼠标指针放在选区内，移动选区内的图像至“2－4－模板.jpg”文件所在的画布中，得到图层 2。按 Ctrl＋T 组合键，右击，在弹出的菜单中选择“水平翻转”“垂直翻转”和“缩放”命令调整合适大小，按 Enter 键，调整图层的透明度为 17%，位置在图像右上角，如图 2－43 所示。

图 2－42

图 2－43

（6）选择魔棒工具，选择 2－4－模板.jpg 文件，选择背景图层，单击相框处创建选区，如图 2－44 所示。选择“选择”→“修改”→“扩展”命令，扩展量为 5 像素，复制粘贴，得到的图层命名为“左框 1”。选中“左框 1”，拖动鼠标左键至“图层”面板底部“创建新图层”按钮，得到的图层命名为“右框 1”，移动到背景层右框位置对齐，“图层”面板如图 2－45 所示。

图 2－44

图 2－45

（7）选择2－4－模板.jpg文件，选择魔棒工具，选择背景图层，单击相框处创建选区，如图2－44所示。打开素材图像文件“照片4.jpg”，移动选区内的图像至“照片4.jpg”文件所在的画布中。选择“选择”→“变换选区”命令，右击，在弹出的菜单中选择“缩放”命令，按Shift键的同时拖动鼠标左键，调整合适大小，选区位置如图2－46所示。

（8）选择移动工具，将鼠标指针放在选区内，移动选区内的图像至“2－4－模板.jpg”文件所在的画布中，得到的图层命名为“照片1”，如图2－47所示。按Ctrl+T组合键，将中心点移至左下角，右击，在弹出的菜单中选择“缩放”命令，等比例调整合适大小，按Enter键，位置效果如图2－48所示。“图层”面板如图2－49所示。

图2－46

图2－47

图2－48

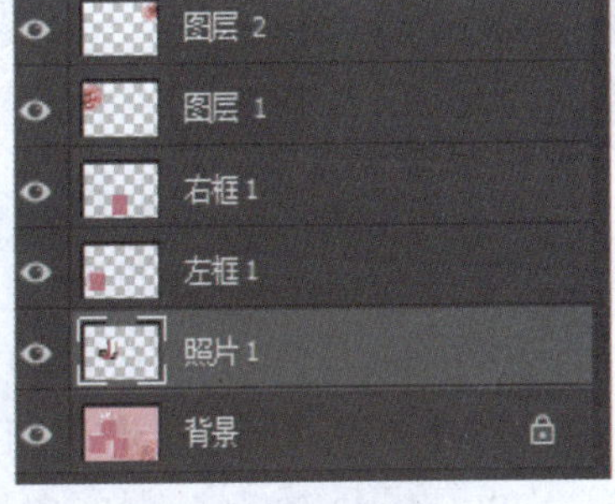

图2－49

（9）选中“照片1”，连续复制3个图层，分别命名为“照片2”“照片3”。“照片2”图层放在“左框1”图层上面，“照片3”图层放在“右框1”图层上面，效果如图2－50所示，“图层”面板如图2－51所示。

（10）选择“照片4.jpg”文件，选择磁性套索工具、魔棒工具、快速选择工具等多种选区工具，创建如图2－52所示选区。

图 2－50

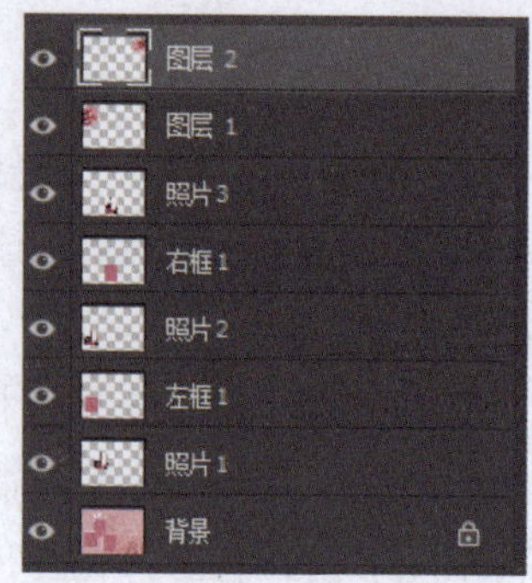

图 2－51

（11）选择移动工具，将鼠标指针放在选区内，移动选区内的图像至“2－4－模板.jpg”文件所在的画布中，得到的图层命名为“照片 4”，将图层“照片 4”放在“图层”面板中最上面的图层。选中“照片 4”图层，按 Ctrl + T 组合键，右击，在弹出的菜单中选择“水平翻转”和“缩放”命令调整合适大小，按 Enter 键，位置在图像右侧，效果如图 2－53 所示。

图 2－52

图 2－53

（12）选择“文件”→“存储副本”命令，在弹出的“存储副本”对话框中，设置保存类型为 Photoshop（＊.PSD；＊.PDD；＊.PSDT），输入文件名“2－4－粉红纪念.psd”。

（13）选择“文件”→“存储副本”命令，在弹出的“存储副本”对话框中，设置保存类型为 JPEG（＊.JPG；＊.JPEG；＊.JPE），输入文件名“2－4－粉红纪念.jpg”。

2.5 知识要点

2.5.1 移动工具

（1）移动工具（快捷键为 V）：主要用于实现图层的选择、移动等基本操作。

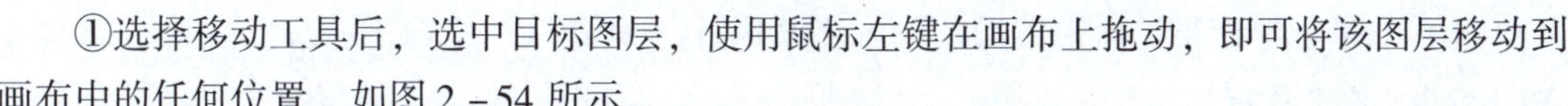

①选择移动工具后，选中目标图层，使用鼠标左键在画布上拖动，即可将该图层移动到画布中的任何位置，如图 2－54 所示。

②选择移动工具后，选中的目标图层如果有选区，将光标放在选区内部，移动选区内的图像，如图 2－55 所示。

图 2－54

图 2－55

（2）使用移动工具时，有一些实用的小技巧，具体如下：

①按住 Shift 键不放，可使图层沿水平、竖直或 45°的方向移动。

②按住 Alt 键的同时，移动图层，可对图层进行移动复制。

③在移动工具状态下，按住 Ctrl 键不放，在画布中单击某个元素，可快速选中该元素所在的图层。

④选择移动工具后，可通过移动工具选项栏中的“对齐”及“分布”选项，快速对多个选中的图层执行“对齐”及“分布”操作。移动工具的属性栏如图 2－56 所示。

图 2－56

技巧：

使用移动工具时，每按一下键盘中的方向键“→”“←”“↑”“↓”，便可以将对象移动一个像素的距离，如果按住 Shift 键，再按方向键，则图像每次可以移动 10 个像素的距离。

2.5.2 撤销操作

在绘制和编辑图像的过程中，经常会出现失误或对操作的效果不满意的情况，如果希望恢复到前一步或原来的图像效果，可以使用一系列的撤销操作命令。

1. 撤销上一步操作

执行“编辑”→“还原”命令（或使用 Ctrl + Z 组合键），可以撤销对图像所做的最后一次修改，将其还原到上一步编辑状态，如果想要取消“还原”操作，再次按下 Ctrl + Z 组合键即可。

2. 撤销或还原多步操作

（1）“编辑”→“还原”命令只能还原一步操作，如果想要连续还原，可连续执行“编辑”→“后退一步”命令（或使用 Alt + Ctrl + Z 组合键），逐步撤销操作。

（2）如果想要恢复被撤销的操作，可连续执行“编辑”→“前进一步”命令（或使用 Alt + Shift + Z 组合键）。

3. 撤销到操作过程中的任意步骤

“历史记录”面板可将进行过多次处理的图像恢复到任何一步（系统默认前 20 步）操作时的状态，即所谓的多次恢复。执行“窗口”→“历史记录”命令，将会弹出“历史记录”面板，如图 2－57 所示。

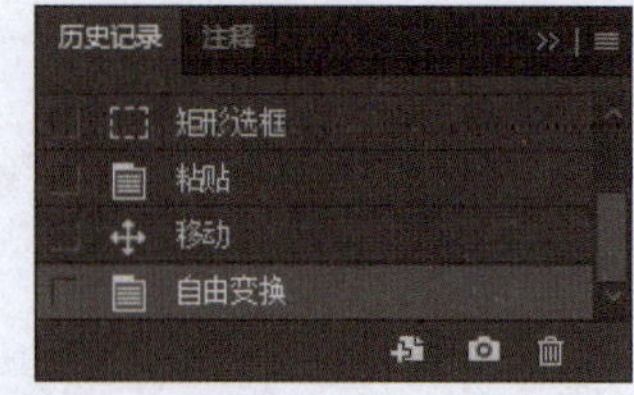

图 2－57

选择“历史记录”下的任何一步操作，图像即恢复到该操作时的状态。

技巧：

在“历史记录”控制面板的右下方有 3 个按钮，它们的具体作用如下：

①“从当前状态创建新文档”：基于当前操作步骤中的图像状态创建一个新的文件。

②“创建新快照”：基于当前的图像状态创建快照。

③“删除当前状态”：选择一个操作步骤，单击该按钮，可将该步骤及后面的操作删除。

2.5.3 选区介绍

选区是 Photoshop 中一项非常重要的功能，Photoshop 的大多数操作都是基于选区进行的。例如，要对图像的局部进行处理，需要先通过各种途径将其选中，也就是创建选区，再进行移动、复制、填充与描边等操作。关于选区，Adobe 给出的解释：“建立选区是指分离图像的一个或多个部分。通过选择特定区域，可以编辑效果和滤镜，并将效果和滤镜应用于图像的局部，同时保持未选定区域不会被改动。”由此可见，选区是用来定义操作范围的。有了选区的界定，就可对局部图像进行处理。如果没有选区，则编辑操作将对整个图像产生影响。

在 Photoshop 中，选区是一圈闪烁的边界线，这种闪动的边界线看上去就像是一圈行军的蚂蚁，因此，选区又被形象地称为“蚁行线”。此时，选区边界内部的图像被选择，修改操作只针对选区内的区域，选区外部的图像受到保护。由此可见，选区操作是进行图像处理时关键的第一步，学会正确、快速地应用选区是使用 Photoshop 进行下一步工作的基础。

选区有规则和不规则的，但都是闭合的区域，无论创建何种形状的选区，都是封闭的，不存在不闭合的选区。

Photoshop 中选区工具共有 3 组：规则选区工具组、不规则选区工具组和快速选区工具组。规则选区工具组包括矩形选框工具、椭圆选框工具、单行选框工具、单列选框工具，用来创建规则选区。不规则选区工具组包括套索工具、磁性套索工具和多边形套索工具，用来创建不规则选区。快速选区工具组包括魔棒工具、快速选择工具和对象选择工具，通过“色彩范围”菜单项可创建颜色相似选区。

2.5.4 规则选区工具组

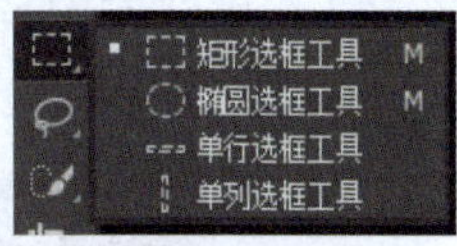

图 2-58

规则选区工具组共包含 4 种工具，如图 2-58 所示。属性栏如图 2-59 所示，在绘制选区前设置属性栏的值有效。

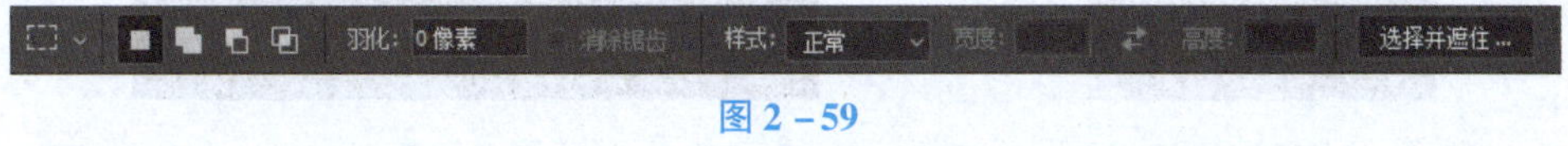

图 2-59

2.5.4.1 矩形选框工具

1. 创建选区

（1）对角绘制。选择矩形选框工具（快捷键为“M”）⬚，在要选择的区域上拖移，建立一个矩形选区（配合使用 Shift 键可建正方形选区），如图 2-60 所示。

图 2-60

按住 Shift 键时拖动，可将选框限制为正方形（要使选区形状受到约束，请先释放鼠标，再释放 Shift 键）。

（2）中心绘制。在开始拖动之后按住 Alt 键，如图 2-61 所示，图 2-61（a）为对角绘制，图 2-61（b）为中心绘制。

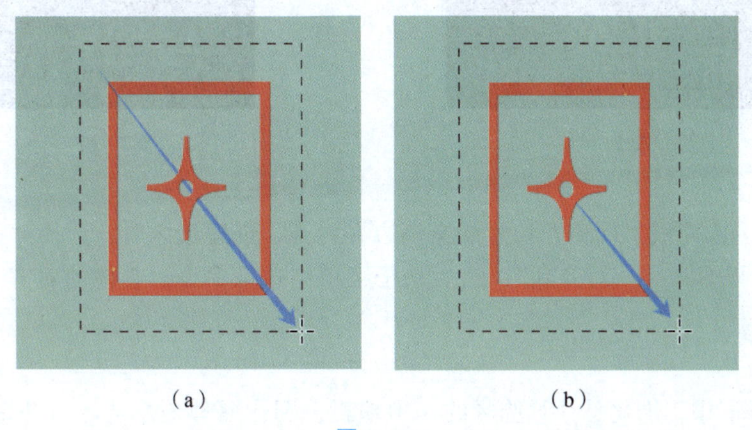

（a）　　　　（b）

图 2-61

2. 设置大小

（1）正常：通过拖动确定选框比例。

（2）固定比例：设置高宽比。输入长宽比的值（十进制值有效）。例如，要绘制一个宽是高两倍的选框，则输入宽度 2 和高度 1。

（3）固定大小：为选框的高度和宽度指定固定的值。输入整数像素值。

注意：

除像素（px）之外，还可以在高度值和宽度值中使用特定单位，如英寸（in）或厘米（cm）。

3. 选区计算

在属性栏（图 2-59）中指定一个选区选项，如图 2-62 所示。

A：新建选区。

B：在属性栏中选择“添加到选区”选项，然后拖动至选区，按住 Shift 键并拖动，以添加选区。使用时，鼠标指针旁边将出现一个加号。完成后如图 2－63 所示。

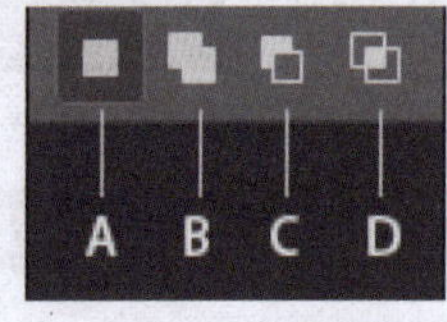

图 2－62

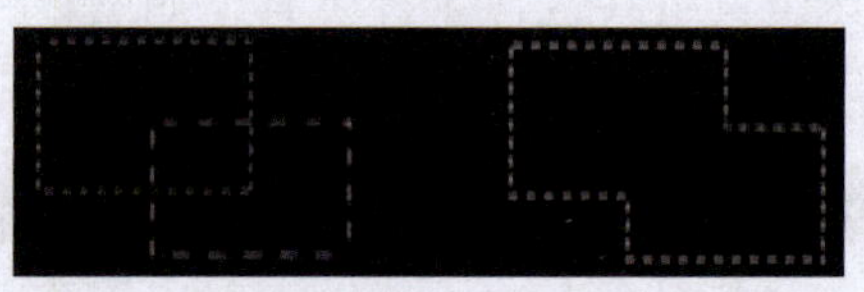

图 2－63

在选区中手动添加或减去选区之前，如果后绘制的选区和先绘制的选区的羽化和消除锯齿值一致，需要先在属性栏中设置与为原始选区中使用的相同值。

C：在属性栏中选择“从选区中减去”选项，然后拖动以使其与其他选区交叉，按住 Alt 键并拖动以减去另一个选区。在从选区中减去时，鼠标指针旁边将出现一个减号。完成后如图 2－64 所示。

D：在属性栏中选择“与选区交叉”选项，然后拖动至选区，按住 Alt＋Shift 组合键，在要选择的原始选区上拖动。当选择交叉区域时，指针的旁边将出现一个“×”。完成后如图 2－65 所示。

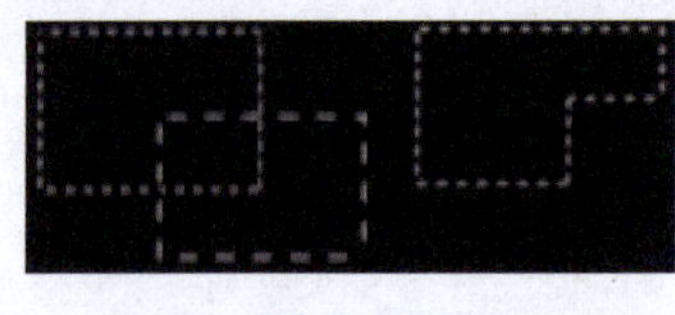

图 2－64

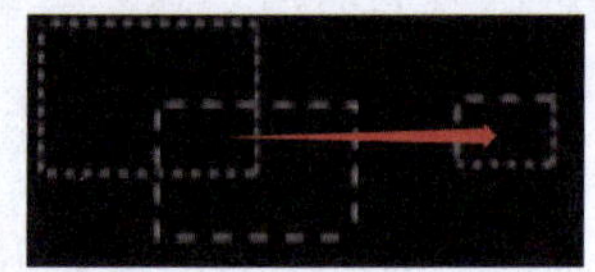

图 2－65

4. 选区对齐

为使选区与参考线、网格、切片或文档边界对齐，创建选区时，选择“视图”→“对齐”或选择“视图”→“对齐到”，然后从子菜单中选取命令。具体的对齐方式由“对齐到”子菜单控制。

5. 选区羽化

在 Photoshop 中，羽化是针对选区的一项编辑，羽化原理是令选区内外衔接部分虚化，起到渐变的作用，从而达到自然衔接的效果。羽化值越大，虚化范围越宽，颜色递变越柔和；羽化值越小，虚化范围越窄。可根据实际情况进行羽化值的调节。

在 Photoshop 中，选择矩形选框工具，羽化值设置为 0 像素和 50 像素时，绘制相同大小的选区，如图 2－66 所示。将选区内容移动到背景图像上后，对比效果如图 2－67 所示。

图 2－66

图 2－67

2.5.4.2 椭圆选框工具

(1) 椭圆选框工具（快捷键为“M”）○：建立一个椭圆形选区（配合使用 Shift 键可建立圆形选区），如图 2-68 所示。

图 2-68

(2) 在属性栏设置为椭圆选框工具打开或关闭消除锯齿，通过软化边缘像素与背景像素之间的颜色过渡效果，使选区的锯齿状边缘平滑。由于只有边缘像素发生变化，因此不会丢失细节。消除锯齿在剪切、拷贝和粘贴选区以创建复合图像时非常有用。羽化设置要在创建选区前设置。

消除锯齿适用于套索工具、多边形套索工具、磁性套索工具、椭圆选框工具和魔棒工具。

2.5.4.3 单行或单列选框工具

将边框定义为宽度为 1 个像素的行或列。对于单行或单列选框工具，在要选择的区域旁边单击，然后将选框拖动到确切的位置。如果看不见选框，则增加图像视图的放大倍数。

技巧：

要重新放置矩形或椭圆选框，请首先拖动以创建选区边框，在此过程中要一直按住鼠标左键。然后按住空格键并继续拖动。如果需要继续调整选区的边框，请松开空格键，但是一直按住鼠标左键。

2.5.5 不规则选区工具组

不规则选区工具组共包含 3 种工具，如图 2-69 所示。属性栏如图 2-70 所示。

图 2-69

图 2-70

2.5.5.1 套索工具

套索工具用于绘制选区边框的手绘线段。

(1) 创建选区。选择套索工具（快捷键为 L），按如下步骤创建选区。

①拖动以绘制手绘的选区边界。

②若要在手绘线段与直边线段之间切换，请按 Alt 键，然后单击线段的起始位置和结束位置。(若要抹除最近绘制的直线段，请按下 Del 键)。

③若要闭合选区边界，请在未按住 Alt 键时释放鼠标。

④使用套索工具，创建的选区如图 2-71 所示。

(2) 选区计算、选区对齐、选区羽化同矩形选框工具。

2.5.5.2 磁性套索工具

磁性套索工具特别适用于快速选择与背景对比强烈且边缘复杂的对象，磁性套索工具不可用于 32 位/通道的图像。使用磁性套索工具时，边界会对齐图像中定义区域的边缘。

(1) 创建选区。选择磁性套索工具（快捷键为 L），按如下步骤创建选区。

①在图像中单击，设置第一个紧固点，紧固点将选框固定住。

图 2-71

②释放鼠标左键，或按住它不动，然后沿着要跟踪的边缘移动指针。

刚绘制的选框线段保持为现用状态。当移动指针时，现用线段与图像中对比度最强烈的边缘（基于选项栏中的检测宽度设置）对齐。磁性套索工具定期将紧固点添加到选区边框上，以固定前面的线段。

③如果边框没有与所需的边缘对齐，则单击，以手动方式添加一个紧固点。继续跟踪边缘，并根据需要添加紧固点。

④若要临时切换到其他套索工具，请执行下列任一操作。

若要启动套索工具，请按住 Alt 键并按住鼠标左键进行拖动。

若要启动多边形套索工具，请按住 Alt 键并单击。

⑤若要抹除刚绘制的线段和紧固点，请按 Del 键，直到抹除了所需线段的紧固点。

⑥关闭选框。

若要用磁性线段闭合边框，请双击或按 Enter 键（若要手动关闭边界，拖回起点并单击）。

若要用直线段闭合边界，请按住 Alt 键并双击。

⑦使用磁性套索工具创建的选区如图 2-72 所示。

图 2-72

（2）选区计算、选区对齐、选区羽化同矩形选框工具。

（3）磁性套索工具属性栏。

①宽度。

若要指定检测宽度，请为"宽度"输入像素值。磁性套索工具只检测从指针开始指定距离以内的边缘。若要更改套索指针以使其指明套索宽度，请按 Caps Lock 键。可以在已选定工具但未使用时更改指针。按右方括号键（]）可将磁性套索边缘宽度增大 1 像素；按左方括号键（[）可将宽度减小 1 像素。

②对比度。

若要指定套索对图像边缘的灵敏度，请在对比度中输入一个介于 1% 和 100% 之间的值。较高的数值将只检测与其周边对比鲜明的边缘，较低的数值将检测低对比度边缘。

③频率。

若要指定套索以什么频度设置紧固点，请为"频率"输入 0 ~ 100 之间的数值。较高的数值会更快地固定选区边框。

注意：

在边缘精确定义的图像上，可以使用更大的宽度和更高的边对比度，然后大致地跟踪边缘。在边缘较柔和的图像上，尝试使用较小的宽度和较低的边对比度，然后更精确地跟踪边框。

④光笔压力。

如果正在使用光笔绘图板，选择或取消选择"光笔压力"选项。选中该选项时，增大光笔压力将导致边缘宽度减小。

2.5.5.3　多边形套索工具

用于绘制选区边框的直边线段。

（1）创建选区。

选择多边形套索工具（快捷键为 L），按如下步骤创建选区。

①在图像中单击以设置起点。

②若要绘制直线段，将指针放到第一条直线段结束的位置，然后单击，继续单击，设置后续线段的端点。

③若要绘制一条角度为 45°的倍数的直线，在移动时，按住 Shift 键以单击下一条线段。

④若要绘制手绘线段，请按住 Alt 键并拖动，完成后，松开 Alt 键以及鼠标左键。

⑤要抹除最近绘制的直线段，则按 Del 键。

⑥关闭选框。

⑦将多边形套索工具的指针放在起点上（指针旁边会出现一个闭合的圆）并单击。

⑧如果指针不在起点上，则双击多边形套索工具指针，或者按住 Ctrl 键并单击。

⑨使用多边形套索工具，创建的选区如图 2 – 73 所示。

图 2－73

(2) 选区计算、选区对齐、选区羽化同矩形选框工具。

2.5.6 快速选择工具组

快速选择工具组共包含 3 种工具，如图 2－74 所示。属性栏如图 2－75 所示。

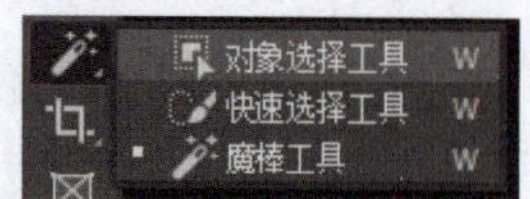

图 2－74

图 2－75

2.5.6.1 魔棒工具

魔棒工具根据颜色选择区域。

(1) 创建选区。

选择魔棒工具（快捷键为“W”），按如下步骤创建选区。

①在图像中移动鼠标，然后单击要在图像中选择的颜色。在属性栏中可设置容差、消除锯齿和对所有图层取样。

②如果要选择颜色相近的非相邻区域，取消选中“连续”。

③使用魔棒工具创建的选区如图 2－76 所示。

图 2－76

(2) 选区计算、选区对齐、选区羽化同矩形选框工具。

2.5.6.2 快速选择工具

通过查找和追踪图像中的边缘来创建选区。

（1）创建选区。

快速选择工具（快捷键为 W），按如下步骤创建选区：

①在属性栏可设置笔头大小、角度等。

②在要选择的区域中单击并拖动画笔。拖动时，该工具会自动检测图像边缘，以便创建选区。

③使用快速选择工具，创建的选区如图 2－77 所示。

图 2－77

（2）选区计算、选区对齐、选区羽化同矩形选框工具。

2.5.6.3 对象选择工具

查找并自动选择对象，如人物、汽车、宠物、天空、水、建筑物、植物和山脉等。

（1）创建选区。

对象选择工具（快捷键为 W），按如下步骤创建选区：

①在属性栏确保对象查找程序处于启用状态，同时可设置选区模式、是否对所有图层取样等。

②将鼠标指针悬停在图像中要选择的对象或区域上。可选择的对象和区域将以叠加颜色突出显示。如要自定义颜色叠加，选择属性栏中的图标，可进行设置，如图 2－78 所示。

③使用对象选择工具，创建的选区如图 2－79 所示。

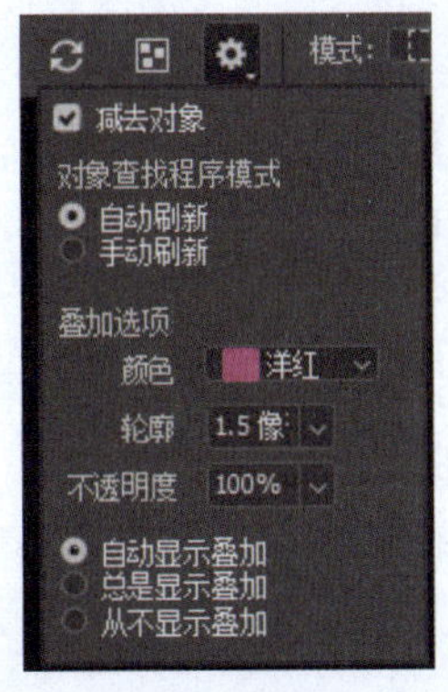

图 2－78

图 2－79

（2）选区计算、选区对齐、选区羽化同矩形选框工具。

2.5.7 选区的基本操作

1. 全选（Ctrl + A）

选择“选择”→“全选”命令，将整个画布的边缘创建选区。

2. 取消选择（Ctrl + D）

选择“选择”→“取消选择”命令，将创建的选区取消。

3. 重新选择（Shift + Ctrl + D）

选择“选择”→“重新选择”命令，将上一步取消的选区重新创建。

4. 反选（Shift + Ctrl + I）

选择“选择”→“反选”命令，创建选区后，使用该命令，选中上一步选区之外的其他部分。例如，可以使用该选项选择放在纯色背景上的对象。使用魔棒工具选择背景，然后反选选区，即可选中图像，如图 2 – 76 所示。

5. 移动选区

（1）使用任何选区工具，从属性栏中选择“新选区”，然后将指针放在选区边界内。指针将发生变化，可以移动选区，如图 2 – 80 所示。

图 2 – 80

（2）拖动边框围住图像的不同区域。可以将选区边框局部移动到画布边界之外。当将选区边框拖动回来时，原来的边框以原样再现。还可以将选区边框拖动到另一个图像窗口。

（3）控制选区的移动。

要将方向限制为 45 度的倍数，开始拖动，然后在继续拖动时按住 Shift 键。

要以 1 个像素的增量移动选区，使用箭头键。

要以 10 个像素的增量移动选区，按住 Shift 键并使用箭头键。

6. 隐藏或显示选区边缘

（1）选择“视图”→“显示额外内容”命令，可以显示或隐藏选区边缘、网格、参考线、目标路径、切片、注释、图层边框、计数以及智能参考线。

（2）选取“视图”→“显示”→“选区边缘”命令，将切换选区边缘的视图并且只影响当前选区。在建立另一个选区时，选区边框将重现。

7. 修改选区

利用“选择”→“修改”命令可对选区进行更加细致的修改，主要包括边界、平滑、扩展、收缩、羽化工具，如图 2 - 81 所示。

图 2 - 81

（1）边界：在选区边界周围创建一个选区。

“边界”命令用于确定在现有选区边界的内部和外部的像素的宽度。当要选择图像区域周围的边界或像素带，而不是该区域本身时（例如清除粘贴的对象周围的光晕效果），此命令将很有用。选择“选择”→“修改”→“边界”，为新选区边界宽度输入一个 1 ~200 之间的像素值，然后单击“确定”按钮。

新选区将为原始选定区域创建框架，此框架位于原始选区边界的中间。例如，若边框宽度设置为 20 像素，则会创建一个新的柔和边缘选区，该选区将在原始选区边界的内、外分别扩展 10 像素，如图 2 - 82 所示。

图 2 - 82

（2）平滑：通过设定“平滑选区”的“取样半径”参数，对选区边缘进行平滑处理，如图 2 - 83 所示。

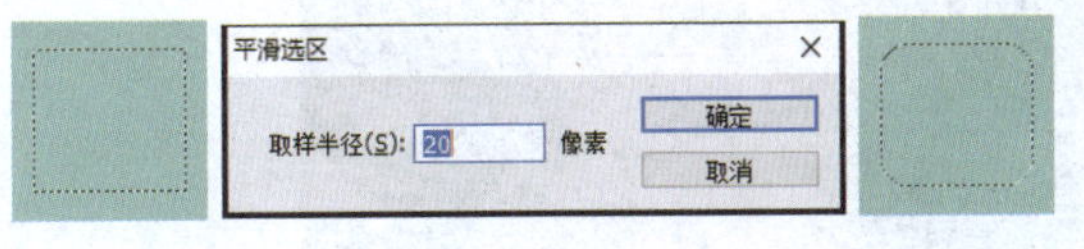

图 2 - 83

（3）扩展：通过“扩展选区”中“扩展量”值的设定，对当前选区边缘按照设定数值等比例向外扩展，如图 2 - 84 所示。

（4）收缩：通过“收缩选区”中“收缩量”值的设定，对当前选区边缘按照设定数值等比例向内收缩，如图 2 - 85 所示。

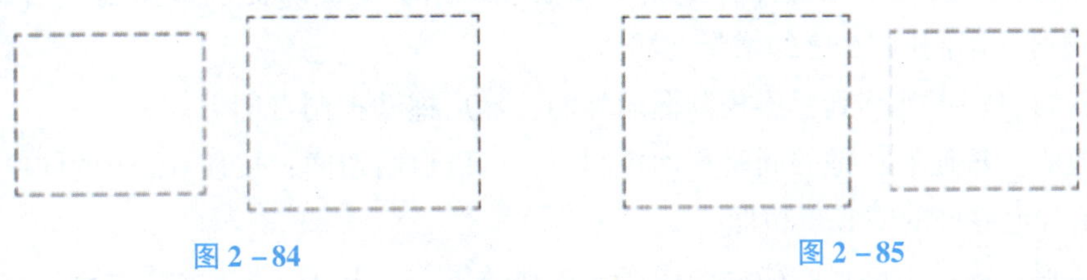

图 2 - 84　　图 2 - 85

（5）羽化：通过“羽化选区”中“羽化半径”值的设定，对当前选区边缘按照设定数值进行羽化处理，如图 2 - 67 所示。如果选区小而羽化半径大，则小选区可能变得非常模糊，以至于看不到并因此不可选。如果看到“任何像素都不大于 50% 选择”消息，减小羽化半径或增大选区的大小；或单击“确定”按钮，以接受采用当前设置的蒙版，并创建无法看到其边缘的选区。

8. 变换选区

变换选区是指可以通过自由旋转、比例、倾斜、扭曲、透视和变形工具来变换对象，变换选区执行“选择”→“变换选区”命令来实现，执行“自由变换”命令后，选区周围会出现一个定界框，定界框中央有一个中心点，四周有控制点，如图 2－86 所示。

执行“自由变换”命令后，也可以使用功能键 Ctrl、Shift 和 Alt 键。其中，按住 Ctrl 键后，用鼠标可以自由移动某个控制点的位置；按住 Shift 键后选择控制点，可以锁定原比例进行图像缩放；按住 Alt 键则可以锁定控制中心不变。

在执行了“自由变换”命令的对象上右击，会弹出“自由变换”快捷菜单，可以进一步对图像进行变换，如图 2－87 所示。

图 2－86

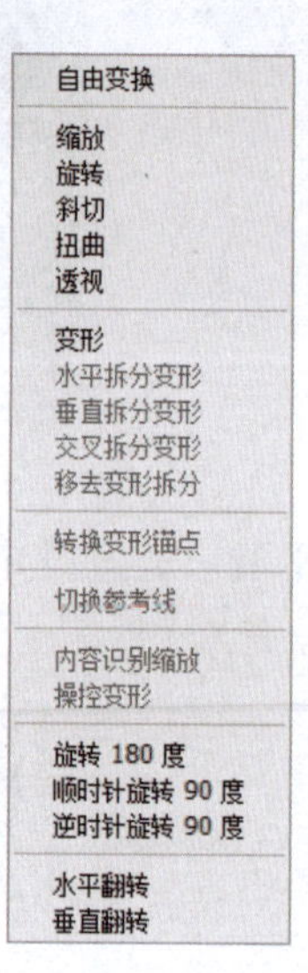

图 2－87

利用快捷菜单中的命令可以得到不同的变换效果，如图 2－88 所示。

（1）缩放：将指针放在控制点上，当鼠标指针变成双箭头时拖动即可。同时按住 Shift 键可以等比例缩放图像。

（2）旋转：将指针移到变形控制框的外面，当指针出现弯曲的双向箭头后旋转即可。按住 Shift 键可以限制以 15 度的增量旋转图。

（3）斜切：将指针移到变形控制框的外面，然后拖动控制点即可。

（4）扭曲：按住 Ctrl 键的同时移动控制点，可以自由扭曲；按住 Alt 键的同时拖动控制点，可以相对定界框的中心点扭曲。

（5）透视：拖动控制点，能使图像产生透视效果。

（6）变形：可以拖移网格内的控制点、线或区域，以更改定界框和网格的形状。

（7）旋转 180 度：将图像旋转半圈。

（8）顺时针旋转 90 度：将图像按顺时针方向旋转 1/4 圈。

图 2－88

（a）原图；（b）水平翻转；（c）垂直翻转；（d）旋转 180°；（e）顺时针旋转 90°；（f）逆时针旋转 90°；（g）斜切；（h）扭曲；（i）透视；（j）变形；（j）旋转

（9）逆时针旋转 90 度：将图像按逆时针方向旋转 1/4 圈。

（10）水平翻转：将图像沿着垂直轴水平翻转。

（11）垂直翻转：将图像沿着水平轴垂直翻转。

注意：

使用快捷键 Ctrl＋T 自由变换图像或者选区选中的图像。

9. 存储选区

（1）打开素材图像文件“36. jpg”，如图 2－89 所示。使用魔棒工具选择背景部分，按 Ctrl＋Shift＋I 组合键反选，如图 2－90 所示。选区创建完成之后，可通过“选择”→“存储选区”命令，在弹出的“存储选区”对话框中，进行如图 2－91 所示设置。选区存储成功后，“通道”面板会出现新的名为“花朵”的通道，如图 2－92 所示。

（2）“存储选区”设置面板包含目标和操作两部分。“目标”部分包含文档、通道、名称；“操作”部分包含新建通道、添加到通道、从通道中减去、与通道交叉。

文档：在下拉列表中可以选择保存选区的目标文件，默认状态下选区保存在当前文档中，也可以手动将选区保存在新建文档中。

通道：可以选择将选区保存到新建通道或其他 Alpha 通道中。

名称：设定选区的名称。

图 2－89

图 2－90

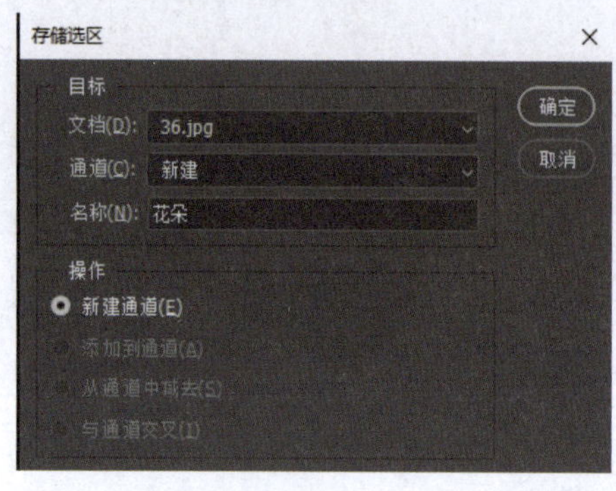

图 2－91

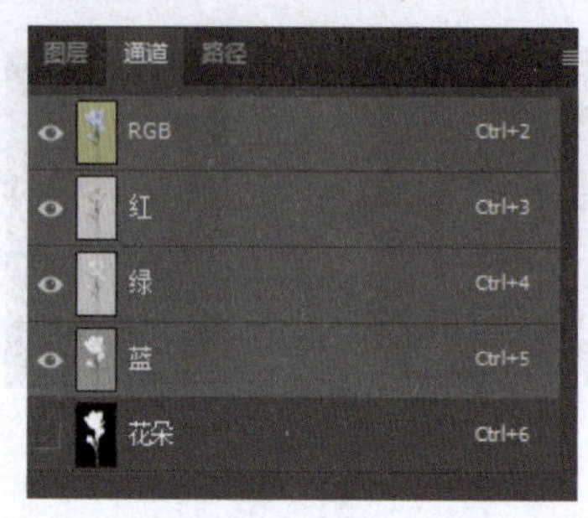

图 2－92

操作：如果保存选区的目标文件包含有选区，则可以选择如何在通道中合并选区。选中“新建通道”单选按钮，可以将当前选区存储在新建通道中；选中“添加到通道”单选按钮，可以将选区添加到目标通道的现有选区中；选中“从通道中减去”单选按钮，可以从目标通道内的现有选区中减去当前的选区；选中“与通道交叉”单选按钮，可以从与当前选区和目标通道中的现有选区交叉的区域中存储一个选区。

10. 载入选区

（1）当选区存储成功后，可通过“选择”→“载入选区”命令，在弹出的“载入选区”对话框中进行如图 2－93 所示设置。

（2）“载入选区”设置面板包含源和操作两部分。“源”部分包含文档、通道、反相；“操作”部分包含新建选区、添加到选区、从选区中减去、与选区交叉。

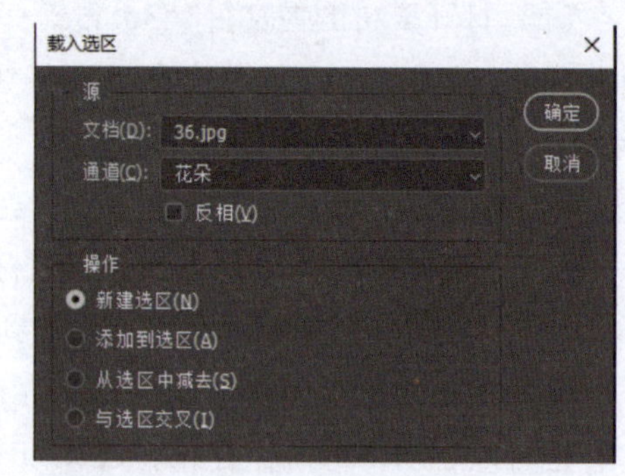

图 2－93

文档：用来选择包含选区的目标文件。

通道：用来选择包含选区的通道。

反相：可以反转选区，相当于载入选区后执行“反选”命令。

操作：如果当前文档中包含选区，可以通过该选项设置如何合并载入的选区。选中“新建选区”

单选按钮，可用载入的选区替换当前选区；选中“添加到选区”单选按钮，可将载入的选区添加到当前选区中；选中“从选区中减去”单选按钮，可从当前选区中减去载入的选区；选中“从选区交叉”单选按钮，可得到载入的选区与当前选区交叉的区域。

2.6 拓展练习

2.6.1 快乐童年

操作要点：

（1）打开模板素材文件“2－6－1－模板.jpg”，如图2－94所示。打开图像素材文件“照片5－1.jpg、照片5－2.jpg、照片5－3.jpg”，如图2－95～图2－97所示。

图2－94

图2－95

图2－96

图2－97

（2）使用移动工具、矩形选框工具、自由变换命令完成图像合成，效果如图2－98所示。

（3）存储文件“2－6－1－快乐童年.psd”和“2－6－1－快乐童年.jpg”。

（4）案例视频见二维码“快乐童年”。

快乐童年

2.6.2 爱你世纪

操作要点：

图 2－98

（1）打开模板素材文件“2－6－2－模板 . jpg”，如图 2－99 所示。打开图像素材文件“照片6－1. jpg、照片 6－2. jpg”，如图 2－100、图 2－101 所示。

图 2－99

图 2－100

图 2－101

（2）使用移动工具、各种选区工具、自由变换命令及调整图层透明度完成图像合成，效果如图 2－102 所示，“图层”面板如图 2－103 所示。

图 2－102

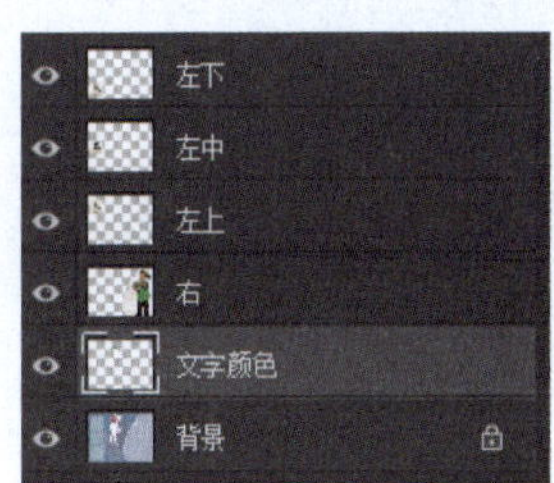

图 2－103

（3）存储文件“2－6－2－爱你世纪.psd”和“2－6－2－爱你世纪.jpg”。

（4）案例视频见二维码“爱你世纪”。

爱你世纪

2.7 项目考核

项目二考核

项目三 照片处理

照片可借助有效的科学技术实现多样化处理。此外，可以把拍摄的照片存储在手机或者电脑中，然后利用照片编辑软件进行处理、提炼、美化和着色等，以美化照片，达到让人满意的效果。Photoshop 在照片编辑、合成、特效等方面呈现出极大的优势。

学习目标：

通过本项目的学习，掌握分布和对齐的使用方法；设置前景色和背景色、使用“颜色”面板和“色板”面板；了解图层的分类；掌握创建图层、复制图层、删除图层、图层顺序、图层组等基本操作方法；了解通道的基础知识；使用通道进行复杂图像的抠图方法。

学习框架：

3.1 学习任务1：处理证件照片
3.2 学习任务2：制作证件照片
3.3 学习任务3：排版证件照片
3.4 知识要点
3.5 拓展练习
3.6 项目考核

3.1 学习任务1 处理证件照片

知识目标	(1) 掌握创建通道、复制通道的使用方法 (2) 掌握调整色阶的使用方法 (3) 掌握创建、复制图层的使用方法 (4) 掌握图层命名、调整图层顺序的使用方法 (5) 掌握显示、隐藏图层的使用方法 (6) 掌握画笔工具的使用方法 (7) 掌握设置前景色和背景色的使用方法 (8) 掌握存储透明底图像的使用方法

续表

能力目标	(1) 能够熟练创建通道、复制通道 (2) 能够掌握调整色阶 (3) 能够熟练创建、复制图层 (4) 能够掌握图层命名、调整图层顺序的方法 (5) 能够掌握显示、隐藏图层的方法 (6) 能够掌握画笔工具的使用方法 (7) 能够掌握前景色和背景色的设置方法 (8) 能够掌握存储透明底图像的方法
素质目标	(1) 培养学生掌握复杂抠图的能力 (2) 培养学生运用“通道”面板的能力 (3) 培养学生运用“图层”面板的能力 (4) 培养学生运用画笔工具的能力 (5) 培养学生存储透明底图像的能力 (6) 培养细致、耐心完成任务的能力
教学重点	(1)“通道”面板的使用 (2) 调整色阶的方法 (3)“图层”面板的使用 (4) 画笔工具的使用 (5) 设置前景色和背景色 (6) 存储透明底图像
教学难点	(1)“通道”面板的使用 (2) 调整色阶的使用 (3) 存储透明底图像
效果展示	学习任务 1 效果图如图 3－1 所示。 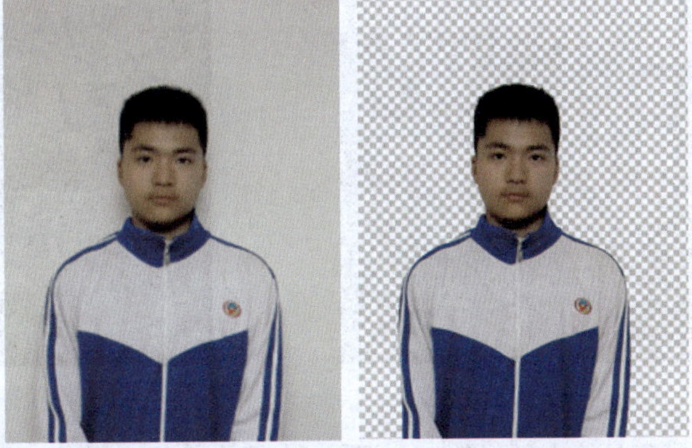 图 3－1

3.1.1 任务描述

将照片处理成透明底的照片。

3.1.2 任务分析

要处理的照片带有毛发，需进行抠图，需要“通道”面板和调整色阶结合使用。

3.1.3 任务实施

（1）打开“学习任务 1－素材”文件夹中的“照片 . jpg”图像文件，如图 3－2 所示。

（2）操作“窗口”→“通道”命令，打开“通道”面板，如图 3－3 所示。

图 3－2

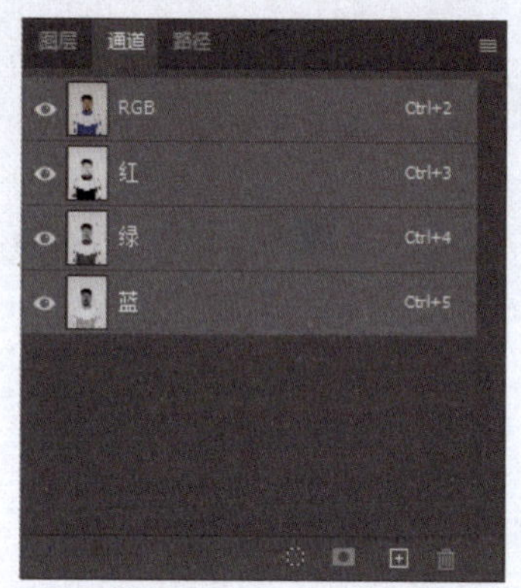

图 3－3

（3）根据不同通道的图像颜色的对比程度，选择颜色对比鲜明的“绿”通道，按鼠标左键拖至“通道”面板底部“创建新通道”按钮 上，复制后的通道名称为“绿拷贝”，如图 3－4 所示。

（4）操作“图像”→“调整”→“色阶”命令，参数设置如图 3－5 所示。

图 3－4

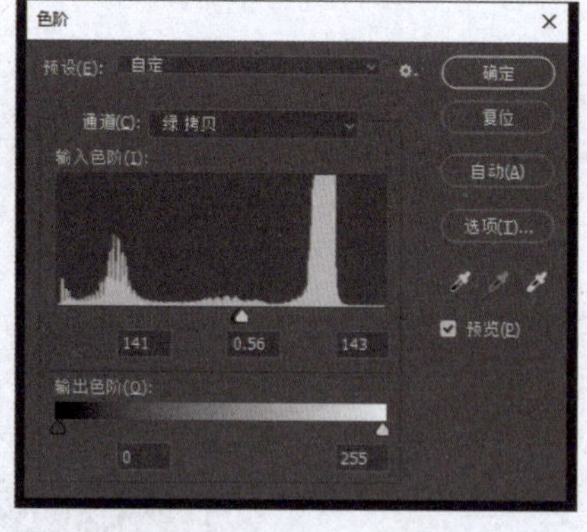

图 3－5

（5）选择工具箱中的画笔工具 ，设置前景色为黑色，设置适合的笔尖大小，绘制后的图像如图 3－6 所示。

(6) 选择工具箱中的魔棒工具，将图像中黑色区域建立选区，选择“通道”面板中的 RGB 通道，切换至“图层”面板，复制选区中的图像，粘贴创建新图层，图层命名为“照片”。可以按 Ctrl + J 组合键将选区的图像创建新图层。

(7) 选择“文件”→“存储副本”命令，在弹出的“存储副本”对话框中，设置保存类型为 Photoshop（ *. PSD； *. PDD； *. PSDT），输入文件名“3 - 1 - 证件照 . psd”。

(8) 单击“图层”面板中“背景”前面的眼睛图标，隐藏“背景”图层，选择“文件”→“存储副本”命令，在弹出的“存储副本”对话框中，设置保存类型为 PNG（ *. PNG; *. PNG），输入文件名“3 - 1 - 证件照 . png”，保存的图像为透明底的图像，如图 3 - 7 所示。

图 3 - 6

图 3 - 7

3. 2　学习任务 2　制作证件照片

知识目标	(1) 掌握创建、复制图层的方法 (2) 掌握图层命名、调整图层顺序的方法 (3) 掌握显示、隐藏图层的方法 (4) 掌握设置前景色和背景色的方法 (5) 掌握常用证件照的尺寸和背景颜色的设置方法
能力目标	(1) 能够熟练创建、复制图层 (2) 能够掌握图层命名、调整图层顺序的方法 (3) 能够掌握显示、隐藏图层的方法 (4) 能够掌握设置前景色和背景色的方法 (5) 能够掌握将同一文件保存为不同背景的文件的操作方法 (6) 能够掌握常规证件照的尺寸和背景颜色的设置方法

续表

素质目标	（1）培养学生运用“图层”面板的能力 （2）培养学生掌握将同一文件保存为不同背景的文件的能力 （3）培养学生掌握常规证件照的尺寸和背景颜色设置 （4）培养细致、耐心完成任务的能力
教学重点	（1）“图层”面板的使用 （2）设置前景色和背景色 （3）同一文件保存为多个文件的操作 （4）常规证件照的尺寸和背景颜色设置
教学难点	（1）“图层”面板的使用 （2）设置前景色和背景色 （3）同一文件保存为多个文件的操作 （4）常规证件照的尺寸和背景颜色设置
效果展示	学习任务 2 效果图如图 3－8 所示。  图 3－8

3.2.1 任务描述

制作大二寸的白色、红色、蓝色背景颜色的证件照片。

3.2.2 任务分析

1. 常用的证件照尺寸

（1）小一寸规格详情。

- 证件照类型：小一寸。
- 证件照尺寸：22 mm×32 mm。
- 证件照像素：260 px×378 px。
- 分辨率：300 dpi。

- 文件格式：JPG/JPEG。

（2）一寸规格详情。

- 证件照类型：一寸。
- 证件照尺寸：25 mm×35 mm
- 证件照像素：295 px×413 px。
- 分辨率：300 dpi。
- 文件格式：JPG/JPEG。

（3）大一寸规格详情。

- 证件照类型：大一寸
- 证件照尺寸：33 mm×48 mm。
- 证件照像素：390 px×567 px。
- 分辨率：300 dpi。
- 文件格式：JPG/JPEG。

（4）小二寸规格详情。

- 证件照类型：小二寸。
- 证件照尺寸：35 mm×45 mm。
- 证件照像素：413 px×531 px。
- 分辨率：300 dpi。
- 文件格式：JPG/JPEG。

（5）二寸规格详情。

- 证件照类型：二寸。
- 证件照尺寸：35 mm×49 mm。
- 证件照像素：413 px×579 px。
- 分辨率：300 dpi。
- 文件格式：JPG/JPEG。

（6）大二寸规格详情。

- 证件照类型：大二寸。
- 证件照尺寸：35 mm×53 mm。
- 证件照像素：413 px×626 px。
- 分辨率：300 dpi。
- 文件格式：JPG/JPEG。

2. 常用的证件照背景颜色

（1）白色，RGB（255，255，255）。

（2）红色，RGB（255，0，0）。

（3）蓝色，RGB（0，191，243）。

3.2.3 任务实施

(1) 选择“文件”→“新建”命令创建一个新文件，在弹出的对话框中设置文件名为“3－2－证件照”，文件的“宽度”为35毫米，文件的“高度”为53毫米，“分辨率”为300像素/英寸，“颜色模式”为RGB，“背景内容”为白色，参数设置如图3－9所示。

(2) 选择“背景”图层，单击“图层”面板底部的“创建新图层”按钮▣，创建的新图层命名为“红色背景”，将前景色设置为红色RGB（255，0，0），按Alt＋Del组合键，将红色填充至“红色背景”图层。

(3) 选择“红色背景”图层，单击“图层”面板底部的“创建新图层”按钮▣，创建的新图层命名为“蓝色背景”，将前景色设置为蓝色RGB（0，191，243），按Alt＋Del组合键，将蓝色填充至“蓝色背景”图层。“图层”面板如图3－10所示。

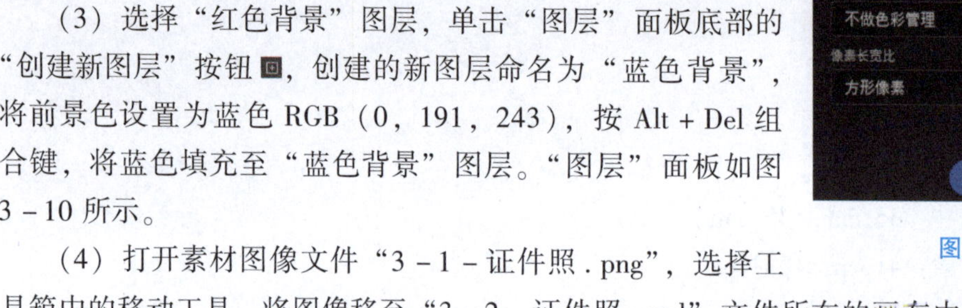

图3－9

(4) 打开素材图像文件“3－1－证件照.png”，选择工具箱中的移动工具，将图像移至“3－2－证件照.psd”文件所在的画布中，将图层重新命名为“照片”，将“照片”图层移至最上方，按Ctrl＋T组合键，调整图像至适合大小并放入合适的位置，“图层”面板如图3－11所示。

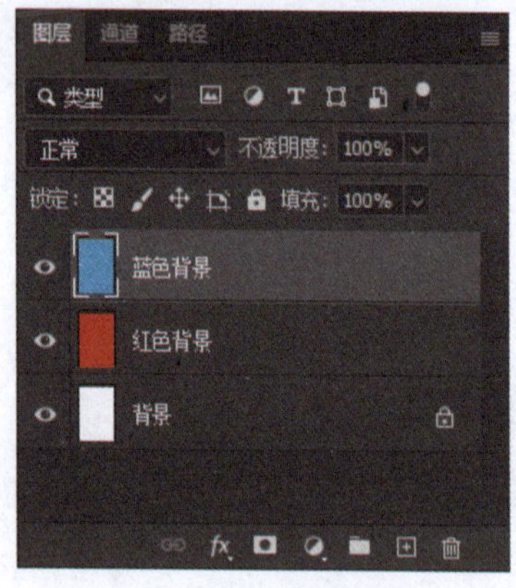

图3－10

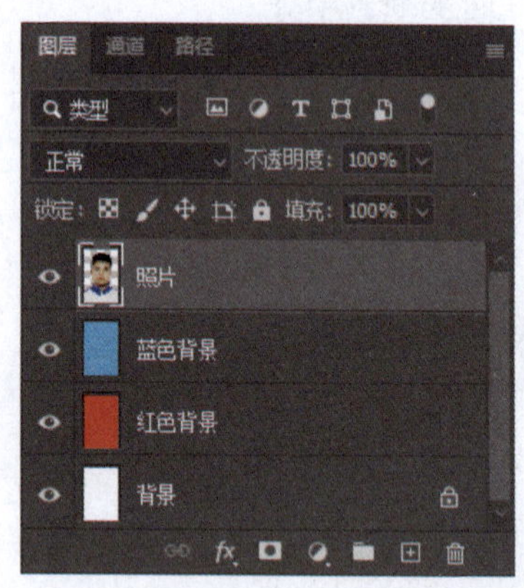

图3－11

(5) 选择“文件”→“存储副本”命令，在弹出的“存储副本”对话框中，设置保存类型为Photoshop（＊.PSD；＊.PDD；＊.PSDT），输入文件名“3－2－大二寸证件照.psd”。

(6) 选择“文件”→“存储副本”命令，在弹出的“存储副本”对话框中，设置保存类型为JPEG（＊.JPG；＊.JPEG；＊.JPE），输入文件名“3－2－大二寸蓝色证件照.jpg”，如图3－12所示。

（7）单击“图层”面板中蓝色背景前面的眼睛图标，隐藏“蓝色背景”图层，选择“文件”→“存储副本”命令，在弹出的“存储副本”对话框中，设置保存类型为 JPEG（*.JPG；*.JPEG；*.JPE），输入文件名“3－2－大二寸红色证件照.jpg”，如图 3－13 所示。

（8）单击“图层”面板中红色背景前面的眼睛图标，隐藏“红色背景”图层，选择“文件”→“存储副本”命令，在弹出的“存储副本”对话框中，设置保存类型为 JPEG（*.JPG；*.JPEG；*.JPE），输入文件名“3－2－大二寸白色证件照.jpg”，如图 3－14 所示。

图 3－12

图 3－13

图 3－14

3.3 学习任务 3　排版证件照片

知识目标	（1）掌握水平对齐、分布的使用方法 （2）掌握垂直对齐、分布的使用方法 （3）掌握标尺、参考线的使用方法 （4）掌握图层组的使用方法 （5）掌握证件照打印尺寸和图像大小的比例关系
能力目标	（1）能够熟练运用水平对齐、分布 （2）能够熟练运用垂直对齐、分布 （3）能够掌握标尺、参考线的使用 （4）能够掌握图层组的使用 （5）熟练掌握证件照打印尺寸和图像大小的比例关系
素质目标	（1）培养学生运用水平对齐、分布 （2）培养学生运用垂直对齐、分布 （3）能够掌握标尺、参考线使用的能力 （4）能够掌握图层组使用的能力 （5）熟练掌握证件照打印尺寸和图像大小的比例关系

续表

教学重点	（1）水平对齐、分布的使用 （2）垂直对齐、分布的使用 （3）图层组的使用 （4）证件照打印尺寸和图像大小的比例关系
教学难点	（1）水平对齐、分布的使用 （2）垂直对齐、分布的使用 （3）图层组的使用 （4）证件照打印尺寸和图像大小的比例关系
效果展示	学习任务 3 效果图如图 3－15 所示。 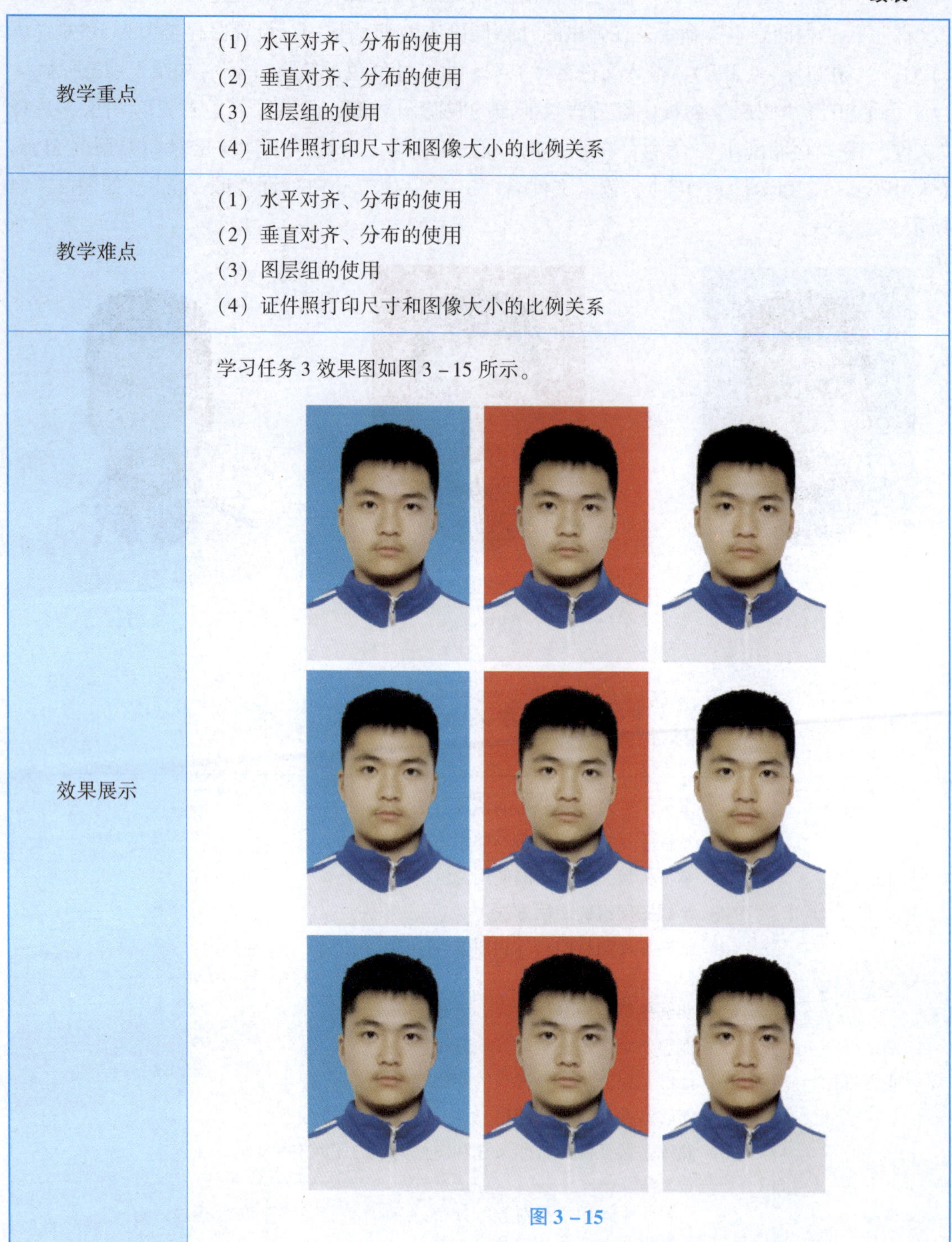 图 3－15

3.3.1 任务描述

制作大二寸的白色、红色、蓝色背景证件照片各 3 张。

3.3.2　任务分析

1. 常见的纸张尺寸

- 3 寸：5 厘米 ×8 厘米。
- 6 寸：10 厘米 ×15 厘米。
- 7 寸：13 厘米 ×18 厘米。
- 10 寸：20 厘米 ×25 厘米。
- A4：21 厘米 ×29.7 厘米。
- 14 寸：28 厘米 ×35.6 厘米。

2. 常见的纸张种类

（1）光面纸：光面纸是最常见的照片打印纸张类型。它具有光滑的表面，能够呈现出鲜明的色彩和细节。光面纸的打印效果通常非常好，特别是在打印色彩鲜艳的照片时。此外，光面纸适用于各种类型的照片，包括风景照、人像证件照以及日常拍摄的照片。然而，光面纸相对容易反光，需要在展示时注意避免光线直射。

（2）亚光纸：亚光纸是介于光面纸和哑光纸之间的一种纸张类型。它的表面光滑度较高，与光面纸相似，但降低了一些反光问题。亚光纸能够打印出色彩丰富、细节清晰的照片，同时具有更好的观赏体验。这使得它成为很多专业摄影师和艺术家的选择。此外，亚光纸也能有效地抵抗指纹和划痕，使照片更耐久。

（3）哑光纸：哑光纸是一种不反光的纸张类型，它的表面较为粗糙。哑光纸能够打印出沉稳、柔和的照片效果，同时能减少光线反射的干扰。它适用于需要营造宁静、艺术感的照片，比如黑白照片、风景照和艺术作品。哑光纸通常具有很好的防水能力，使得照片更加耐久。

（4）珍珠纸：珍珠纸也被称为金属纸，它具有特殊的表面效果。珍珠纸采用特殊的涂层工艺，使得照片呈现出类似于珍珠贝壳的光泽和纹理。这种独特的效果能够为照片增添一种独特的质感和立体感。因此，珍珠纸通常被用于展示特别的照片，如婚纱照、艺术作品或其他需要突出质感的照片。

3.3.3　任务实施

（1）选择“文件”→“新建”命令创建一个画布大小为 7 寸的新文件，在弹出的对话框中设置文件名为“3 -3 - 排版证件照 -7 寸”，文件的“宽度”为 13 厘米，文件的“高度”为 18 厘米，“分辨率”为 300 像素/英寸，“颜色模式”为 RGB，“背景内容”为白色。

（2）打开素材图像文件“3 -2 - 大二寸蓝色证件照 . jpg”，选择工具箱中的移动工具，将图像移至“3 -3 - 排版证件照 . psd”文件所在的画布中，将图层重新命名为“蓝色背景照片”。

（3）打开素材图像文件“3 -2 - 大二寸红色证件照 . jpg”，选择工具箱中的移动工具，将图像移至“3 -3 - 排版证件照 . psd”文件所在的画布中，将图层重新命名为“红色背景照片”。

（4）打开素材图像文件“3－2－大二寸白色证件照.jpg”，选择工具箱中的移动工具，将图像移至“3－3－排版证件照.psd”文件所在的画布中，将图层重新命名为“白色背景照片”。“图层”面板显示如图3－16所示。

（5）选择“视图”→“标尺”命令或按Ctrl＋R组合键，使用工具箱中的移动工具，将“蓝色背景照片”左上角对齐标尺0刻度处，如图3－17所示。

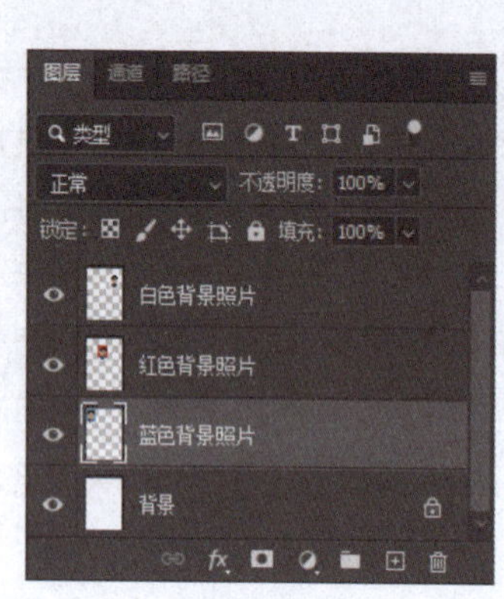

图3－16

图3－17

（6）选择“视图”→“参考线”→“新建参考线”命令，建立水平参考线，位置为900像素。选择“白色背景照片”图层，使用移动工具将照片左侧对齐水平标尺900像素处、垂直标尺0像素处的参考线。选择“白色背景照片”图层，按Shift键单击“蓝色背景照片”，选中“蓝色背景照片”图层、“红色背景照片”图层、“白色背景照片”图层。设置移动工具属性栏“对齐”和“分布”，如图3－18所示。对齐设置为“顶对齐”，分布设置为“水平居中分布”，效果如图3－19所示。

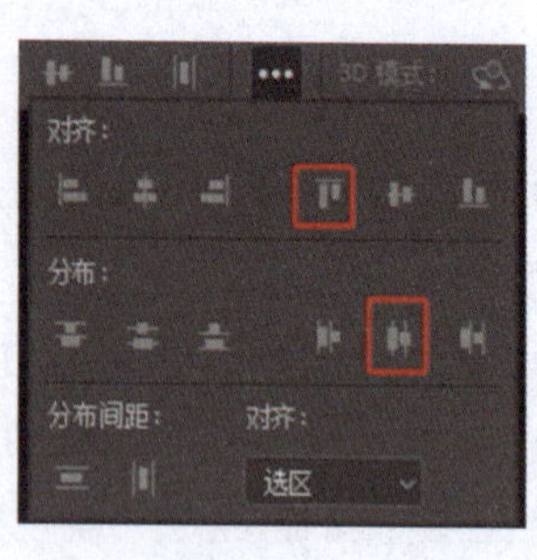

图3－18

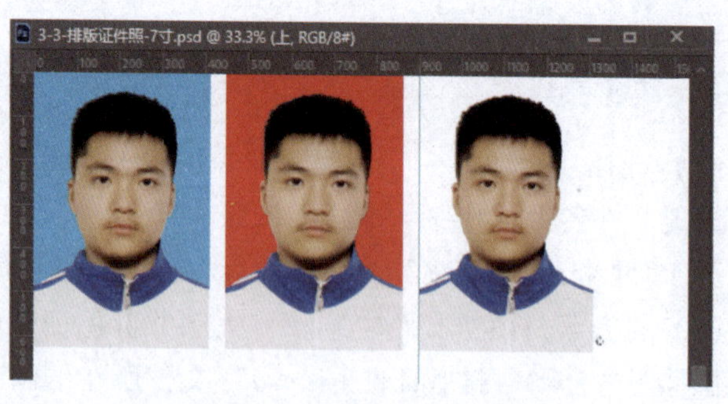

图3－19

（7）单击“图层”面板底部的“创建新组”按钮，将组名命名为“上”，将“蓝色背景照片”图层、“红色背景照片”图层、“白色背景照片”图层移至“上”图层组中，“图层”面板如图3－20所示。

(8) 选择“视图”→“参考线”→“新建参考线”命令，建立水平参考线，位置为100像素，建立垂直参考线，位置为100像素。选择“上”图层组，在属性栏中勾选自动选择“组”，移动“上”图层组时，参照“上”图层组中的“蓝色背景照片”左上角对齐水平标尺100像素处的参考线、垂直标尺100像素处的参考线，效果如图3－21所示。

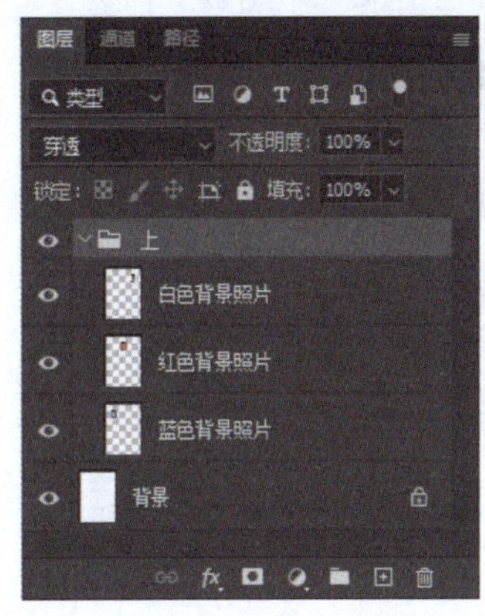

图3－20

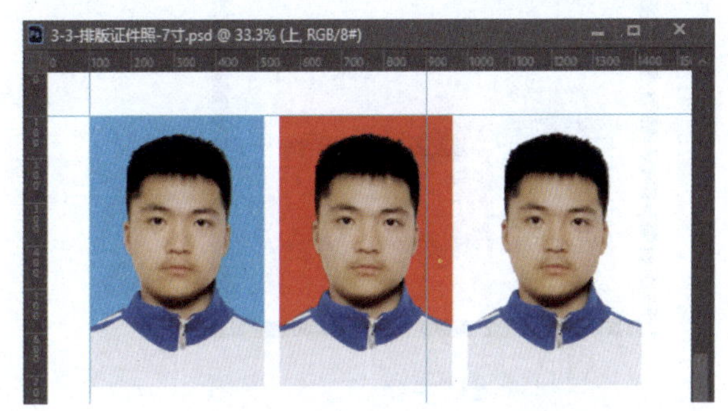

图3－21

(9) 选择“上”图层组，按鼠标左键拖至“图层”面板底部的按钮上，复制的图层组命名为“中”。选择“中”图层组，按鼠标左键拖至“图层”面板底部的按钮上，复制的图层组命名为“下”。“图层”面板如图3－22所示。

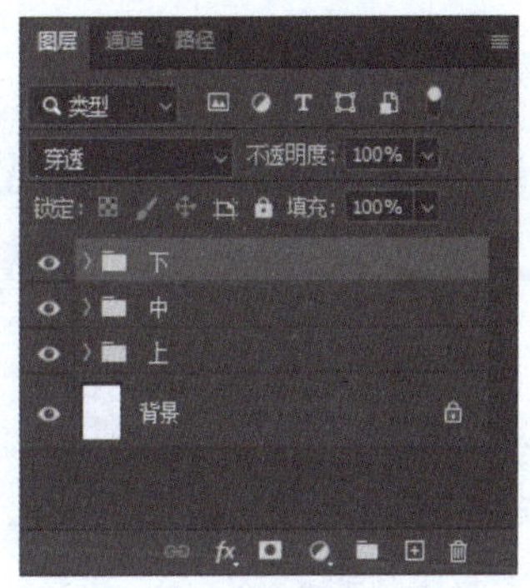

图3－22

(10) 选择“视图”→“参考线”→“新建参考线”命令，建立水平参考线，位置为1 400像素。选择“下”图层组，参照“下”图层组中的“蓝色背景照片”左上角对齐水平标尺1 400像素处的参考线、垂直标尺100像素处的参考线。效果如图3－23所示。

(11) 选择“下”图层组，按Shift键单击“上”图层组，选择“上”“中”“下”三个图层组，使用移动工具，将移动工具属性栏中的分布设置为“垂直居中分布”，效果如图3－24所示。

(12) 选择“视图”→“显示”→“参考线”命令，隐藏参考线，按Ctrl＋R组合键，隐藏标尺，效果如图3－15所示。

(13) 选择“文件”→“存储副本”命令，在弹出的“存储副本”对话框中，设置保存类型为Photoshop（＊.PSD；＊.PDD；＊.PSDT），输入文件名“3－3－排版证件照－7寸.psd”。

(14) 选择“文件”→“存储副本”命令，在弹出的“存储副本”对话框中，设置保存类型为JPEG（＊.JPG；＊.JPEG；＊.JPE），输入文件名“3－3－排版证件照－7寸.jpg”，如图3－15所示。

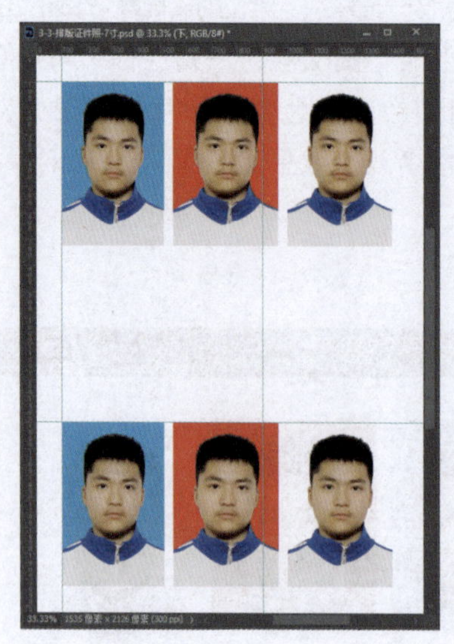

图 3-23

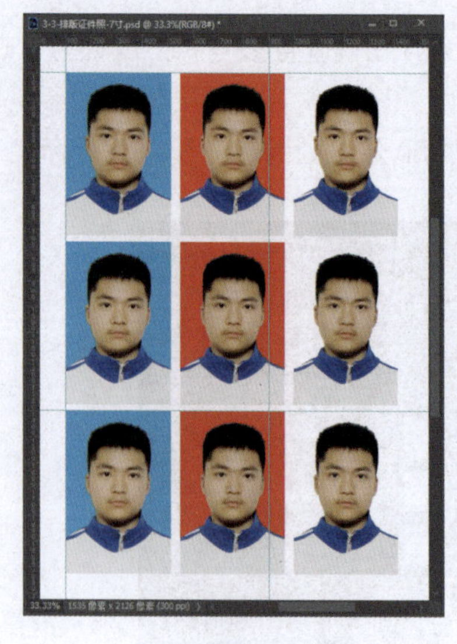

图 3-24

3.4 知识要点

3.4.1 前景色和背景色设置工具

在 Photoshop 工具箱中，系统提供了设置前景色和背景色的工具，分别用于显示和设置当前使用的前景色和背景色，默认前景色是黑色，背景色是白色，如图 3-25 所示。在 Photoshop 中，将前景色和背景色恢复为默认颜色的快捷键是 D，切换前景色和背景色的快捷键是 X。

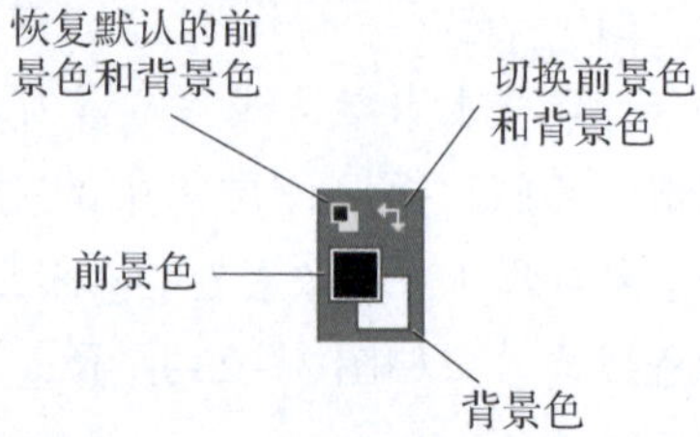

恢复默认的前景色和背景色
切换前景色和背景色
前景色
背景色

图 3-25

3.4.2 拾色器

单击工具箱中的前景色或背景色工具，打开“拾色器（前景色/背景色）”对话框。在对话框中的光谱图中拖动颜色滑块选择颜色，在色域中单击拾取需要的颜色；或者在颜色模式中输入数值精确设置颜色；或者在“#”编辑框中直接输入颜色的十六进制值来设置颜色，最后单击“确定”按钮，如图 3-26 所示。

“拾色器”对话框有几个重要按钮的作用如下。

（1）溢色警告标志：当所选颜色超出了印刷或打印的颜色范围时，在对话框中色样的右侧将出现一个溢色警告标志，其下方的小方块显示了与所选颜色最接近的印刷色，即 CMYK 颜色，单击溢色警告标志，可选定该 CMYK 颜色。

（2）Web 调色板颜色警告标志：Web 颜色是指能在不同操作系统和不同浏览器中安全显示的 216 种颜色。如果指定的颜色超出 Web 颜色的范围，则会出现 Web 调色板颜色警

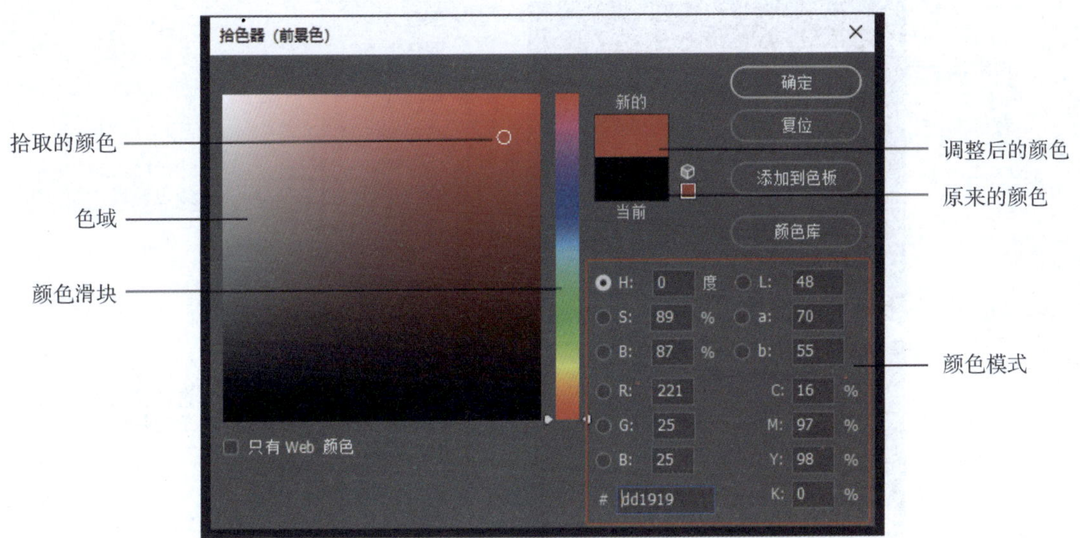

图 3-26

告标志，单击该标志可选择与指定颜色最相近的 Web 颜色。此外，勾选拾色器左下角的“只有 Web 颜色”复选框时，色域将只显示 Web 颜色，如图 3-27 所示。

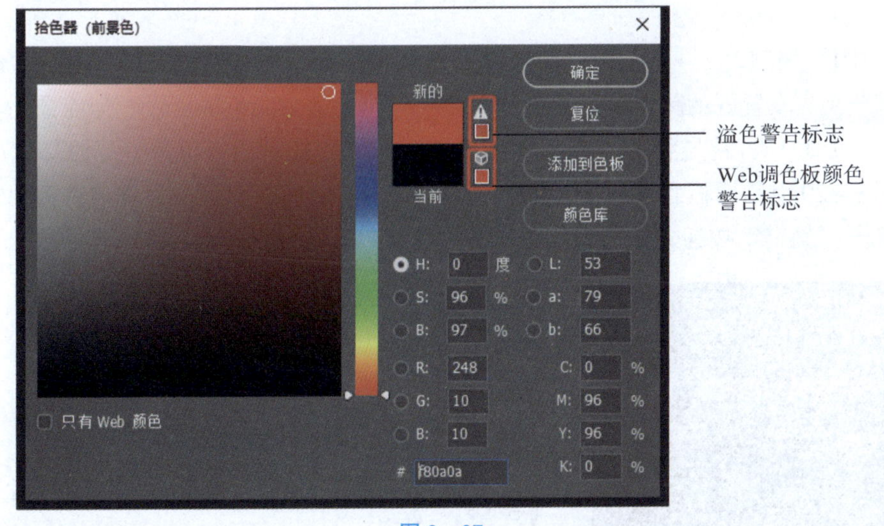

图 3-27

3.4.3 “颜色”面板、“色板”面板

1. “颜色”面板

操作“窗口”→“颜色”命令或按 F6 键打开“颜色”面板，如图 3-28 所示。在面板左上角选择要设置前景色或背景色，通过色域或颜色滑块设置颜色，此外，单击“颜色”面板右上角的按钮，在展开的面板列表中选择滑块及颜色样板条的颜色模式。

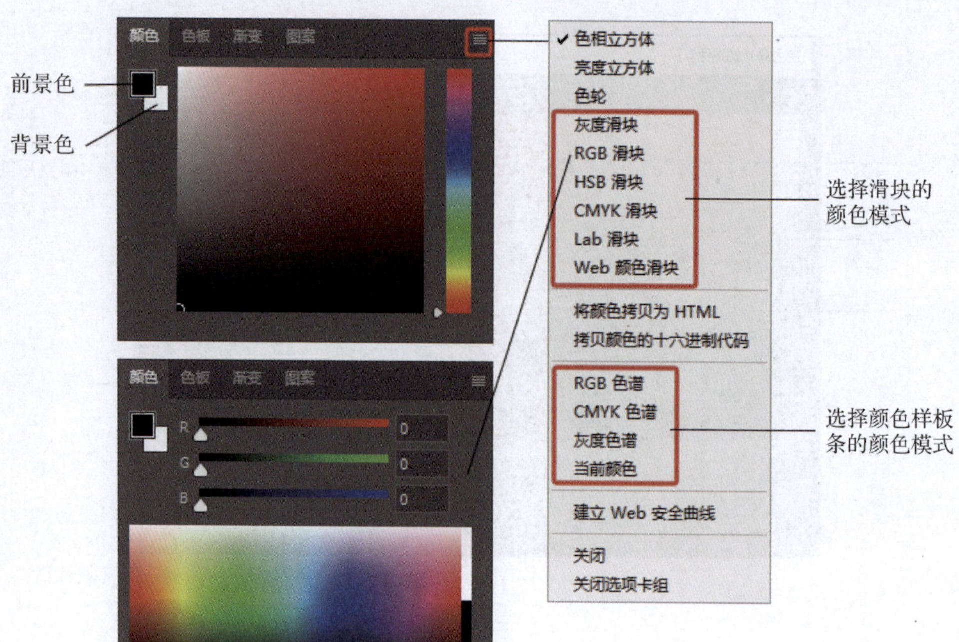

图 3－28

2. "色板"面板

（1）操作"窗口"→"色板"命令打开"色板"面板，如图 3－29 所示。在该面板中存储了系统预先设置好的颜色或用户自定义颜色，单击某个颜色即可设置为前景色。

（2）添加色样：首先利用"拾色器"或"颜色"面板对话框设置好要添加的颜色，然后操作图 3－29 所示面板底部的按钮 ，弹出如图 3－30 所示对话框，在名称框中输入色样名称，单击"确定"按钮，即可添加色样，如图 3－31 所示。

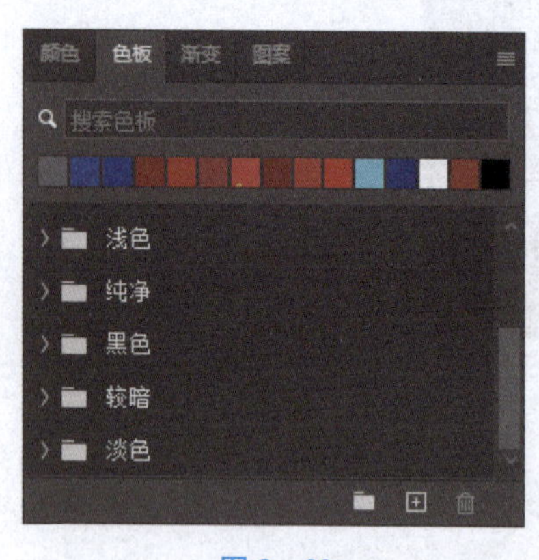

图 3－29

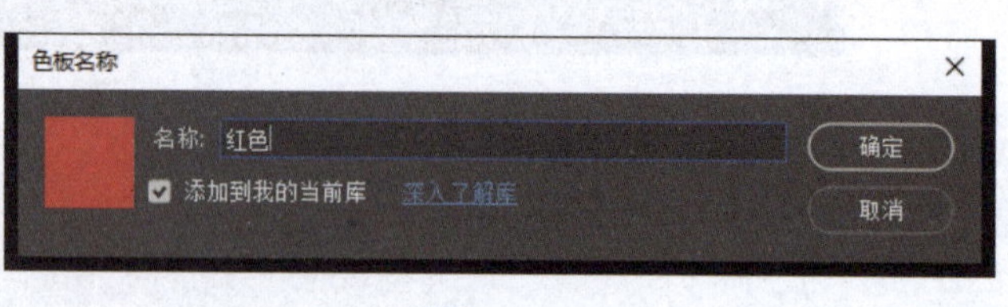

图 3－30

（3）删除色样：在色板中选中色样，按住鼠标左键并拖至面板底部的"删除"按钮 上即可。

（4）添加色样组：单击色板面板底部的"创建新组"按钮 ，弹出如图 3－32 所示对话框，在名称框中输入色样组名称，单击"确定"按钮，即可添加色样组。

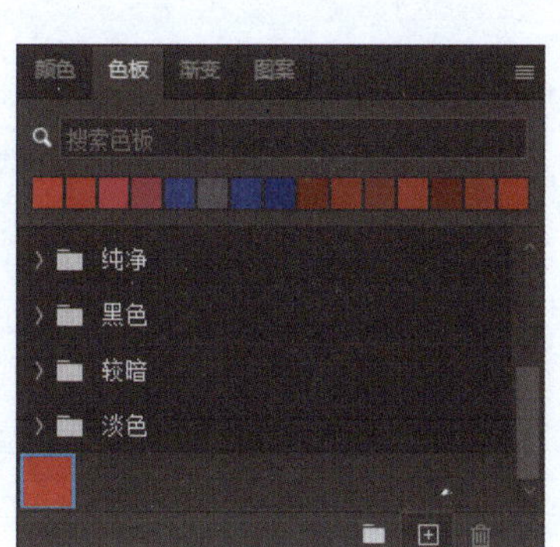

图 3－31

图 3－32

（5）移动色样：在色板中选中色样，按住鼠标左键并拖至“自定义”组中，如图 3－33 所示。

（6）删除色样组：在色板中选中色样组，按住鼠标左键并拖至面板底部的“删除”按钮上，删除色样组及色样组中的色样。

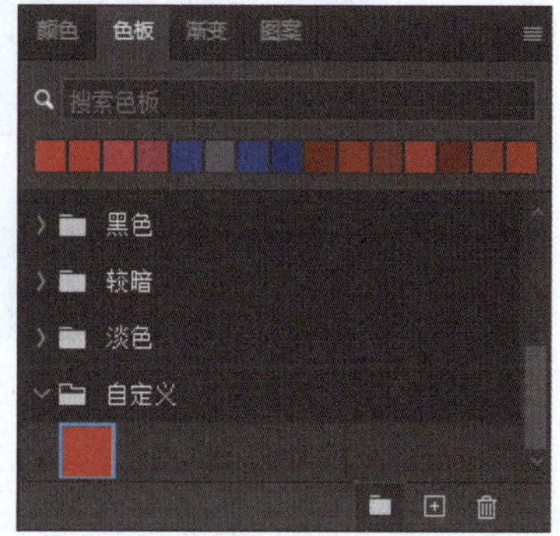

图 3－33

3.4.4　吸管工具、油漆桶工具

1. 吸管工具

选择工具箱中的“吸管工具”后，在图像中单击可将单击处的颜色设置为前景色，按住 Alt 键单击可将单击处的颜色设置为背景色。

2. 油漆桶工具

选择工具箱中的“油漆桶工具”后，在图像中单击没有选区的图层，将整个图层填充前景色，图层中有选区，将选区填充前景色。或者使用快捷键 Alt + Del 填充前景色，使用快捷键 Ctrl + Del 填充背景色。

3.4.5　通道

3.4.5.1　“通道”简介

图像由不同的原色组成，如 RGB 模式的图像由红色、绿色和蓝色 3 种不同的原色组成，用来记录这些原色信息的对象就是通道。通道虽然存放的是图像中的单色信息，但在窗口中显示的却是灰度图。通常分为颜色、专色和 Alpha 3 种。灰度模式只有 1 个黑色通道，RGB 模式具有 3 个颜色通道和 1 个合成通道；图像中如果应用了专色，就要设置专色通道；Alpha 通道用于存储选区。通道都是灰度模式的图像，都是 0～255 层次的灰度阶梯。

3.4.5.2　“通道”面板

操作“窗口”→“通道”命令打开“通道”面板，如果打开的图像是 RGB 颜色模式的图像，“通道”面板如图 3－34 所示。RGB 复合通道用于显示所有单色通道的复合颜色信息，“红”“绿”“蓝”通道分别存放红色信息、绿色信息、蓝色信息。

3.4.5.3 Alpha 通道

Alpha 通道是计算机图形学中的术语，是指特别的通道，意思是“非彩色”通道，主要用来保存和编辑选区。

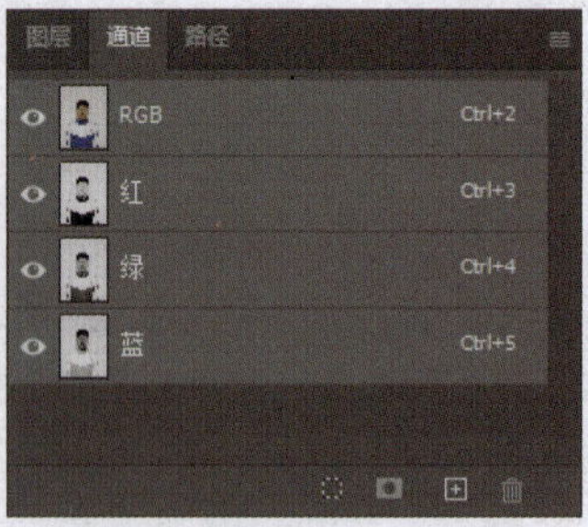

1. 新建 Alpha 通道

单击“通道”面板底部的“创建新通道”按钮▣，创建名为“Alpha1”的通道。

图 3－34

2. 将选区保存为通道

（1）首次在图像上创建需要保存的选区，操作“选择”→“存储选区”命令，弹出“存储选区”对话框，如图 3－35 所示，名称输入“人物”，操作选择“新建通道”，单击“确定”按钮，“通道”面板如图 3－36 所示。

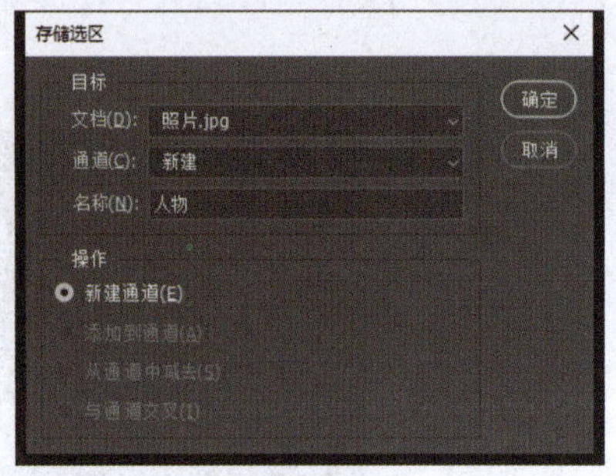

图 3－35

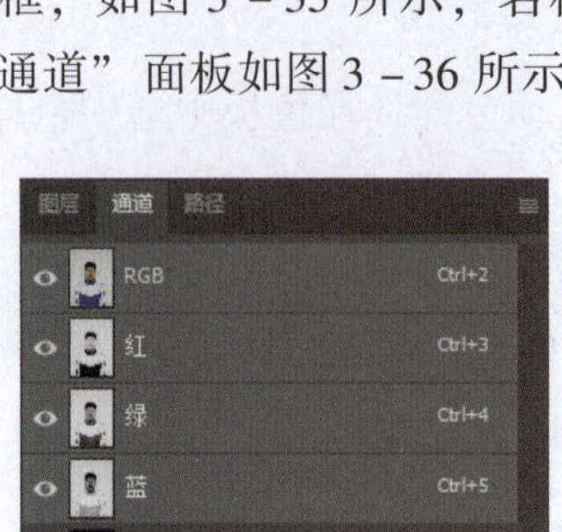

图 3－36

（2）再次在图像上创建需要保存的选区，如图 3－37 所示，操作“选择”→“存储选区”命令，弹出“存储选区”对话框，如图 3－38 所示，选择“通道”下拉列表框“人物”，“操作”选项组选择“添加到通道”，单击“确定”按钮，即新选区和“人物”相加得到的选区替换的是“人物”通道，“通道”面板如图 3－39 所示。

图 3－37

“存储选区”对话框各选项含义如下：

（1）“目标”选项组中的“文档”下拉列表框：用于设置选区所要保存的目的文件。

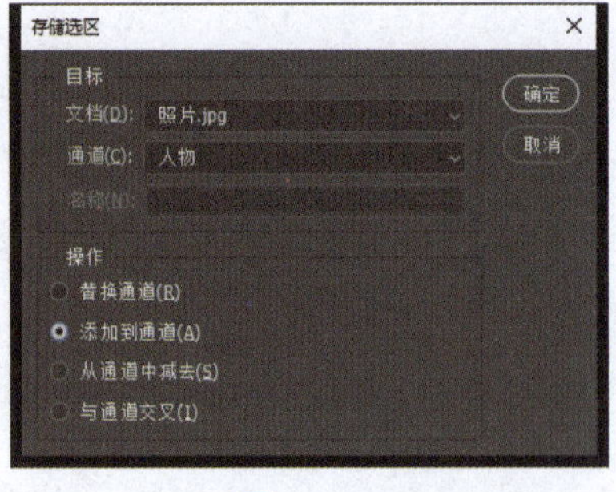

图 3－38

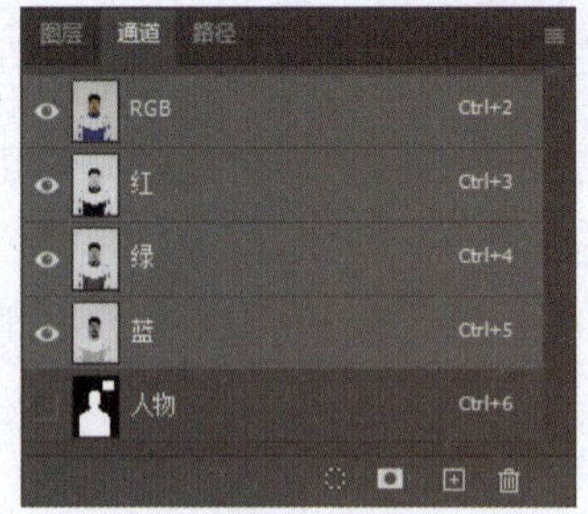

图 3－39

（2）“目标”选项组中的“通道”下拉列表框：用于设置选区所要保存的通道位置。

（3）“目标”选项组中的“名称”输入框：如果选区存入新的通道中，则在此处输入

该通道的名称。

(4)“操作”选项组中的“替换通道”：新选区替换“通道”下拉框所选的通道。

(5)“操作”选项组中的“添加到通道”：“通道”下拉框所选的通道和新选区相加的结果存储选区。

(6)“操作”选项组中的“从通道中减去”：“通道”下拉框所选的通道减去新选区的结果存储选区。

(7)“操作”选项组中的“与通道交叉”：“通道”下拉框所选的通道和新选区的交叉结果存储选区。

3. 将通道作为选区载入

选择要载入的通道，单击“通道”面板底部的“将通道作为选区载入”按钮■，或操作“选择”→“载入选区”命令。

3.4.5.4 通道的操作

1. 复制通道

在处理图像时，经常需要在同一幅图像中或不同图像间复制通道，可以通过以下两种方法来实现。

(1) 选中要复制的通道，按鼠标左键拖至“通道”面板底部的“创建新通道”按钮▣上，如果要将当前通道复制到另外一个图像上，可以直接将通道拖进目的图像窗口中。

(2) 选中要复制的通道，单击“通道”面板菜单按钮，如图3－40所示，从弹出的下拉菜单中选择“复制通道”，打开图3－41所示对话框，在“为”文本框中输入复制的通道的名称，在“文档”下拉列表框中选择复制通道的目的文件即可。

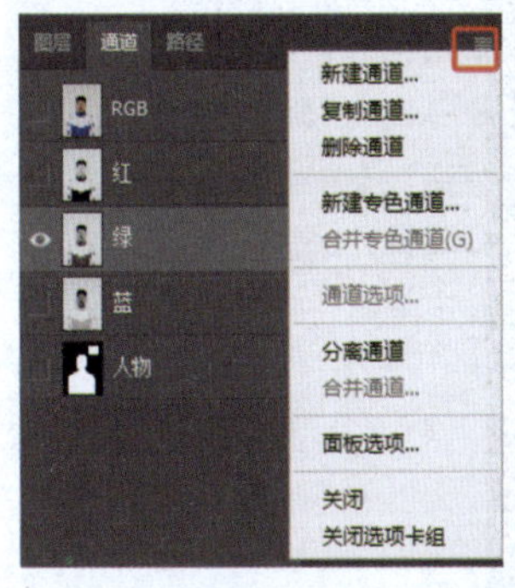

图3－40

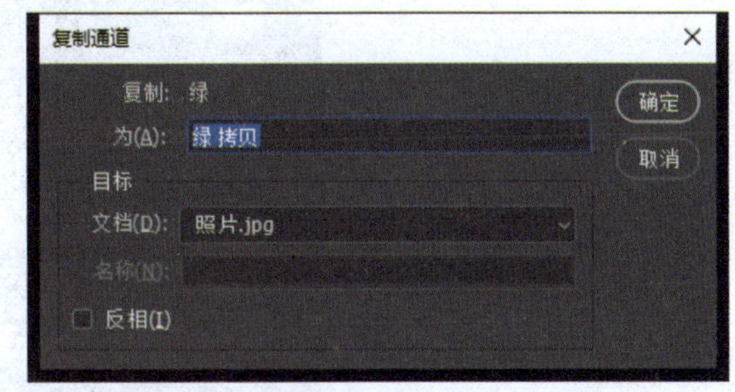

图3－41

2. 删除通道

选中要删除的通道，按鼠标左键拖至“通道”面板底部的“删除当前通道”按钮🗑上即可。

3.4.6 图层

3.4.6.1 “图层”简介

在Photoshop中，图形可以由多个图像元素和多种图层组成。通常图像在打开时只有一个背景图层，随着设计的深入，会在不同的图像图层上放置不同的图像元素。通过调整图层，可以调节图像的全部或局部色彩；通过填充图层，可以创建不同的填充效果；通过图层蒙版，可以控制图像的合成效果；通过形状工具和图层失量蒙版，可以创建规则的集合形状；通过文字图层和文字变形工具，可实现不同的文字效果。

3.4.6.2 “图层”基础知识

图层是创作各种合成效果的重要途径，可以将不同的图像放在不同的图层上进行独立操作。通俗地讲，图层就像一张张含有文字或图形等元素的胶片，一张张地按顺序叠放在一起，组合起来形成图像的最终效果。图层又像一张张透明的玻璃纸，让用户在每层上画画，然后根据层的上下排布，该挡住的挡住，该露出的露出，最后形成人们所看到的图像效果。

可以在每个图层中加入文本、图片、表格或插件，也可以在其中再嵌套图层。使用图层能精确定位图像中的元素。

图层中有时会出现由灰白色相间的方格组成的区域，表示该区域没有像素，是透明的。例如，将图像中某些局部区域删除时，该区域将显示灰白色相间的方格，即变成了透明、无像素状态。透明区域是图层所特有的，它不像背景图层那样显示工具箱的背景色。

3.4.6.3 “图层”面板简介

“图层”面板的作用是管理和操作图层，几乎所有与图层有关的操作都可以通过“图层”面板来完成。如果窗口中没有显示“图层”面板，操作“窗口”→“图层”命令或者按 F7 键打开“图层”面板，“图层”面板的构成如图 3－42 所示。

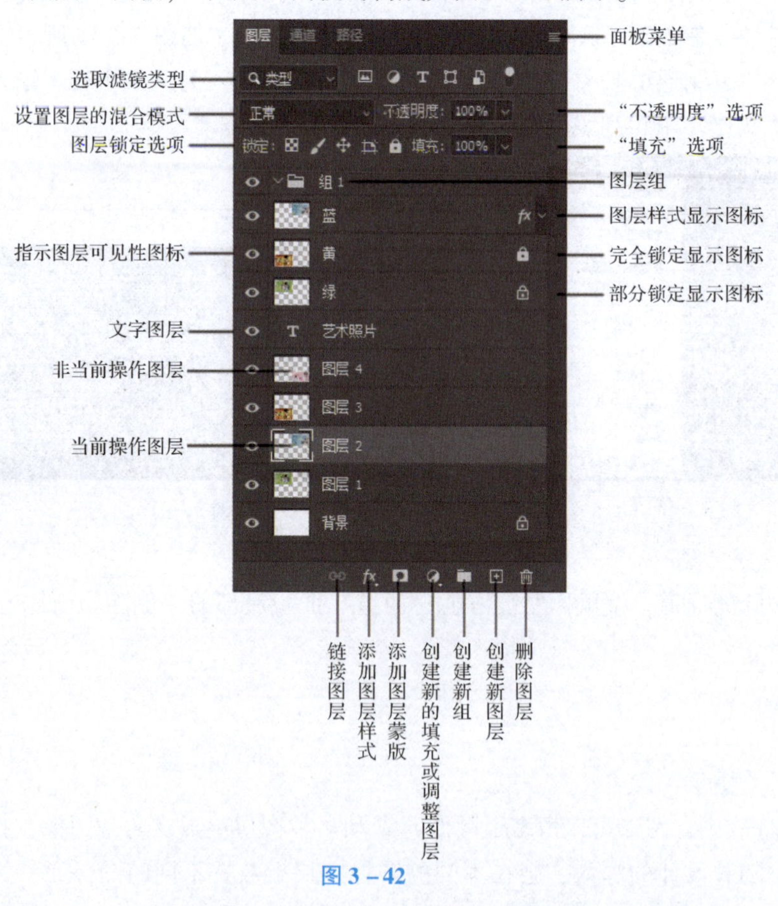

图 3－42

“图层”面板中各组成部分的具体含义如下。

(1)“选取滤镜类型”下拉列表框：在编辑图像时，为快速定位所选的某些图层，可使用“图层过滤”下拉列表框，用于设置按类型进行图层过滤，如图 3－43 所示，或者单击“图层”面板中的分类过滤按钮。单击“图层”面板的按钮，打开或关闭图层过滤。

(2)“设置图层的混合模式”下拉列表框：用于设置图层之间的混合模式，如图 3－44 所示。

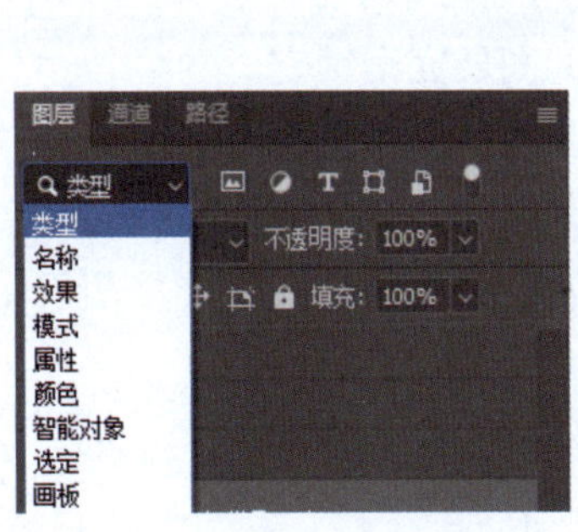

图 3－43

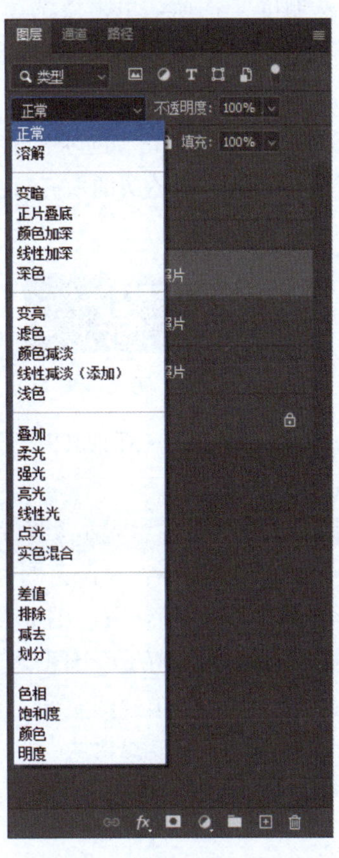

图 3－44

(3) 图层锁定选项。

在编辑图像时，为避免某些图层上的图像受到影响，可选中这些图层，然后单击“图层”面板中的锁定方式按钮将其锁定。

①锁定透明像素：表示禁止在锁定层的透明区绘画。

②锁定图像像素：表示禁止编辑锁定层，如禁止使用画笔工具在该图层绘画，但可以移动该图层中的图像。

③锁定位置：表示禁止移动该图层中的图像，但可以编辑图层内容。

④防止自动嵌套：表示防止图层在画板和画框内外自动嵌套。

⑤锁定全部：表示禁止对锁定层进行任何操作。

如果要取消对某一图层的锁定，可选中该图层后，在“图层”面板中单击释放相应的图层锁定按钮即可。

(4) 指示图层可见性图标：单击此眼睛图标，图标消失，表示此图层隐藏。

(5) 文字图层图标：表示此图层为文字图标。

(6) 当前操作图层：颜色为深色的图层表示当前选中的图层。

(7) 非当前操作图层：除了深色的图层外，其余图层均为非当前操作图层。

(8) 面板菜单：操作图层的快捷菜单项。

(9)“不透明度”选项：单击该选项的右向小三角按钮，将弹出一个三角滑块，如图3－45所示，拖动滑块可调整当前图层的不透明度；也可以直接在该选项中直接输入数字，以调整当前图层的不透明度。

(10)“填充”选项：单击该选项的右向小三角按钮，将弹出一个三角滑块，如图3－46所示，拖动滑块可调整当前图层的填充百分比；也可以直接在该选项中直接输入数字，以调整当前图层的填充百分比。

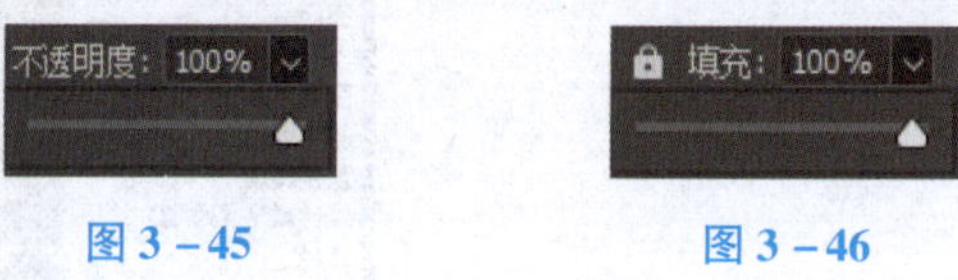

图3－45　　图3－46

(11) 图层组：文件夹图标前面的小三角图标向下，表示展开图层组的内容，再次单击图标，折叠图层组的内容。

(12) 图层样式显示图标：表示此图层使用了图层样式。

(13) 完全锁定显示图标：黑深色图标锁表示此图层完全锁定。

(14) 部分锁定显示图标：灰色图标锁表示此图层部分锁定。

(15) 链接图层：将选中的多个图层创建和取消链接图层。对于建立链接的多个图层，选中其中的一个图层时，链接的图层的右侧显示链接图标 。选中链接图层中的某一个图层，移动时，其他链接图层一起移动。

(16) 添加图层样式：单击该按钮可弹出下拉列表，选择图层样式，如图3－47所示。

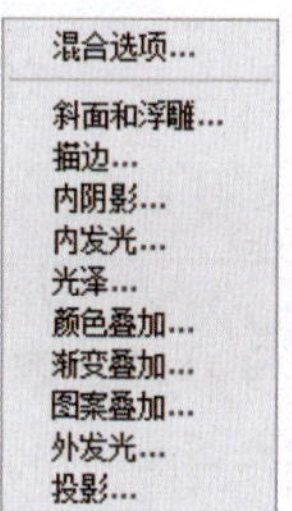

图3－47

(17) 添加图层蒙版：单击该按钮可以给当前图层增加图层蒙版。

(18) 创建新的填充或调整图层：单击该按钮可弹出下拉列表，选择其中的命令可创建新的填充图层或调整图层，如图3－48所示。

(19) 创建新组：单击该按钮可以创建新的图层组。

(20) 创建新图层：单击该按钮可以创建新图层。

(21) 删除图层：单击该按钮可以删除当前选中的图层。

3.4.6.4　图层的分类

Photoshop 中的图层有多种类型，如普通图层、背景图层、文本图层、形状图层、调整图层和填充图层等，各种图层的作用如下。

(1) 普通图层：普通图层是 Photoshop 中最基本、最常用的图层。为方便编辑图像，常

常需要创建普通图层，并将图像的不同部分放置在不同的图层中。

（2）背景图层：新建的图像通常只有一个图层，就是背景图层。背景图层具有永远都在最下层、无法移动其内的图像（选区的图像除外）、不能包含透明区域（透明区域是图层中没有像素的区域，这些区域将显示该图层下方图层中的内容）、背景图层无法应用图层样式和蒙版，可以在背景图层进行填充和绘画等特点。

（3）文本图层：使用文字工具创建文本时自动创建的图层，只能用来存放文本。

（4）形状图层：利用形状工具绘制形状时自动创建的图层，只能用来存放形状。

（5）调整图层和填充图层：用来无损调整该图层下方图层中图像的色调、色彩和填充。

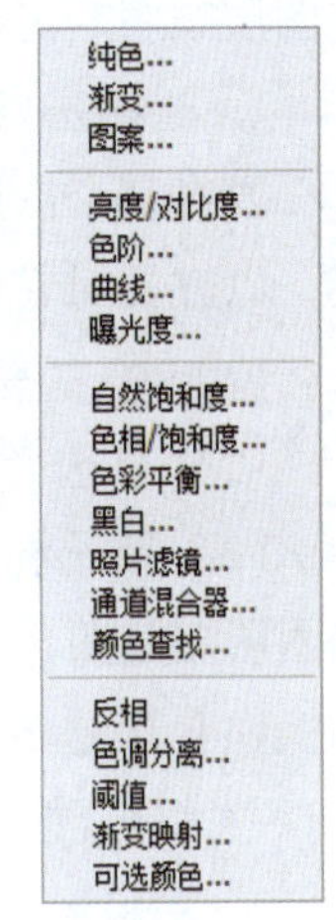

图 3－48

3.4.6.5　图层的创建、重命名和转换

1. 创建图层

通过以下两种方法可以创建普通图层。

（1）操作“图层”→“新建”命令或按 Shift + Ctrl + N 组合键，打开“新建图层”对话框，输入图层名称，单击“确定”按钮，如图 3－49 所示。

（2）单击“图层”面板底部的“创建新图层”按钮，此时将在当前所选图层或图层组上方创建一个完全透明的图层，如图 3－50 所示。

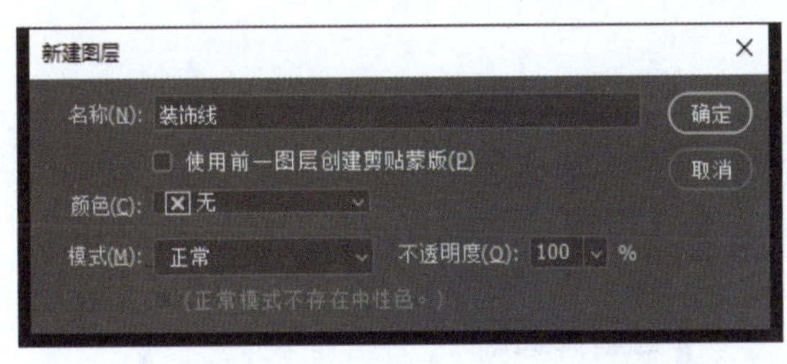

图 3－49

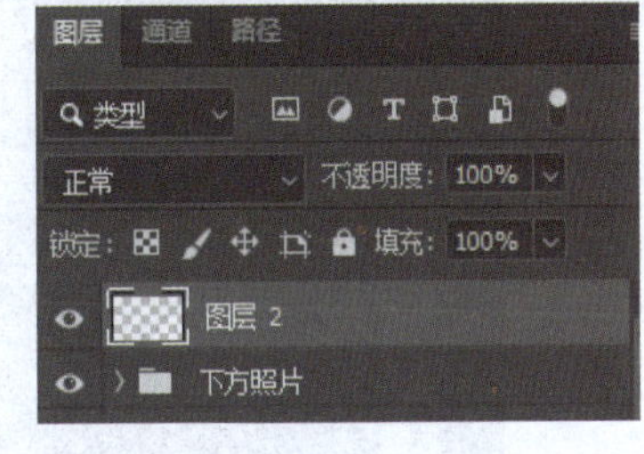

图 3－50

2. 重命名图层

双击图层名称，输入新图层名称即可。

3. 背景图层和普通图层之间的转换

普通图层转换为背景图层：用户不能直接创建背景图层，但可将普通图层转换为背景图层，在“图层”面板中选中要转换的普通图层，然后操作“图层”→“新建”→“背景图层”命令，此时该图层将被转换为背景图层。

背景图层转换为普通图层：双击背景图层，打开“新建图层”对话框进行操作。或者按 Alt 键双击背景图层，则可直接将其转换为普通图层。

3.4.6.6　图层的基本操作

在处理图像时，经常需要对图层进行各种操作，如选择图层、复制图层、删除图层、调整图层顺序、隐藏与显示图层、锁定与解锁图层、链接和取消链接图层等。

1. 选择图层

要对某个图层中的图像进行编辑操作，首先要选中该图层。用户还可以同时选中多个图层，以方便对它们进行统一移动、变换、编组等操作。选择图层的方法如下。

(1) 在“图层”面板中单击某个图层可选中该图层，将其置为当前图层。

(2) 要选择多个连续的图层，可按住 Shift 键的同时单击首、尾两个图层。

(3) 要选择多个不连续的图层，可按住 Ctrl 键的同时依次单击要选择的图层（不要单击图层缩览图，否则将载入该图层的选区）。

(4) 要选择所有图层（背景图层除外），可操作“选择”→“所有图层”或按 Alt + Ctrl + A 组合键。

2. 复制图层

(1) 选中将要复制的图层，然后拖至“图层”面板底部的“创建新图层”按钮⊞上，即可复制图层。

(2) 选择工具箱中的移动工具，选中图层的同时按 Alt 键，可复制图层。

3. 删除图层

(1) 要删除不需要的图层，可在“图层”面板中将其选中，然后拖至面板底部的“删除”按钮🗑上，如图 3 – 51 所示。

(2) 选中图层，单击“图层”面板底部的“删除”按钮🗑上，弹出的对话框如图 3 – 52 所示，单击“是”按钮，删除图层后，该图层中包含的内容也被删除，如图 3 – 53 所示。

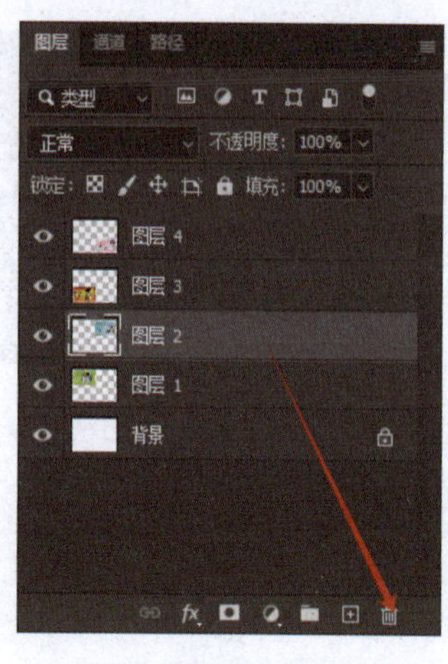

图 3 – 51

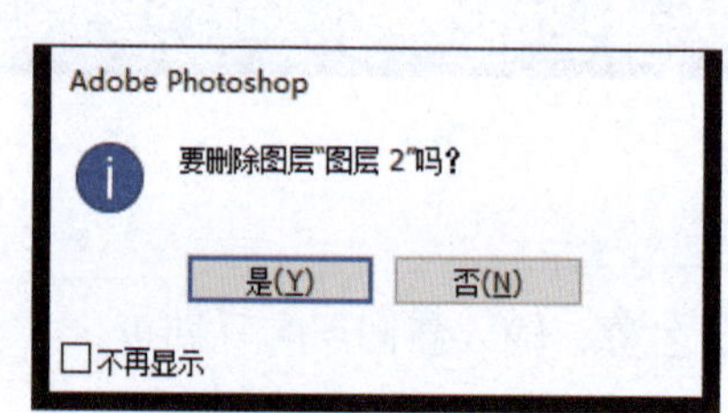

图 3 – 52

4. 调整图层顺序

在“图层”面板中，图层是自上而下叠放的，位于上层中的图像将覆盖在下层的图像上方。原“图层”面板的图层顺序如图 3 – 54 所示。要调整“图层 3”在“背景”图层和“图层 1”中间，先选中“图层 3”，然后按住鼠标左键不放，将其拖动到“背景”图层和“图层 1”中间，出现蓝色横线，如图 3 – 55 所示，并释放鼠标左键。调整后的图层顺序如图 3 – 56 所示。

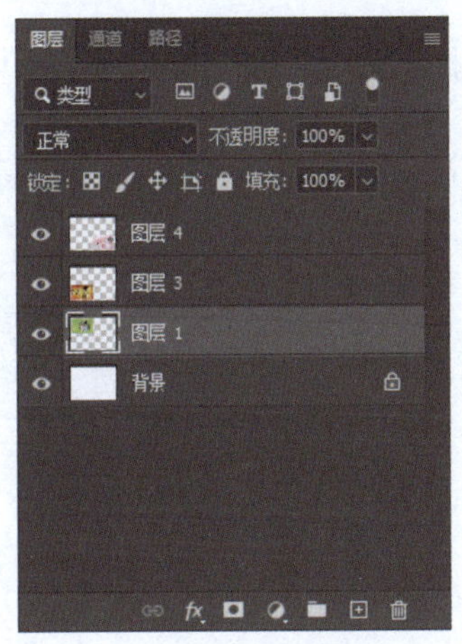

图 3－53

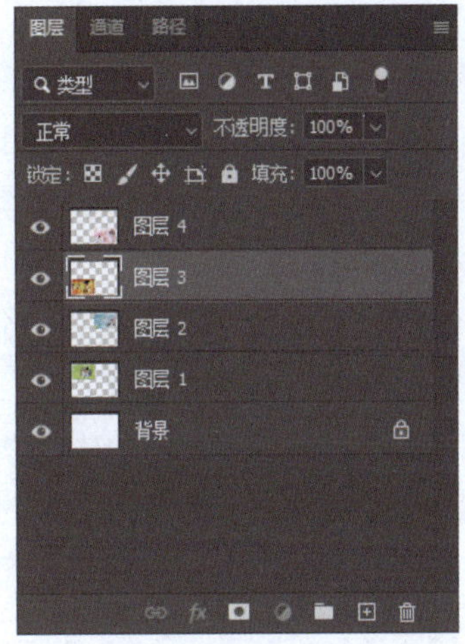

图 3－54

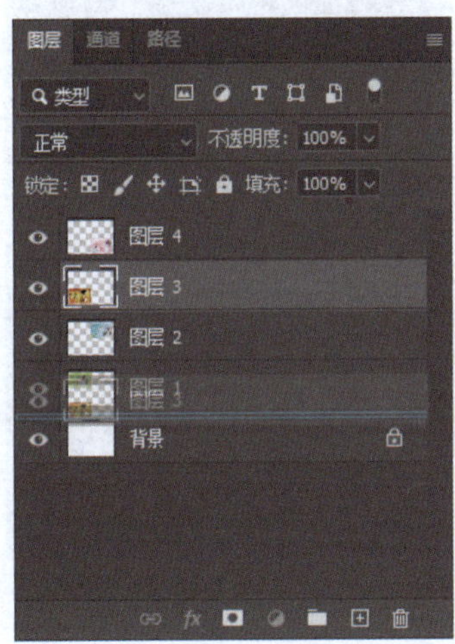

图 3－55

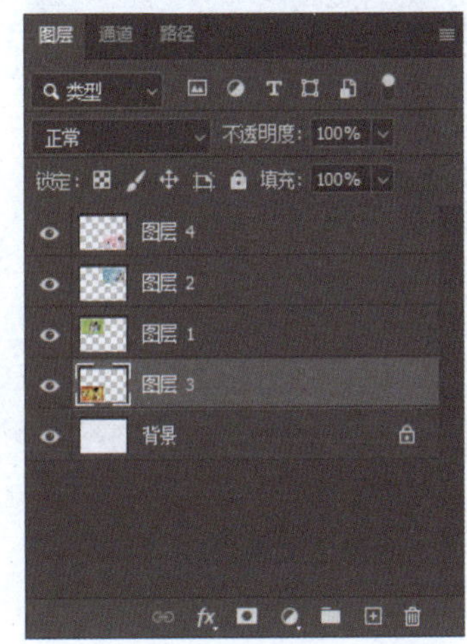

图 3－56

5. 隐藏与显示图层

（1）隐藏图层。

单击要隐藏的图层左边的眼睛图标 可隐藏该图层，如图 3－57 所示，此时该图层中的内容不可见，若按 Alt 键的同时在“图层”面板中单击某图层前面的眼睛图标 ，可以隐藏该图层之外的所有图层。

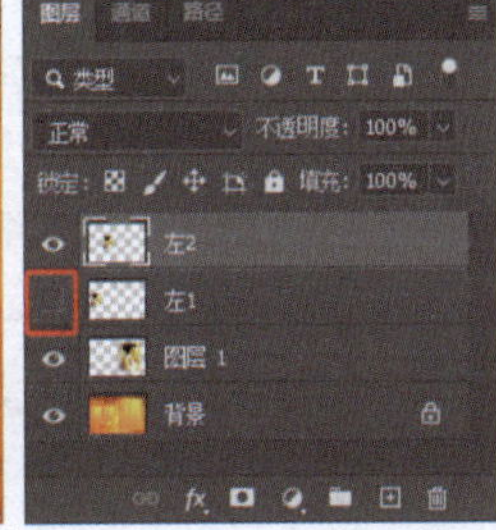

图 3－57

（2）显示图层。

将图层隐藏后，再次单击该图层左边的眼睛图标可重新显示被隐藏的图层。

6. 链接图层

在编辑图像时，可以将多个图层链接在一起，以便同时对这些图层中的图像进行移动、变形、缩放和对齐等操作。

（1）链接图层：首先选中要链接的多个图层，然后单击“图层”面板底部的“链接图层”按钮，当图层的右侧显示符号时，即表示在这些图层之间建立了链接关系，如图3－58所示。用户可对链接图层中的图像进行统一操作。但要注意，如果某个图层与背景图层链接，将无法移动任何一个链接图层中的图像。

（2）取消链接：要取消链接，可选中链接的图层，然后单击“图层”面板底部的“链接图层”按钮即可，如图3－59所示。

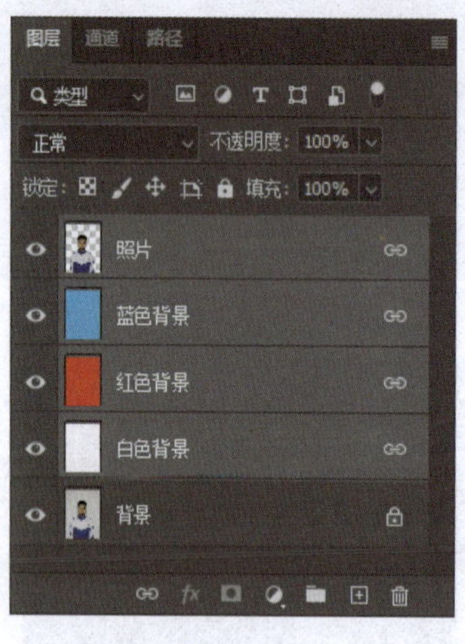

图 3－58

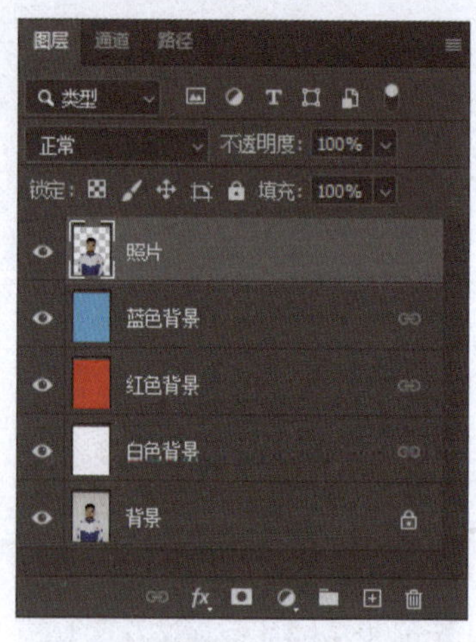

图 3－59

7. 合并与盖印图层

（1）合并图层：利用图层的合并功能可以将多个图层合并为一个图层，以便对其进行统一处理。操作“图层”→“向下合并”命令或按 Ctrl＋E 组合键，将选中的图层和该图层下面的图层合并为一个图层。操作“图层”→“合并可见图层”或按 Shift＋Ctrl＋E 组合键，将所有可见的图层合并为一个图层。

（2）盖印图层：通过盖印图层可以将多个图层的内容合并为一个图层，同时保持其他图层完好。要盖印图层，按 Shift＋Ctrl＋Alt＋E 组合键即可。

8. 对齐与分布图层

利用“对齐”与“分布”功能可以将位于不同图层中（需同时选中要对齐的图层或在这些图层之间建立链接）的图像在水平或垂直方向上对齐或均匀分布。

（1）对齐图层：操作“图层”→“对齐”命令，如图3－60所示。选择“顶边”，可将所选图层中的图像以位置在最上面的那个为基准对齐；选择“底边”，可将图像以位置在最下面的那个为基准对齐；选择“垂直居中”，可将图像在垂直方向上居中对齐；选择“左边”，可将所选图层中的图像以位置在最左面的那个为基准对齐；选择“右边”，可将图像以位置在最右边的那个为基准对齐；选择“水平居中”，可将图像在水平方向上居中对齐。

（2）分布图层：操作“图层”→“分布”，如图 3－61 所示。

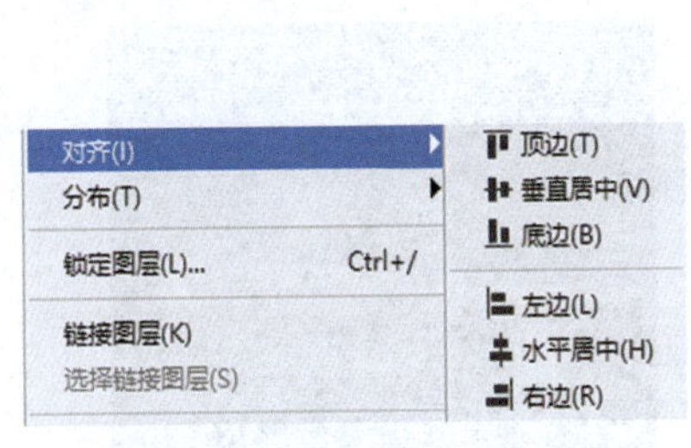

图 3－60

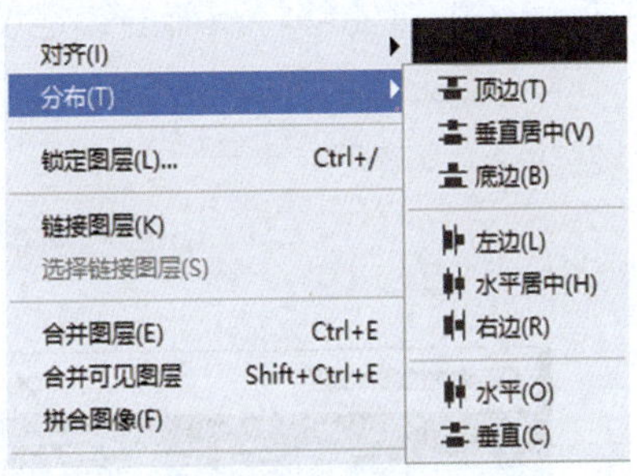

图 3－61

（3）选中图层后，选择“移动工具”，然后在属性栏中单击相应的对齐和分布按钮，也可对图层执行对齐与分布操作。

9. 图层组

在图像处理过程中可能会用到很多个图层，图层过多时，即使关闭缩览图，“图层”面板也会拉得很长，使得查找图层很不方便。虽然可以使用合适的文字命名图层，但在实际使用中为每个图层输入名称也很麻烦，也可以使用色彩来区别图层，但是在图层数量众多的情况下，这种色彩的分辨作用也十分有限。利用图层组可以解决这些问题，图层组对图层进行分类管理，图层组就是将多个图层归为一个组，这个组可以在不需要操作时折叠起来，无论组中有多少个图层，折叠后只占用一个图层的空间，使“图层”面板显示简洁，方便管理图层。

操作图层组的技巧如下：

（1）改变图层组的混合模式或者不透明度会对这个组内的所有图层都产生影响，这样能够将组内所有图层看作一个图层进行操作。

（2）创建图层组：同时将多个图层放入一个图层组中。选中放入一个图层组中的图层，拖动鼠标左键至“图层”面板底部的“创建新组”按钮上，如图 3－62 操作。或操作“图层”→“新建”→“从图层建立组”命令，在弹出对话框中进行相关设置，如图 3－63 所示，单击“确定”按钮即可新建图层组。

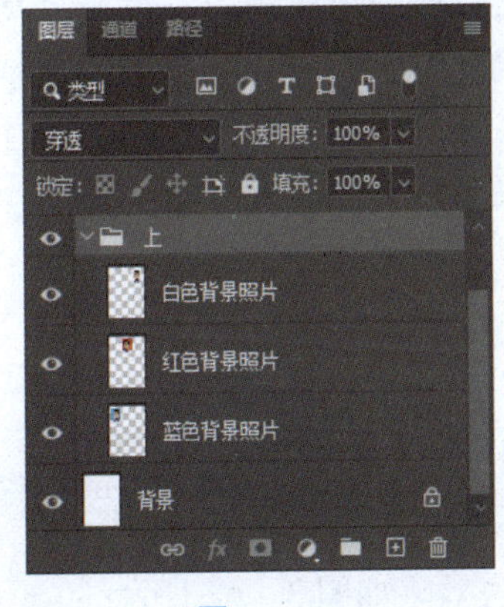

图 3－62

图 3－63

（3）将一个图层组中的所有图层的透明度、像素、位置等全部锁定，操作“图层”→“锁定组内的所有图层”命令，弹出如图 3－64 所示对话框，锁定后的“图层”面板如图 3－65 所示。按/键能够将当前的锁定设置打开或关闭。

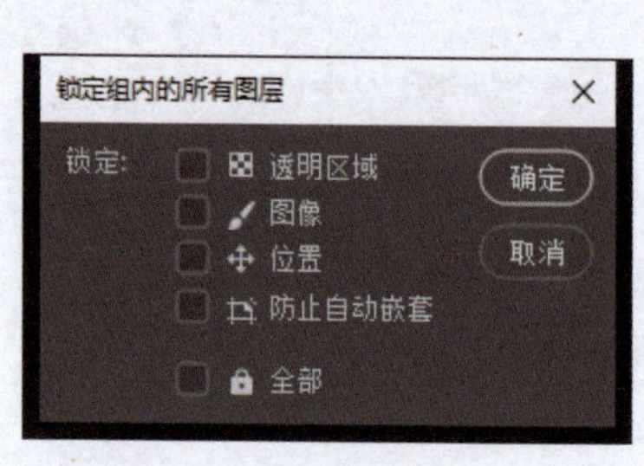

图 3－64

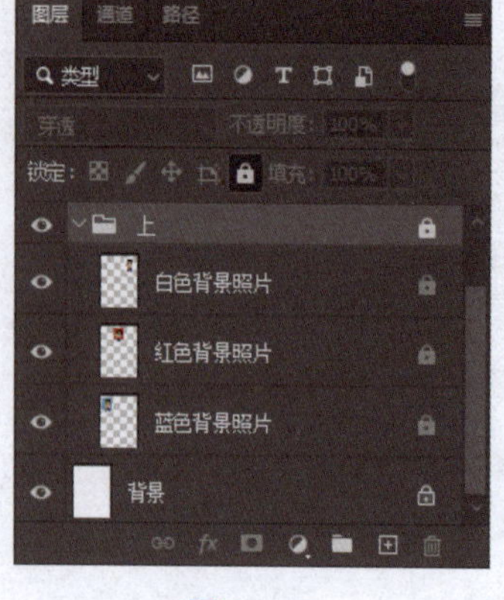

图 3－65

（4）释放一个图层组中的所有图层，将图层组删除而不删除其中的图层，有以下 3 种方法。

①先激活这个图层组，然后在按 Ctrl + Alt 组合键的同时，单击“图层”面板底部的“删除图层”按钮🗑。

②按 Ctrl 键的同时将图层组拖到“图层”面板底部的“删除图层”按钮🗑上。

③单击“图层”面板底部的“删除图层”按钮，弹出图 3－66 所示的对话框，单击“仅组”按钮。

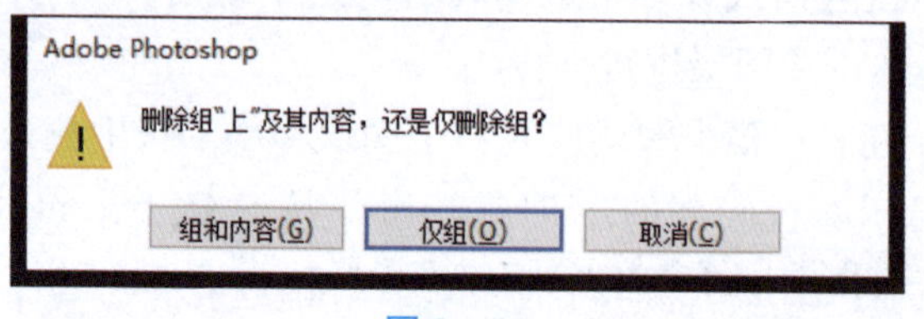

图 3－66

（5）复制图层组：复制一个包括所有图层的图层组。将原图层组拖至“图层”面板底部的“创建新图层”按钮⊞上。

（6）删除图层组：将选中图层组拖至“图层”面板底部的“删除图层”按钮🗑上，将图层组及图层组中的图层全部删除。

3.5 拓展练习

3.5.1 树木扣图

要求：素材文件如图 3－67 所示，图像处理后的透明底效果如图 3－68 所示。

图 3－67

图 3－68

操作要点：

（1）打开素材图像文件“树 1. jpg”，如图 3－67 所示。

（2）使用工具箱中的套索工具和磁性套索工具，建立选区，如图 3－69 所示。

（3）按 Ctrl＋J 组合键将复制名为“图层 1”新图层，按 Ctrl＋D 组合键取消选区，隐藏背景图层，如图 3－70 所示。

图 3－69

图 3－70

（4）打开“通道”面板，根据不同通道的图像颜色的对比程度，选择颜色对比鲜明的“蓝”通道，按鼠标左键拖至“通道”面板底部的“创建新通道”按钮 ⊞ 上，复制后的通道名称为“蓝拷贝”，如图 3－71 所示。

（5）操作“图像”→“调整”→“色阶”命令，参数设置如图 3－72 所示，效果如图 3－73 所示。

图 3－71

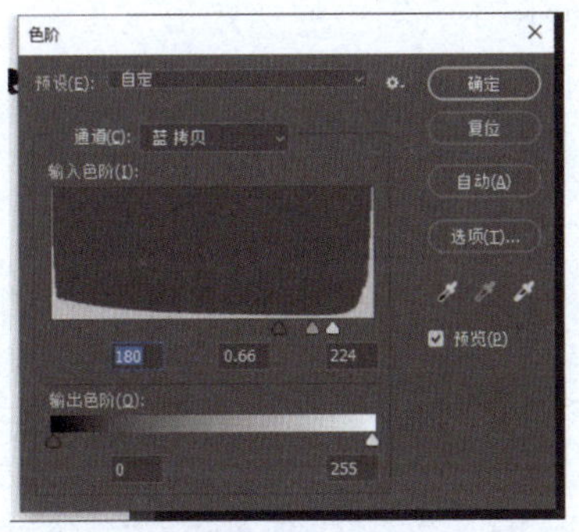

图 3－72

（6）按 Ctrl 键的同时单击“蓝拷贝”通道的缩览图，将白色选中，按 Shift＋Ctrl＋I 组合键反选，将黑色区域选中，单击“RGB”通道。

（7）打开“图层”面板，选中“图层 1”，复制图层“图层 2”，取消选区，隐藏“图层 1”，“图层”面板如图 3－74 所示，图像效果如图 3－68 所示。

图 3－73

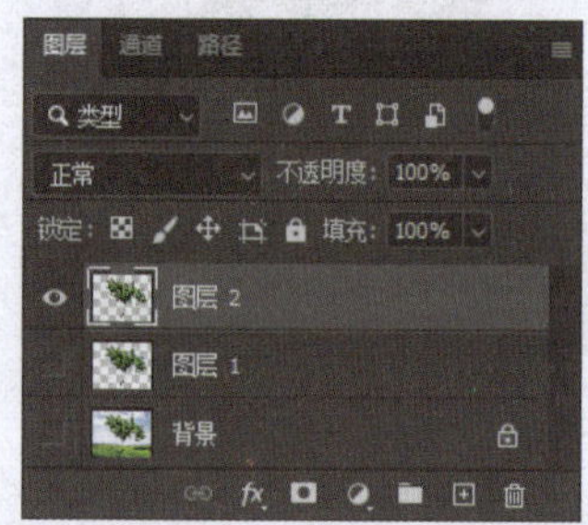

图 3－74

（8）选择“文件”→“存储副本”命令，在弹出的“存储副本”对话框中，设置保存类型为 Photoshop（*.PSD；*.PDD；*.PSDT），输入文件名“3－5－1－树木扣图.psd”。

（9）选择“文件”→“存储副本”命令，在弹出的“存储副本”对话框中，设置保存类型为 PNG（*.PNG；*.PNG），输入文件名“3－5－1－树木扣图.png”。

（10）案例视频见二维码“树木扣图”。

树木扣图

图 3－75

3.5.2 竖版照片处理成横版照片

要求：素材文件如图 3－75 所示，图像处理后的效果如图 3－76 所示。

操作要点：

（1）打开素材图像文件“海边素材.jpg”，如图 3－75 所示。

（2）使用工具箱中的“矩形工具”，建立选区，如图 3－77 所示。

图 3－76

图 3－77

（3）操作“选择”→“存储选区”命令，参数设置如图 3－78 所示，将选区存储为“人物”，取消选区。

（4）双击背景图层，将背景图层转换为普通图层。

（5）操作“图像”→“画布大小”命令，参数设置如图 3－79 所示，效果如图 3－80 所示。

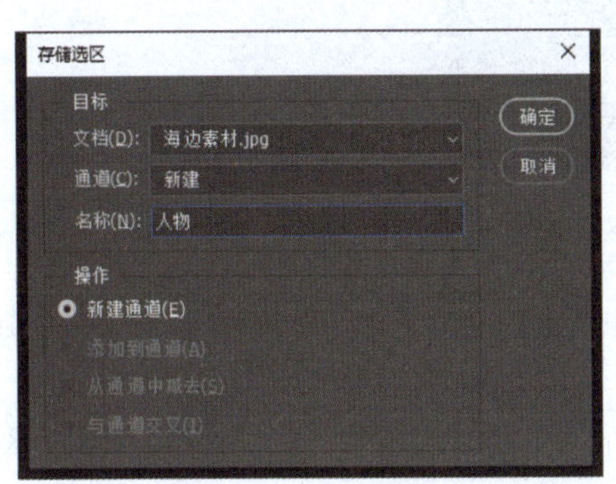

图 3－78

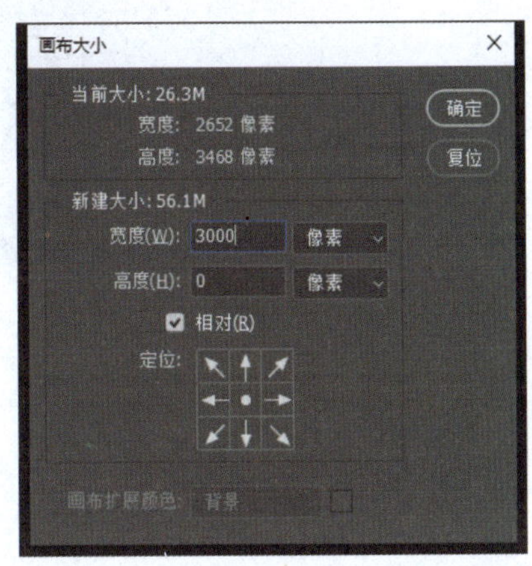

图 3－79

图 3－80

（6）操作“编辑”→“内容识别缩放”命令或按 Alt＋Shift＋Ctrl＋C 组合键，同时设置属性栏中的“保护”为“人物”，设置效果如图 3－81 所示，选中图像如图 3－82 所示。

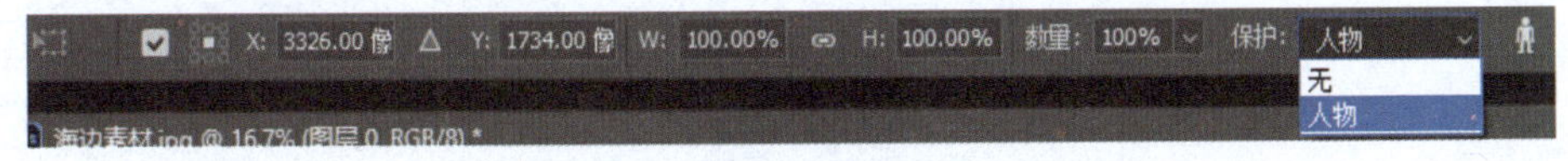

图 3－81

（7）左右调整图 3－82 背景宽度和画布大小一致，由于已设置保护“人物”选区，所以人物的比例不变，背景加宽，效果如图 3－76 所示，将竖版照片处理成横版照片。

（8）选择“文件”→“存储副本”命令，在弹出的“存储副本”对话框中，设置保存

图 3 - 82

类型为 Photoshop（＊. PSD；＊. PDD；＊. PSDT），输入文件名“3 - 5 - 2 - 竖版照片处理成横版照片 . psd”。

（9）选择“文件”→“存储副本”命令，在弹出的“存储副本”对话框中，设置保存类型为 JPEG（＊. JPG；＊. JPEG；＊. JPE），输入文件名“3 - 5 - 2 - 竖版照片处理成横版照片 . jpg”。

（10）如果图 3 - 81 中“保护”设置为“无”，重复操作步骤 7，效果如图 3 - 83 所示，人物的比例会变形。

图 3 - 83

（11）案例视频见二维码“竖版照片处理成横版照片”。

竖版照片处理成横版照片

3.6 项目考核

项目三考核

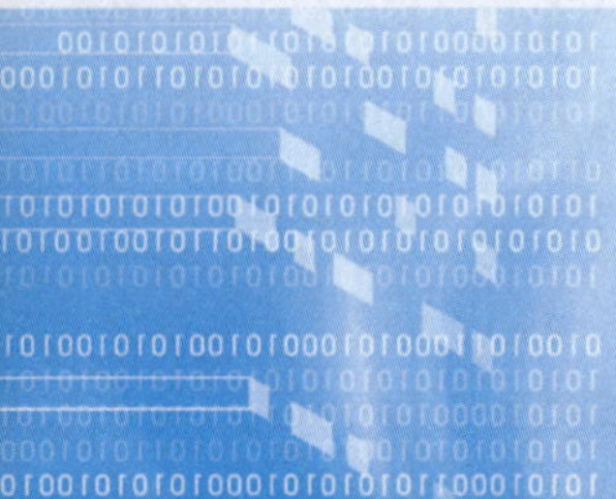

项目四

图像修复

平面图像处理中，常常会遇到图片上有污点或其他瑕疵需要去除的情况，特别是影楼照片中常有许多不完美的地方，例如脸上的痘痘或油光、光线或色彩不足等。此时利用Photoshop的修复工具和绘图工具可以有效地修复损坏的图片，消除图像上的瑕疵，实现理想的图片效果。这样不但可以改善照片中的不完善之处，还能增强图像的视觉效果。

学习目标：

通过本项目的学习，掌握修复工具组、图章工具组、橡皮擦工具组等的使用方法，实现对图像的修复处理功能。

学习框架：

4.1 学习任务1：修复蜜蜂采蜜图像
4.2 学习任务2：制作衣服图案
4.3 知识要点
4.4 拓展练习
4.5 项目考核

4.1 学习任务1 修复蜜蜂采蜜图像

知识目标	（1）掌握污点修复画笔工具的使用方法 （2）掌握修复画笔工具的使用方法 （3）掌握仿制图章工具的使用方法
能力目标	（1）能够熟练运用污点修复画笔工具 （2）能够熟练运用修复画笔工具 （3）能够熟练运用仿制图章工具
素质目标	（1）培养学生运用污点修复画笔工具的能力 （2）培养学生运用修复画笔工具的能力

续表

素质目标	(3) 培养学生运用仿制图章工具的能力 (4) 培养细致、耐心完成任务的能力
教学重点	(1) 污点修复画笔工具的使用 (2) 修复画笔工具的使用 (3) 仿制图章工具的使用
教学难点	(1) 污点修复画笔工具的使用 (2) 修复画笔工具的使用 (3) 仿制图章工具的使用
效果展示	学习任务 1 效果图如图 4－1 所示。 图 4－1

4.1.1　任务描述

先去除图像中的水印，将图像处理为多个蜜蜂采蜜的效果。

4.1.2　任务分析

(1) 使用污点修复画笔工具去除小水印图像。

(2) 使用修复画笔工具去除“汇图网”字样。

(3) 使用仿制图章工具仿制多个“蜜蜂”图像。

4.1.3　任务实施

图 4－2

(1) 打开素材文件“蜜蜂 . jpg”，如图 4－2 所示。

(2) 选择工具箱中的“污点修复画笔工具”，属性栏设置如图 4－3 所示，去除图像中的水印，效果如图 4－4 所示。

图 4－3

图 4－4

(3) 选择工具箱中的“修复画笔工具”，属性栏设置如图 4－5 所示，在“汇图网”字样附近，按住 Alt 键，鼠标单击进行取样，然后用画笔涂抹“汇图网”字样，使图像与背景融合，效果如图 4－6 所示。

图 4－5

(4) 在“图层”面板上新建名为“蜜蜂”的图层。

(5) 选中“蜜蜂采蜜”图层，选择工具箱中的“仿制图章工具”，属性栏设置如图 4－7 所示，按住 Alt 键，在“蜜蜂”图像处单击进行取样，切换到“蜜蜂”图层，然后用画笔在适合的位置涂抹，按 Ctrl＋T 组合键，在弹出的快捷键菜单中选择“水平翻转”，移到适合位置，效果如图 4－8 所示。

图 4－6

图 4－7

图 4－8

(6) 复制“蜜蜂”图层多个，变换大小和位置，移至“蜜蜂”图层组中，效果如图4－9所示，“图层”面板如图4－10所示。

图4－9

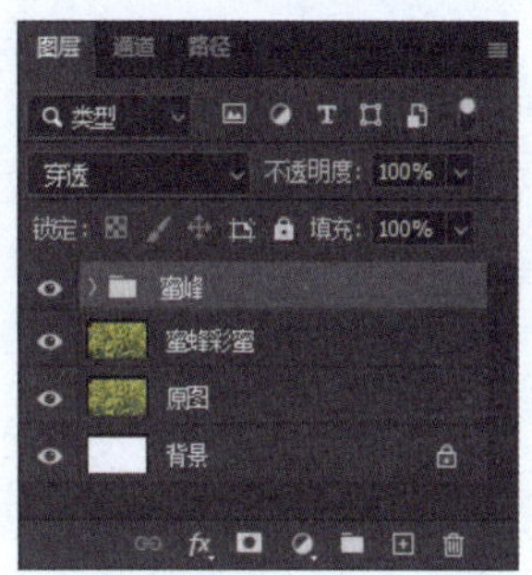

图4－10

(7) 选择“文件”→“存储副本”命令，在弹出的“存储副本”对话框中，设置保存类型为Photoshop（＊.PSD；＊.PDD；＊.PSDT），输入文件名“4－1－蜜蜂采蜜.psd”。

(8) 选择“文件”→“存储副本”命令，在弹出的“存储副本”对话框中，设置保存类型为JPEG（＊.JPG；＊.JPEG；＊.JPE），输入文件名“4－1－蜜蜂采蜜.jpg”。

4.2 学习任务2 制作衣服图案

知识目标	(1) 掌握自定义图案的使用方法 (2) 掌握背景橡皮擦的使用方法 (3) 掌握仿制图章工具的使用方法 (4) 掌握图案图章工具的使用方法 (5) 掌握油漆桶工具的使用方法 (6) 掌握剪贴蒙版的使用方法
能力目标	(1) 能够熟练运用自定义图案的存储 (2) 能够熟练运用背景橡皮擦工具 (3) 能够熟练运用仿制图章工具 (4) 能够熟练运用图案图章工具 (5) 能够熟练运用油漆桶工具 (6) 能够熟练运用剪贴蒙版
素质目标	(1) 培养学生运用自定义图案的能力 (2) 培养学生运用背景橡皮擦工具的能力 (3) 培养学生运用仿制图章工具的能力 (4) 培养学生运用图案图章工具的能力 (5) 培养学生运用油漆桶工具的能力 (6) 培养学生运用剪贴蒙版的能力 (7) 培养细致、耐心完成任务的能力

续表

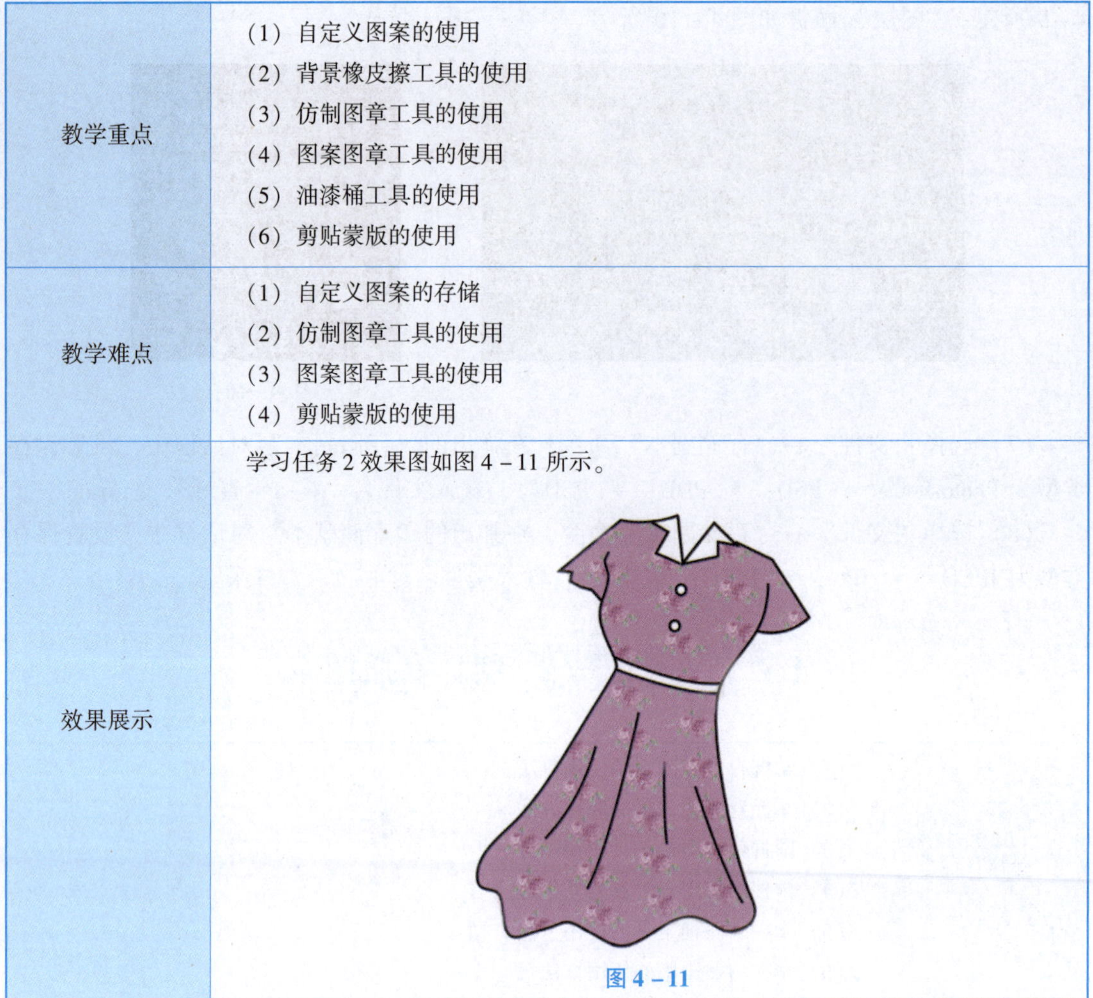

教学重点	（1）自定义图案的使用 （2）背景橡皮擦工具的使用 （3）仿制图章工具的使用 （4）图案图章工具的使用 （5）油漆桶工具的使用 （6）剪贴蒙版的使用
教学难点	（1）自定义图案的存储 （2）仿制图章工具的使用 （3）图案图章工具的使用 （4）剪贴蒙版的使用
效果展示	学习任务 2 效果图如图 4－11 所示。 图 4－11

4.2.1 任务描述

用自定义图案制作衣服图案。

4.2.2 任务分析

（1）制作图案并保存。

（2）修复衣服图像。

（3）制作衣服图案。

4.2.3 任务实施

第一部分：自定义图案并保存

（1）打开素材文件“花素材 . jpg”，如图 4－12 所示。

图 4－12

（2）复制选区的图像，按选区大小新建透明背景文件并粘贴选区的图像，如图 4－13 和图 4－14 所示。

图 4－13

图 4－14

（3）选择工具箱中的“背景橡皮擦工具”，属性栏参数设置如图 4－15 所示，单击图像灰色区域，效果如图 4－16 所示。

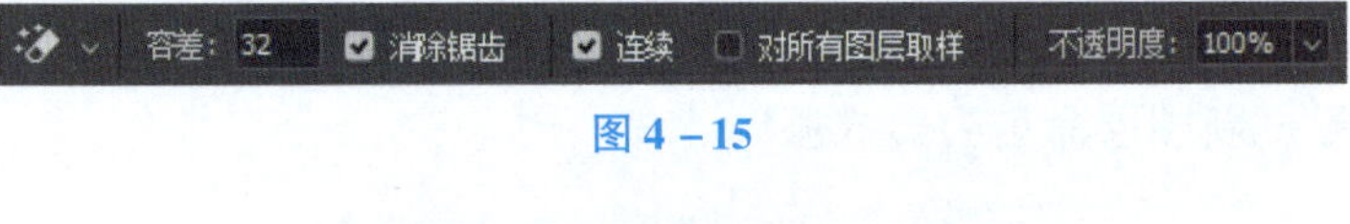

图 4－15

图 4－16

（4）操作“编辑”→“定义图案”命令，在弹出的对话框的名称框中输入“花图案”，如图 4－17 所示，单击“确定”按钮。

（5）选择“文件”→“存储副本”命令，在弹出的“存储副本”对话框中，设置保存类型为 Photoshop（＊. PSD；＊. PDD；＊. PSDT），输入文件名“4－2－花图案 . psd”。

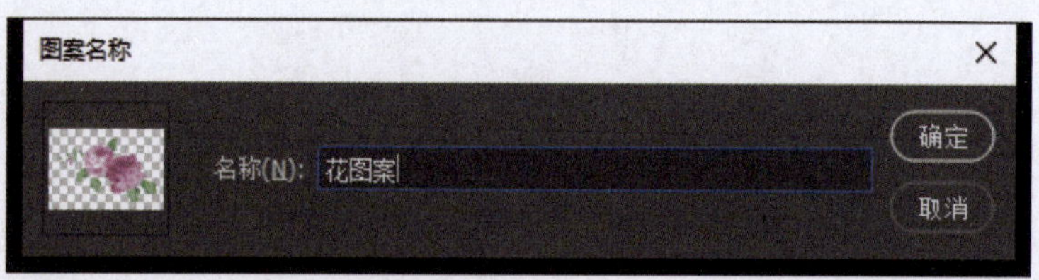

图 4－17

第二部分：修复衣服图像

（1）打开素材文件“衣服 1. jpg”，如图 4－18 所示。

（2）选择工具箱中的“仿制图章工具”，设置笔尖大小，按住 Alt 键，在图像适合位置单击进行取样，然后用画笔在有水印的位置涂抹，处理后的效果如图 4－19 所示。

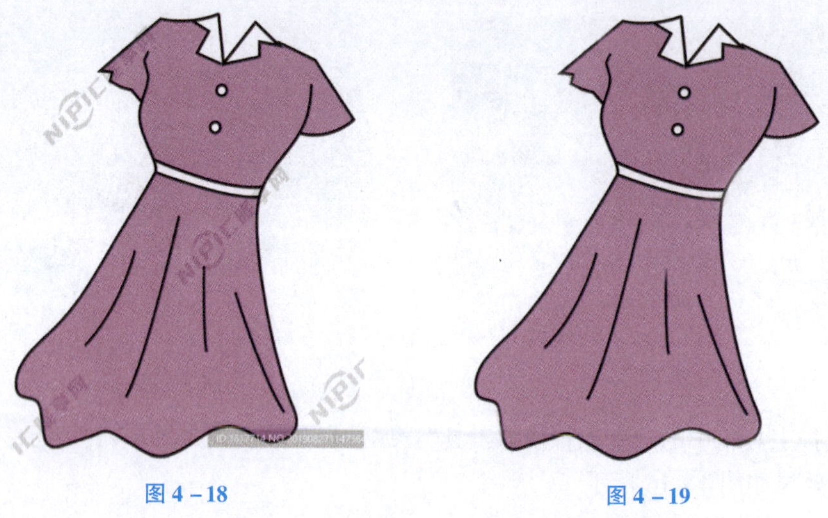

图 4－18　　图 4－19

（3）选择工具箱中的“魔棒工具”，选择图 4－19 中的紫色区域，如图 4－20 所示，复制选区图像，粘贴，新图层命名为“衣服”。

图 4－20

第三部分：制作衣服图案

（1）在“图层”面板上新建名为“图案”的图层，选择工具箱中的“图案图章工具”，属性栏设置如图 4－21 所示，在“图案”图层上涂抹填充“花图案”（或者选择工具箱中的“油漆桶工具”，在“图案”图层上单击填充“花图案”），效果如图 4－22 所示。

图 4－21

（2）选中“图案”的图层，按 Ctrl＋T 组合键，旋转，效果如图 4－23 所示。

图 4－22

图 4－23

（3）选中“图案”的图层，操作“图层”→“创建剪贴蒙版”命令，调整“图案”图层的不透明度为 60%，效果如图 4－24 所示。

（4）选择“文件”→“存储副本”命令，在弹出的“存储副本”对话框中，设置保存类型为 Photoshop（＊. PSD；＊. PDD；＊. PSDT），输入文件名“4－2－衣服图案 . psd”。

（5）选择“文件”→“存储副本”命令，在弹出的“存储副本”对话框中，设置保存类型为 JPEG（＊. JPG；＊. JPEG；＊. JPE），输入文件名“4－2－衣服图案 . jpg”。

图 4－24

4.3 知识要点

4.3.1 修复工具组

在 Photoshop 中修复图像时，需要使用工具箱中的修复工具组，如图 4－25 所示。

这 5 种工具的作用分别如下。

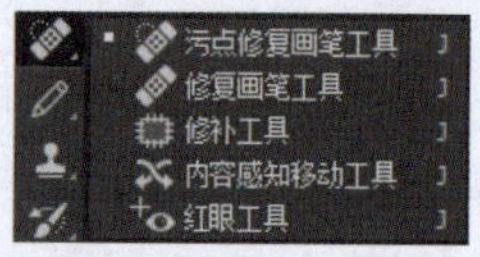

图 4 - 25

- 污点修复画笔工具：可以快速去除图像中的污点和其他不理想的部分。
- 修复画笔工具：可以清除图像中的杂质、污点等。
- 修补工具：用来修复图像。
- 内容感知移动工具：用它将选中的对象移动或扩展到图像的其他区域后，可以重组和混合对象，产生出新的视觉效果。
- 红眼工具：用它可去除闪光灯拍摄的人物照片中的红眼，也可以去除用闪光灯拍摄的照片中的白色或绿色反光。

4.3.1.1 污点修复画笔工具

（1）单击工具箱中的“污点修复画笔工具”按钮，或反复按 Shift + J 组合键来启用污点修复画笔工具，属性栏如图 4 - 26 所示。

图 4 - 26

①利用画笔直接单击或涂抹，画笔比修复的污点大一点。

②调整画笔大小：Alt + 鼠标右键左右滑动鼠标。

③调整画笔软硬度：Alt + 鼠标右键上下滑动鼠标。

④内容识别：单击需要修复的区域，软件会自动在它附近取样，通过计算对其进行光线明暗匹配，并进行羽化融合。

⑤创建纹理：添加纹理与质感，一般用在皮肤质感较强的情况下。

⑥近似匹配：识别画笔周围完好的皮肤像素修复（扩散数值越大，识别像素范围越广）。

（2）打开素材“知识要点 - 素材”文件夹中的“1 - 1 - 土豆修复前 . jpg”图像文件。选择工具栏中的“污点修复画笔工具”，属性栏参数设置如图 4 - 26 所示，在图像黑点处单击，修复前后的图像效果对比图如图 4 - 27 所示。

图 4 - 27

4.3.1.2 修复画笔工具

（1）单击工具箱中的“修复画笔工具”按钮，或反复按 Shift + J 组合键来启用修复画笔工具，属性栏如图 4 - 28 所示。

图 4－28

①按住 Alt 键，单击完好的皮肤区域，让画笔吸取完好的皮肤，画笔变成一个靶心，然后用画笔单击或涂抹需要修复的地方。

②取样：在需要修复的区域四周找到颜色相似的区域，按住 Alt 键，鼠标进行取样，然后用画笔单击或涂抹需要修复的地方。

③图案：直接涂抹即可，不需要取样，用图案进行修复。

④对齐：勾选“对齐”后，吸取点跟随着移动。

(2) 打开素材“知识要点－素材”文件夹中的“2－1－西瓜修复前.jpg”图像文件。选择工具栏中的“修复画笔工具”，属性栏参数设置如图 4－28 所示，按住 Alt 键，单击完好的皮肤区域，释放 Alt 键，在涂抹或单击需要修复的地方，修复前后的图像效果对比图如图 4－29 所示。

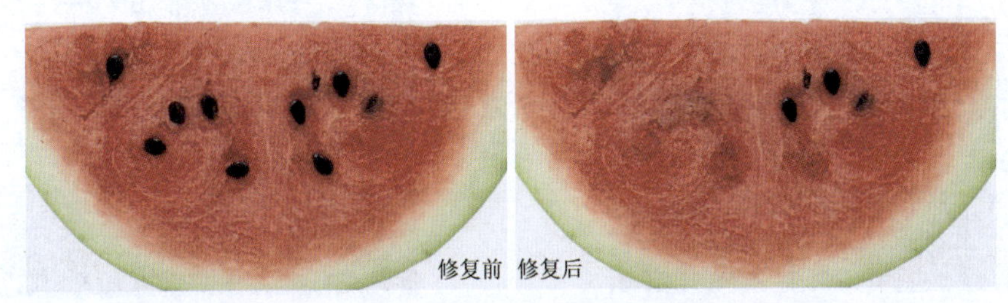

图 4－29

4.3.1.3　修补工具

(1) 单击工具箱中的“修补工具”按钮，或反复按 Shift＋J 组合键来启用修补工具，属性栏如图 4－30 所示。

图 4－30

①用鼠标选中要修补的地方，画出选区，然后拖到附近完好的区域。

②修补：正常（融合自然）、内容识别（边缘生硬）。

③源：目标。

④透明：默认不勾选。

⑤扩散：数值越大，边缘越自然。

(2) 打开素材“知识要点－素材”文件夹中的“3－1－蓝天白云修复前.jpg”图像文件。选择工具栏中的“修补工具”，属性栏参数设置如图 4－30 所示，鼠标绘制出要修补的区域，如图 4－31 所示，拖到完好的区域，如图 4－32 所示。释放鼠标，如图 4－33 所示，取消选区，如图 4－34 所示。

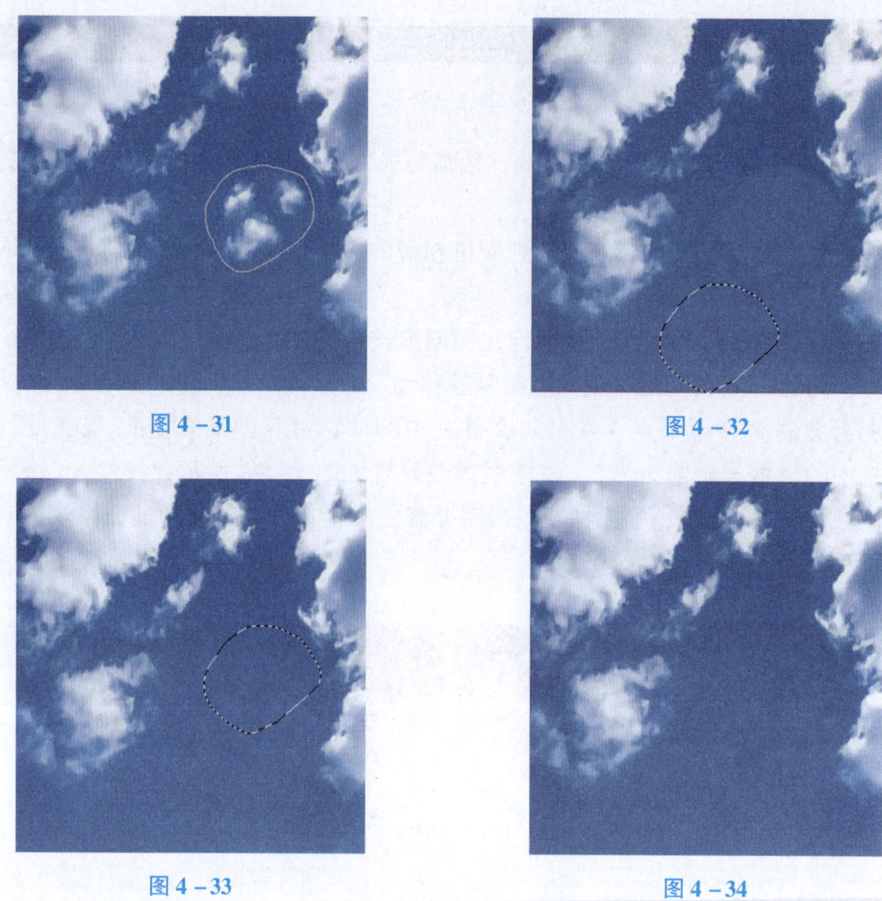

图 4－31　图 4－32

图 4－33　图 4－34

4.3.1.4　内容感知移动工具

（1）单击工具箱中的“内容感知移动工具”按钮，或反复按 Shift＋J 组合键来启用内容感知移动工具，属性栏如图 4－35 所示。

图 4－35

①用鼠标选中要移动的区域，建立选区，然后移动调整该区域，单击“确定”按钮。

②模式：移动（移动原来位置）、扩展（复制模式）。

③结构：如果输入数值 7，会完全遵循现有图像进行匹配；如果输入数值 1，会最大化智能地调节匹配，不会完全照搬。

④颜色：如果输入数值 0，颜色融合度最低；如果输入数值 10，颜色将最大化地融合。

（2）打开素材“知识要点－素材”文件夹中的“4－1－鱼修复前.jpg”图像文件。选择工具栏中的“内容感知移动工具”，属性栏参数设置如图 4－35 所示，鼠标绘制出要移动的区域，如图 4－36 所示，拖到目标区域，如图 4－37 所示。释放鼠标，出现自由变换选框，可进行变化，按 Enter 键，效果如图 4－38 所示，取消选区，如图 4－39 所示。

图 4-36

图 4-37

图 4-38

图 4-39

4.3.1.5　红眼工具

（1）单击工具箱中的“红眼工具”按钮，或反复按 Shift + J 组合键来启用红眼工具，属性栏如图 4-40 所示。

①鼠标在红眼地方单击即可去除红眼。

②瞳孔大小和变暗量：默认 50%。

瞳孔大小：50%　变暗量：50%

图 4-40

（2）打开素材“知识要点-素材”文件夹中的“5-1-红眼修复前.jpg”图像文件，如图 4-41 所示。选择工具栏中的“红眼工具”，属性栏参数设置如图 4-40 所示，鼠标单击红眼区域，效果如图 4-42 所示。

图 4-41

图 4-42

4.3.2 图章工具组

在 Photoshop 中修复图像需要使用工具箱中的图章工具组，如图 4－43 所示。这两种工具的作用分别如下。

图 4－43

- 仿制图章工具：可以指定的像素点为复制基准点，将其周围的图像复制到其他地方。
- 图案图章工具：可以按照选择的图案绘制填充图像。

4.3.2.1 仿制图章工具

（1）单击工具箱中的“仿制图章工具”按钮，或反复按 Shift＋S 组合键来启用仿制图章工具，属性栏如图 4－44 所示。

图 4－44

①模式：用于选择混合模式。

②不透明度：用于设置不透明度。

③流量：用于设置扩散的速度。

④对齐：用于控制复制时图像的位置。

（2）打开素材“知识要点－素材”文件夹中的“6－1－蜜蜂前.jpg”图像文件，如图 4－45 所示。选择工具栏中的“仿制图章工具”，属性栏参数设置如图 4－44 所示，按住 Alt 键，鼠标指针变成圆形十字图标，按住 Alt 键的同时单击定下取样点，然后松开 Alt 键，在合适位置拖曳鼠标复制出取样的图样，效果如图 4－46 所示。

图 4－45

图 4－46

4.3.2.2 图案图章工具

（1）单击工具箱中的“图案图章工具”按钮，或反复按 Shift＋S 组合键来启用图案图章工具，属性栏如图 4－47 所示。

图 4－47

①模式：用于选择混合模式。

②不透明度：用于设置不透明度。

③流量：用于设置扩散的速度。

④按所选择图案重复绘制填充。

（2）打开素材“知识要点－素材”文件夹中的“7－1－图案.jpg”图像文件，如图4－48所示。操作“编辑”→“定义图案”命令，在弹出的对话框的名称框中输入“纹路图案”。选择工具栏中的“仿制图章工具”，属性栏参数设置如图4－47所示，选择“纹路图案”，在新建画布拖曳鼠标填充图案，效果如图4－49所示。

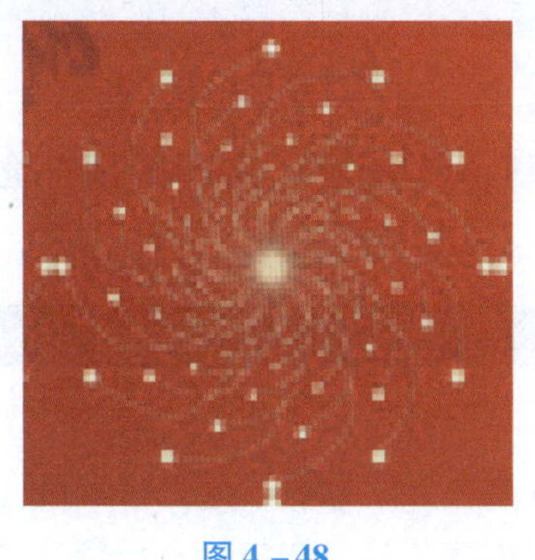
图4－48

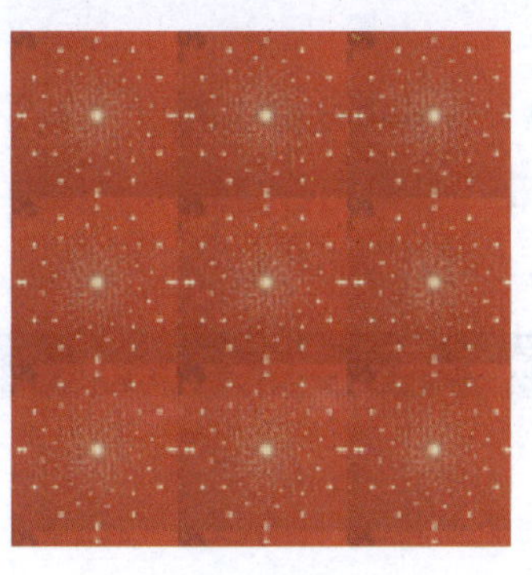
图4－49

4.3.3　橡皮擦工具组

在Photoshop中擦除图像需要使用工具箱中的橡皮擦工具组，如图4－50所示。

这3种工具的作用分别如下。

图4－50

- 橡皮擦工具：可以用背景色擦除背景图像或用透明色擦除图层中的图像。
- 背景橡皮擦工具：可以擦除指定颜色的擦除工具。这个指定色称为标本色，表现为背景色，使用它可以有选择地进行擦除。
- 魔术橡皮擦工具：用来修复图像。

4.3.3.1　橡皮擦工具

（1）单击工具箱中的“橡皮擦工具”按钮，或反复按Shift＋E组合键来启用橡皮擦工具，属性栏如图4－51所示。

模式：画笔　不透明度：100%　流量：100%　平滑：0%　0°　抹到历史记录

图4－51

①模式：用于选择擦除的笔触方式。

②不透明度：用于设置不透明度。

③流量：用于设置扩散的速度。

④抹到历史记录：用于选择以“历史”控制面板中的图像状态来擦除图像。

（2）打开素材“知识要点－素材”文件夹中的“8－1－橡皮擦.jpg”图像文件，如图4－52所示。选择工具栏中的“橡皮擦工具”，属性栏参数设置如图4－51所示，在合适位置拖曳鼠标擦除图像，效果如图4－53所示。

图 4－52

图 4－53

4.3.3.2 背景橡皮擦工具

（1）单击工具箱中的“背景橡皮擦工具”按钮，或反复按 Shift + E 组合键来启用背景橡皮擦工具，属性栏如图 4－54 所示。

图 4－54

①：“连续”取样方式。在擦除时，会自动选择所擦除的颜色为标本色，用于抹去不同颜色的相邻范围。在擦除一种颜色时，背景色橡皮擦工具不能超过这种颜色与其他颜色的边界面而完全插入另一种颜色，因为这时不再满足相邻范围这个条件。当背景色橡皮擦工具完全插入另一种颜色时，标本色随之变为当前颜色，也就是说，现在所用颜色的相邻范围为可擦除的范围。

②：“一次”取样方式。使用该方式擦除时，首先在要擦除的颜色上单击，以选定标本色，这时标本色已固定，然后就可以在图像上擦除与标本色相同的颜色范围，而且每次单击所选标本色只能进行一次连续擦除。如果想继续擦除，必须重新单击所选标本色。

③：“背景色板”取样方式。在擦除前选好背景色，即选好标本色，就可以擦除与背景色颜色相同的色彩范围。

④限制：包括“不连续、连续、查找边缘”。“不连续”选项，表示在选定的色彩范围内可以多次重复擦除；“连续”选项，表示在选定的色彩范围内只可以进行一次擦除，也就是说，必须在选定的标本色内连续擦除；“查找边缘”选项，表示在擦除时保持边界的锐度。

⑤容差：输入数值或拖动滑块调节，数值越低，擦除的范围越接近于标本色，大的容差会把其他颜色擦成半透明的。

⑥“保护前景色”复选框：用于保护前景色不被擦除。

（2）打开素材“知识要点－素材”文件夹中的“9－1－背景橡皮擦.psd”图像文件，如图 4－55 所示。前景色取样叶子颜色 RGB（82，92，45），背景色取样草莓颜色 RGB（222，92，80），选择工具栏中的“背景橡皮擦工具”，属性栏参数设置如图 4－54 所示，拖曳鼠标擦除图像，效果如图 4－56 所示。

4.3.3.3 魔术橡皮擦工具

（1）单击工具箱中的“魔术橡皮擦工具”按钮，或反复按 Shift + E 组合键来启用魔术橡皮擦工具，属性栏如图 4－57 所示。

图 4－55

图 4－56

图 4－57

①容差：可输入 0～255 的数值，数值越小，表明选取的颜色范围越接近；数值越大，表明选取的颜色范围越大。

②“消除锯齿”复选框：可以软化边缘。

③“连续”复选框：在当前图层进行擦除。

④“对所有图层取样”复选框：对所有图层进行擦除。

⑤不透明度：调节不透明度可以达到不同的效果。

（2）打开素材“知识要点－素材”文件夹中的“10－1－魔术橡皮擦.psd”图像文件，如图 4－58 所示，选择工具栏中的“魔术橡皮擦工具”，属性栏参数设置如图 4－57 所示，单击粉色区域擦除图像，效果如图 4－59 所示。

图 4－58

图 4－59

4.3.4 模糊、锐化和涂抹工具

Photoshop 中的模糊、锐化和涂抹工具如图 4－60 所示。

这 3 种工具的作用分别如下。

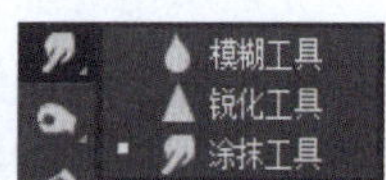

图 4－60

- 模糊工具：可以使图像变得柔和、模糊。

- 锐化工具：可以使图像变得更清晰、色彩更亮。
- 涂抹工具：像日常生活中用手指头在还未干的画纸上涂抹一样，会产生一种水彩般的效果。

4.3.4.1 模糊工具

(1) 单击工具箱中的“模糊工具”按钮，属性栏如图 4 – 61 所示。

图 4 – 61

①“画笔”下拉列表框：用于选择画笔的形状。

②“模式”下拉列表框：用于选择色彩的混合方式。

③“强度”选项：表示画笔的压力。

④“对所有图层取样”复选框：对所有图层进行模糊。

(2) 打开素材“知识要点 – 素材”文件夹中的“11 – 1 – 模糊 . psd”图像文件，如图 4 – 62 所示，选择工具栏中的“模糊工具”，属性栏参数设置如图 4 – 61 所示，在图像上拖曳鼠标，效果如图 4 – 63 所示。

图 4 – 62

图 4 – 63

4.3.4.2 锐化工具

(1) 单击工具箱中的“锐化工具”按钮，属性栏如图 4 – 64 所示，属性栏选项与模糊工具属性栏选项类似。

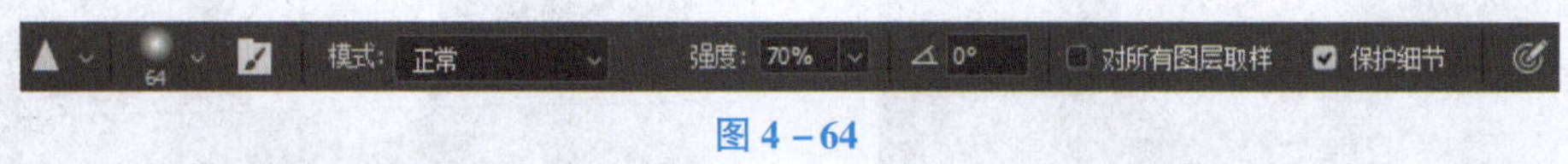

图 4 – 64

(2) 打开素材“知识要点 – 素材”文件夹中的“12 – 1 – 锐化 . psd”图像文件，如图 4 – 65 所示，选择工具栏中的“锐化工具”，属性栏参数设置如图 4 – 64 所示，在图像上拖曳鼠标，效果如图 4 – 66 所示。

4.3.4.3 涂抹工具

(1) 单击工具箱中的“涂抹工具”按钮，属性栏如图 4 – 67 所示。属性栏选项与模糊工具属性栏选项类似。其中，勾选“手指绘画”复选框可以设定涂痕的色彩，好像用手指蘸上颜色在未干的油墨上绘画一样。

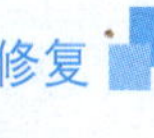

图 4-65

图 4-66

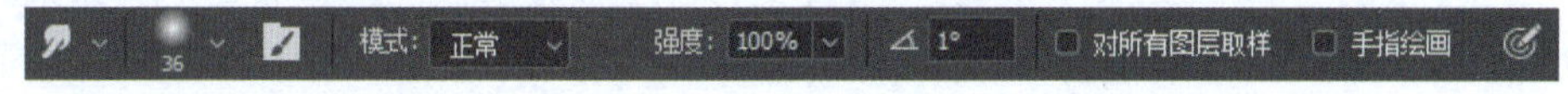

图 4-67

使用涂抹工具技巧如下。

①按 Shift 键并拖动鼠标，将强制涂抹工具以直线方式进行涂抹；按 Ctrl 键，会暂时将涂抹工具切换成移动工具。

②使用数字键可以快速设定强度的百分比，0 代表 100%，1 代表 10%，直接输入两个数字，可以精确设定强度百分比。

③按 Alt 键可以暂时将模糊、锐化、涂抹工具相互切换。

(2) 打开素材“知识要点 - 素材”文件夹中的“13 - 1 - 涂抹 . psd”图像文件，如图 4-68 所示，选择工具栏中的“涂抹工具”，属性栏参数设置如图 4-67 所示，在图像上拖曳鼠标，效果如图 4-69 所示。

图 4-68

图 4-69

4.3.5 减淡、加深和海绵工具

Photoshop 中的减淡、加深和海绵工具如图 4-70 所示。

这 3 种工具的作用分别如下。

图 4-70

- 减淡工具：用来改变图像的亮调与暗调。
- 加深工具：用来改变图像的亮调与暗调。
- 海绵工具：用来调整图像中颜色的浓度。

4.3.5.1 减淡工具和加深工具

(1) 单击工具箱中的“减淡工具”或“加深工具”按钮，属性栏如图 4-71 所示。

图 4－71

①“范围”下拉列表框：用于选择要处理的特殊色调区域，包括“阴影、中间调和高光”三个选项。选中“阴影”选项后，减淡工具（加深工具）只作用于图像的暗调区域；选中“中间调”选项后，减淡工具（加深工具）只作用于图像的中间调区域；选中“亮调”选项后，减淡工具（加深工具）只作用于图像的亮调区域。

②“曝光度”选项：用于调整图像的曝光强度。

（2）打开素材“知识要点－素材”文件夹中的“14－1－减淡.psd”图像文件，如图 4－72 所示，选择工具栏中的“减淡工具”，属性栏参数设置如图 4－71 所示，在图像上拖曳鼠标，效果如图 4－73 所示。

图 4－72

图 4－73

（3）打开素材“知识要点－素材”文件夹中的“15－1－加深.psd”图像文件，如图 4－74 所示，选择工具栏中的“加深工具”，属性栏参数设置如图 4－71 所示，在图像上拖曳鼠标，效果如图 4－75 所示。

图 4－74

图 4－75

使用减淡、加深工具技巧如下。

①按 Shift 键将强制减淡（加深）工具以直线方式进行修改，按 Ctrl 键将暂时使减淡（加深）工具切换成移动工具。

②使用数字键可以快速设定曝光度的百分比。直接输入两个数字，可以精确设定曝光度的百分比。

4.3.5.2 海绵工具

（1）单击工具箱中的“海绵工具”按钮，属性栏如图 4－76 所示。

图 4－76

“模式”下拉列表框中包括“去色、加色”两个选项。

(2) 打开素材“知识要点－素材”文件夹中的“16－1－海绵.psd”的 RGB 模式图像文件，如图 4－77 所示，复制“原图”图层，新图层命名为“去色后”，选择工具栏中的“海绵工具”，属性栏中的“模式”选择“去色”，在图像上拖曳鼠标，效果如图 4－78 所示。

(3) 打开素材“知识要点－素材”文件夹中的“16－1－海绵.psd”的 RGB 模式图像文件，如图 4－77 所示，复制“原图”图层，新图层命名为“加色后”，选择工具栏中的“海绵工具”，属性栏中的“模式”选择“加色”，在图像上拖曳鼠标，效果如图 4－79 所示。

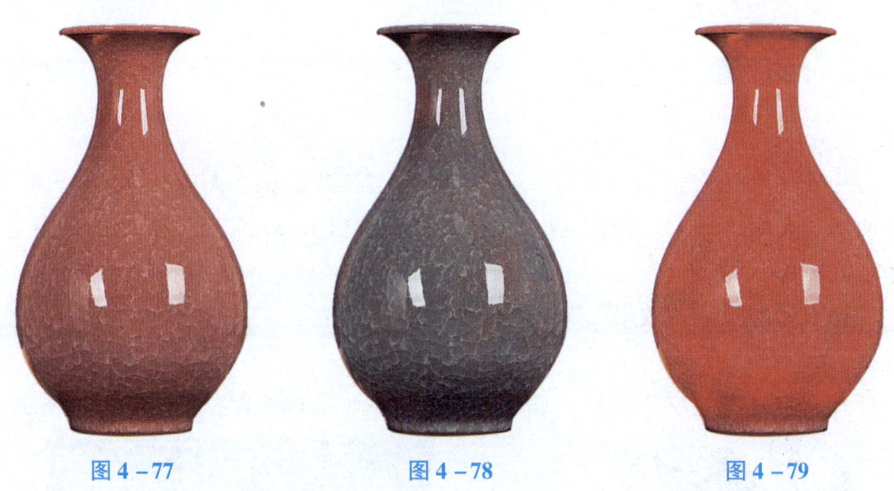

图 4－77　　图 4－78　　图 4－79

4.4 拓展练习

4.4.1 修复蓝莓图像

要求：

(1) 打开图像“拓展练习 1－素材”文件夹中的“蓝莓.jpg”图像文件，如图 4－80 所示。

(2) 去除图 4－80 所示的水印。

(3) 去除图 4－80 所示的散落在桌子上的蓝莓粒。

(4) 去除水印后的图像效果如图 4－81 所示。

操作要点：

(1) 打开文件。

(2) 使用仿制图章工具去除图像的水印和散落在桌子上的蓝莓粒。

(3) 保存文件。

(4) 案例视频见二维码“蓝莓”。

蓝莓

图 4-80

图 4-81

4.4.2 装饰衣服图案

要求：

(1) 打开素材“拓展练习 2-素材”文件夹中的“衣服 2. jpg”图像文件，如图 4-82 所示。

(2) 使用“拓展练习 2-素材”文件夹中的“花素材 1. jpg 或花素材 2. jpg”自定义图案。

(3) 去除图像水印。

(4) 填充衣服图案后的效果如图 4-82 所示。

操作要点：

(1) 打开素材“花素材 2. jpg”，如图 4-83 所示，选取图像，如图 4-84 所示。

图 4-82

图 4-83

(2) 制作自定义图案，如图 4-85 所示。

(3) 打开素材图像“衣服 2. jpg”，用修复工具去除水印效果，如图 4-86 所示。

(4) 选择工具箱中的“魔棒工具”，选中紫色复制到“衣服”新图层上。

(5) 在“图层”面板上新建名为“图案”的图层，选择工具箱中的“图案图章工具”，在“图案”图层上涂抹填充“花图案”，自由变换，旋转，如图 4 – 87 所示。操作“图层”→“创建剪贴蒙版”命令，调整“图案”图层的不透明度为 60%，效果如图 4 – 82 所示。

图 4 – 84

图 4 – 85

图 4 – 86

图 4 – 87

（6）保存文件。

（7）案例视频见二维码“制作衣服”。

制作衣服

4.5 项目考核

项目四考核

学习情境二

图像设计

项目五

图像绘制

PS画笔又称为PS笔刷，是Photoshop中预先定义好的一组图形。画笔的文件格式是.abr，用户看到的任何图像都可以定义为画笔。Photoshop只存储图像的轮廓，用户可以使用任意颜色对图像进行填充。提供画笔的目的是方便用户快速创作复杂的作品，一些常用的设计元素都可以预先定义为画笔。多使用画笔可以提高创作的效率。

学习目标：

通过本项目的学习，掌握使用渐变工具、剪贴蒙版、图层样式、画笔工具、自定义画笔、导入画笔等绘制出丰富多彩的图像。

学习框架：

5.1 学习任务1：制作生肖邮票
5.2 学习任务2：制作海豚吐泡泡
5.3 知识要点
5.4 拓展练习
5.5 项目考核

5.1 学习任务1 制作生肖邮票

知识目标	(1) 掌握渐变工具的使用方法 (2) 掌握画笔工具的使用方法 (3) 掌握图层样式的使用方法
能力目标	(1) 能够熟练运用渐变工具 (2) 能够熟练运用画笔工具 (3) 能够熟练运用图层样式
素质目标	(1) 培养学生运用渐变工具的能力 (2) 培养学生运用画笔工具的能力

续表

素质目标	（3）培养学生运用图层样式的能力 （4）培养细致、耐心完成任务的能力
教学重点	（1）渐变工具的使用 （2）画笔工具的使用 （3）图层样式的使用
教学难点	（1）渐变工具的使用 （2）画笔工具的使用 （3）图层样式的使用
效果展示	学习任务 1 效果图如图 5－1 所示。  图 5－1

5.1.1　任务描述

制作生肖邮票 1 枚。

5.1.2　任务分析

邮票图案是龙，邮票面值为 1.20 元。

5.1.3　任务实施

（1）选择“文件”→“新建”命令创建一个新文件，在弹出的对话框中设置文件名为“5－1－生肖邮票”，文件的“宽度”为 1 200 像素，“高度”为 840 像素，“分辨率”为 150 像素/英寸，“颜色模式”为 RGB，“背景内容”为白色。

（2）在“图层”面板上新建名为“上边框”和“左边框”的图层，前景色设置为黑色。

（3）选择工具箱中的“画笔工具”，画笔设置“笔尖大小”为 26 像素，硬边圆，“间距”为 198%。按 Shift 键的同时水平拖动鼠标，在“上边框”图层上绘制图像，效果如图 5－2 所示。

图 5－2

（4）选择“左边框”图层，按 Shift 键的同时垂直拖动鼠标，在“左边框”图层上绘制图像，效果如图 5－3 所示。

（5）复制“上边框”和“左边框”图层，将“上边框拷贝”图层更名为“下边框”，将“左边框拷贝”图层更名为“右边框”。选中“下边框”和“右边框”图层，按 Ctrl＋T 组合键，水平翻转，垂直翻转，效果如图 5－4 所示。

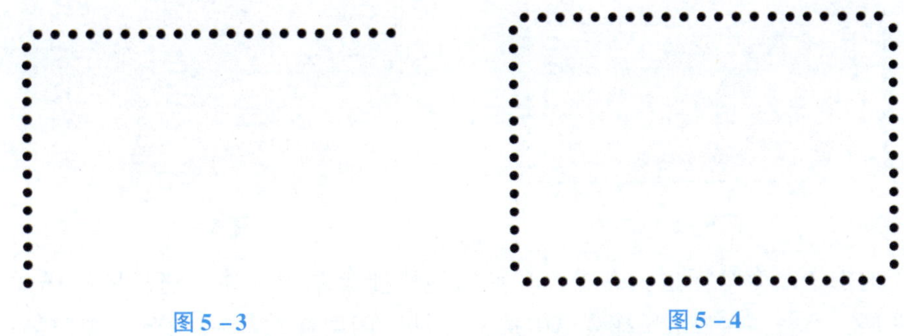

图 5－3　　图 5－4

（6）按 Shift＋Ctrl＋Alt＋E 组合键盖印 4 个边框的图层，新的图层命名为“边框”。

（7）在“图层”面板中，建立图层组，命名为“四边框”，将“上边框”“下边框”“左边框”和“右边框”放到“四边框”图层组中，并隐藏“四边框”图层组。

（8）在“图层”面板上新建名为“白色”的图层，选择工具箱中的“矩形选框工具”，建立选区，在“白色”图层上填充白色，如图 5－5 所示。

图 5－5

（9）操作“选择”→“修改”→“收缩”命令，收缩量设置为 50 像素。

（10）在“图层”面板上新建名为“渐变”的图层，选择工具箱“渐变工具”，属性栏中的“渐变类型”设置为线性渐变，“渐变预设”设置为从前景色到背景色渐变，前景色 RGB（255，232，206），背景色 RGB（251，183，160），从上至下在“渐变”图层上填充渐变色，如图 5－6 所示。

（11）选中“渐变”图层，单击“图层”面板底部的“添加图层样式”按钮，添加“描边”样式，描边颜色 RGB（191，162，146），大小为 2 像素，如图 5－7 所示。

图 5－6

图 5－7

（12）按 Ctrl 键单击“边框”图层的缩览图，如图 5－8 所示。隐藏“边框”图层，选中“白色”图层，按 Delete 键删除选区的图像，取消选区。选中“背景”图层，填充颜色 RGB（255，234，253），边框的效果如图 5－9 所示。

图 5－8

图 5－9

（13）选中“渐变”图层，右击，在弹出的快捷菜单中选择“拷贝图层样式”，选中“白色”图层，右击，在弹出快捷菜单中选择“粘贴图层样式”。“白色”图层描边后的效果如图 5－10 所示。

（14）打开素材文件“龙 . png”，移动至画布中，图层命名为“龙”，调整大小并移至画布中适合位置，如图 5－11 所示。

图 5－10

图 5－11

（15）选择工具箱中的“横排文字工具”，输入“1. 20”和“元”，移至画布中适合的位置，效果如图 5－12 所示，“图层”面板如图 5－13 所示。

图 5－12

图 5－13

（16）选择“文件”→“存储副本”命令，在弹出的“存储副本”对话框中，设置保存类型为 Photoshop（*.PSD；*.PDD；*.PSDT），输入文件名“5－1－生肖邮票.psd”。

（17）选择“文件”→“存储副本”命令，在弹出的“存储副本”对话框中，设置保存类型为 JPEG（*.JPG；*.JPEG；*.JPE），输入文件名“5－1－生肖邮票.jpg”。

5.2 学习任务 2　制作海豚吐泡泡

知识目标	（1）掌握自定义画笔的颜色原理 （2）掌握自定义画笔的存储方法 （3）掌握画笔工具的使用方法
能力目标	（1）能够熟练运用自定义画笔的颜色原理 （2）能够熟练运用自定义画笔的存储方法 （3）能够熟练运用画笔工具
素质目标	（1）培养学生运用自定义画笔的能力 （2）培养学生运用画笔工具的能力 （3）培养细致、耐心完成任务的能力
教学重点	（1）自定义画笔的颜色原理 （2）自定义画笔的使用 （3）画笔工具的使用
教学难点	（1）自定义画笔的颜色原理 （2）自定义画笔的存储 （3）画笔工具的使用
效果展示	学习任务 2 效果图如图 5－14 所示。  图 5－14

5.2.1 任务描述

自定义透明泡泡画笔，应用于制作海豚吐泡泡效果。

5.2.2 任务分析

制作透明泡泡图像，定义为自定义画笔，设置画笔属性，绘制透明泡泡。

5.2.3 任务实施

（1）选择“文件”→“新建”命令创建一个新文件，在弹出的对话框中设置文件名为“5－2－海豚吐泡泡”，文件的“宽度”为100像素，“高度”为100像素，“分辨率”为72像素/英寸，“颜色模式”为RGB，“背景内容”为透明色。

（2）在“图层”面板上新建名为“泡泡”的图层，选择工具箱中的“椭圆选框工具”，建立圆形选区，在“泡泡”图层上填充黑色，如图5－15所示。

图5－15

（3）操作“选择”→“修改”→“收缩”命令，收缩量设置为10像素。

（4）操作“选择”→“修改”→“羽化”命令，羽化半径设置为8像素，按Delete键删除选区图像，效果如图5－16所示。

（5）选择工具箱中的“画笔工具”，设置“笔尖大小”为10像素，柔边圆，前景色设置为黑色，绘制高光，效果如图5－17所示。

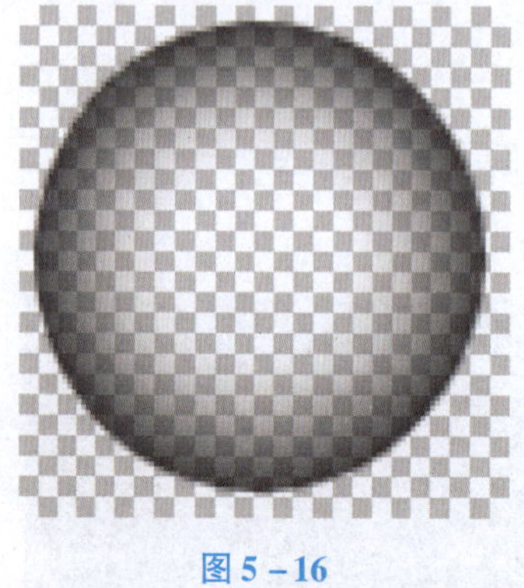

图5－16

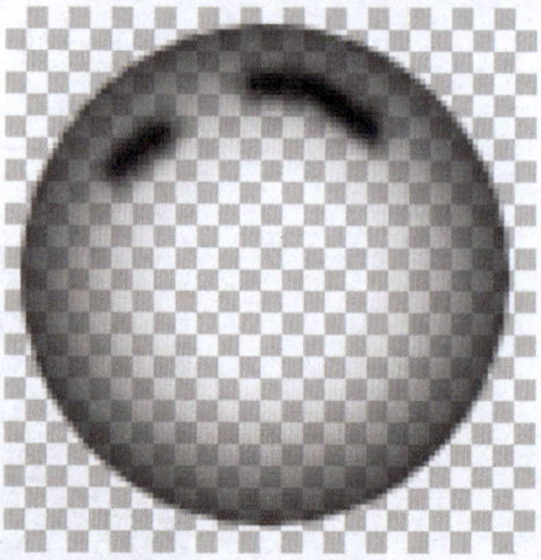

图5－17

（6）操作“编辑”→“定义画笔预设”命令，在弹出的对话框的名称框中输入“泡泡”，如图5－18所示，单击“确定”按钮。

（7）选择“文件”→“存储副本”命令，在弹出的“存储副本”对话框中，设置保存类型为Photoshop（＊.PSD；＊.PDD；＊.PSDT），输入文件名“5－2－透明泡泡.psd”。

（8）打开素材文件“海豚.jpg”，如图5－19所示。

图 5－18

（9）选择工具箱中的“画笔工具”，找到“泡泡”画笔，“画笔笔尖形状”设置如图 5－20 所示，“形状动态”设置如图 5－21 所示，“散布”设置如图 5－22 所示。

图 5－19

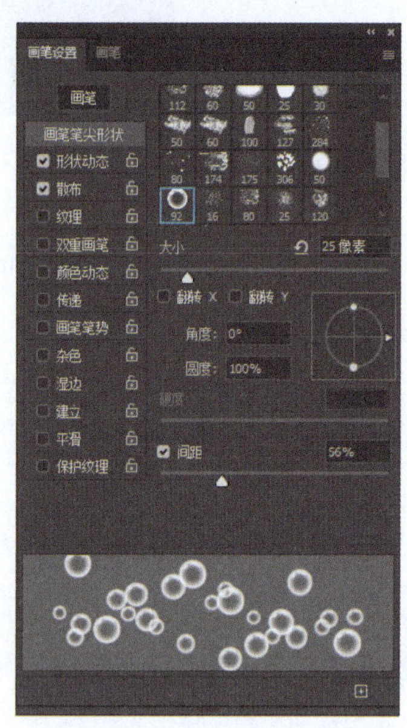

图 5－20

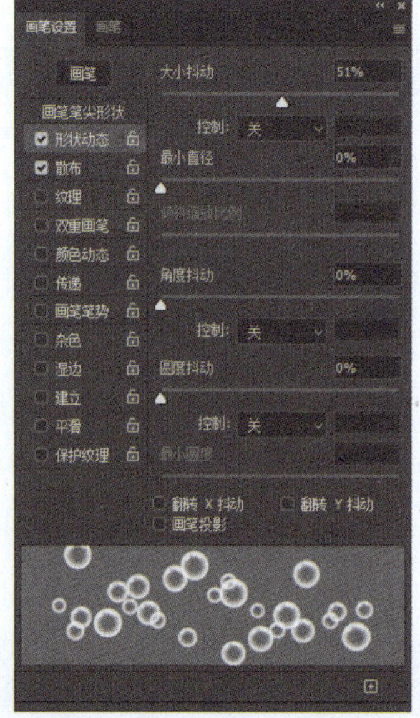

图 5－21

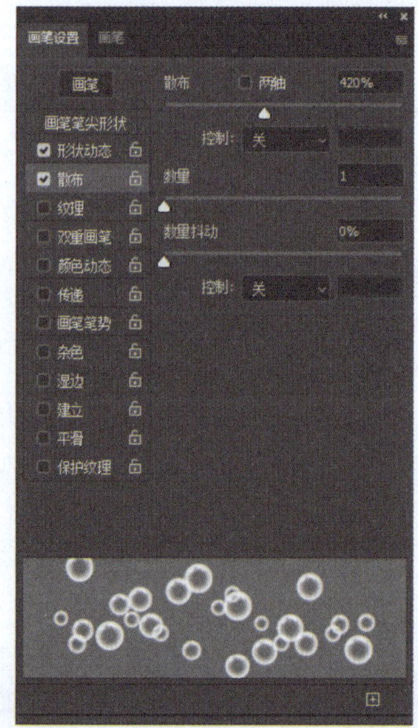

图 5－22

（10）在“图层”面板上新建名为“泡泡”的图层，使用画笔工具拖动鼠标，绘制泡泡，调整“泡泡”图层的不透明度为60%，效果如图5－23所示。

图5－23

（11）选择“文件”→“存储副本”命令，在弹出的“存储副本”对话框中，设置保存类型为Photoshop（＊.PSD；＊.PDD；＊.PSDT），输入文件名“5－2－海豚吐泡泡.psd”。

（12）选择“文件”→“存储副本”命令，在弹出的“存储副本”对话框中，设置保存类型为JPEG（＊.JPG；＊.JPEG；＊.JPE），输入文件名“5－2－海豚吐泡泡.jpg”。

5.3 知识要点

5.3.1 渐变工具

单击工具箱中的“渐变工具”按钮，或反复按Shift＋G组合键来启用渐变工具，属性栏如图5－24所示。

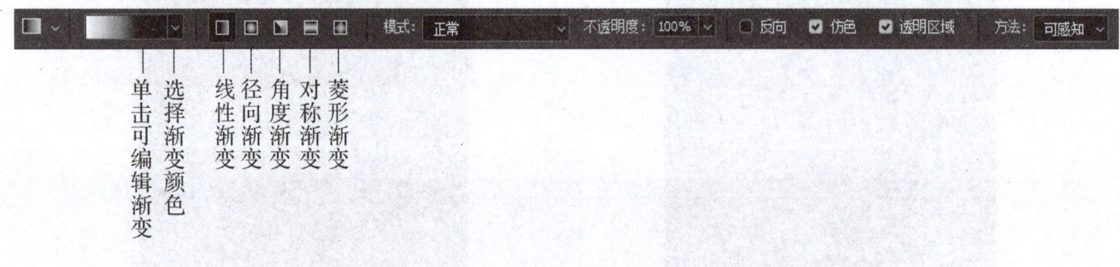

图5－24

（1）单击可编辑渐变：单击时，弹出如图5－25所示的渐变编辑器。

①在“渐变编辑器”对话框中，单击颜色编辑框下方的适当位置，可以增加色标，如图5－26所示。颜色可进行调整，单击对话框下方的“颜色”选项，或双击刚建立的色标，弹出“拾色器（色标颜色）”对话框，在其中选择适当的颜色，如图5－27所示，单击“确定”按钮，颜色即可改变。颜色的位置也可以进行调整，在“位置”选项的文本框中输入数值或直接拖曳色标。

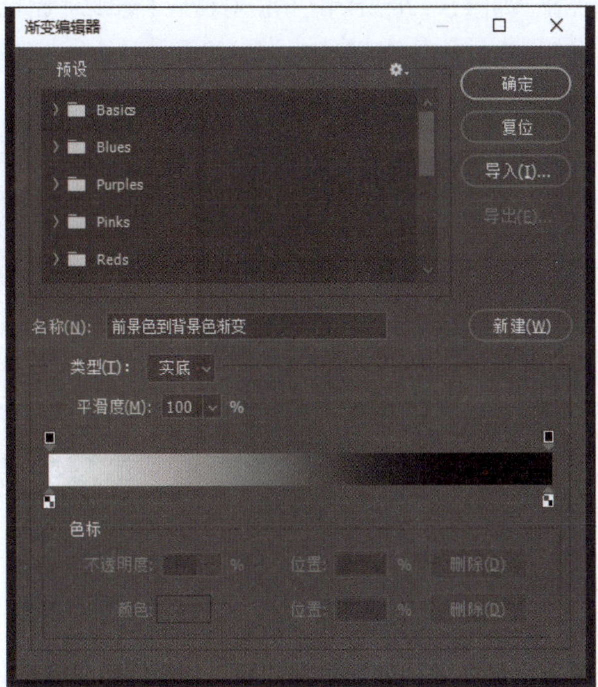

图 5－25

图 5－26

图 5－27

②任意选择一个色标，如图 5－28 所示。单击对话框下方的“删除”按钮，或按 Delete 键，可以将色标删除，如图 5－29 所示。

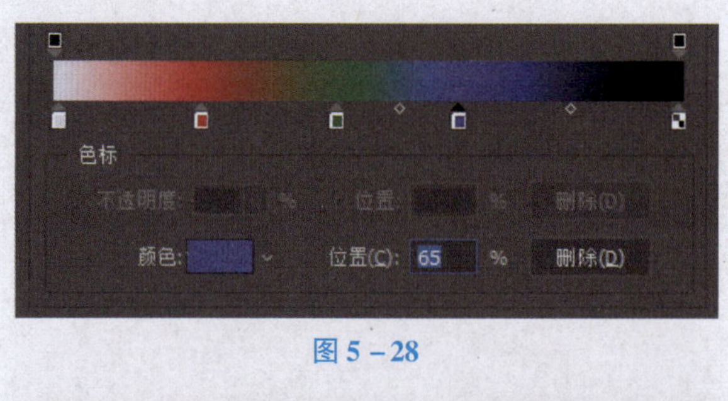

图 5－28

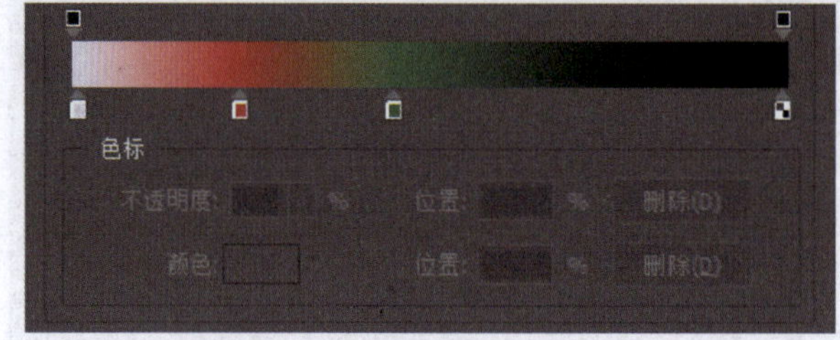

图 5－29

③在“渐变编辑器”对话框中，单击颜色编辑框左上方的黑色色标，如图 5－30 所示，调整“不透明度”选项的数值，可以使开始到结束的颜色都显示为半透明的效果，如图 5－31 所示。

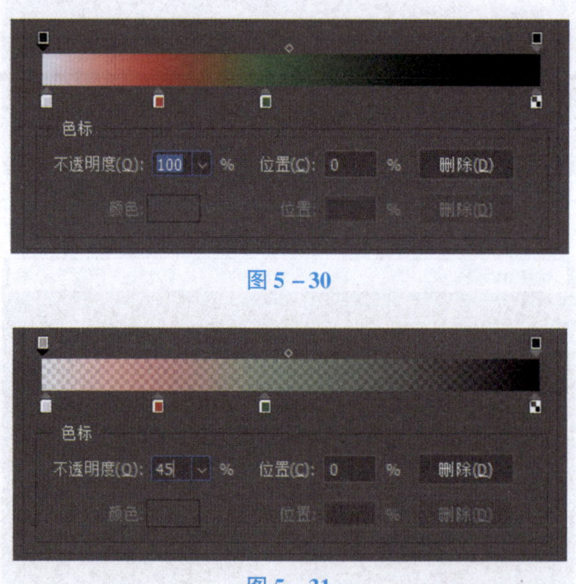

图 5－30

图 5－31

④在“渐变编辑器”对话框中，单击颜色编辑框的上方，出现新的色标，如图 5－32 所示，调整“不透明度”选项的数值，可以使新色标的颜色向两边的颜色过渡并呈现出半透明效果，如图 5－33 所示。如果想要删除新的色标，单击对话框下方的“删除”按钮或按 Delete 键，即可将其删除。

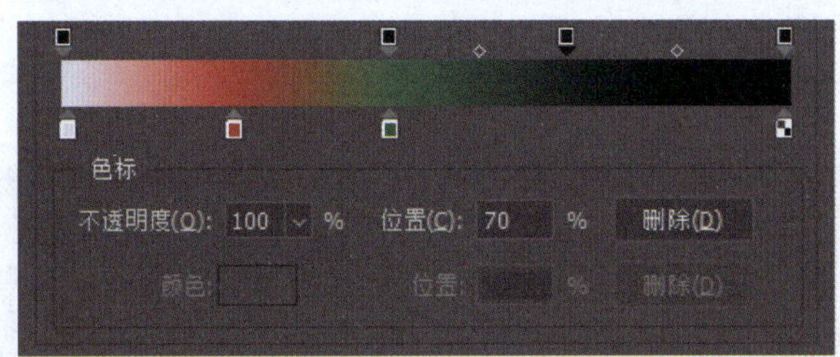

图 5－32

图 5－33

⑤对调整好的渐变，在“名称”文本框中输入“自定义渐变”，如图 5－34 所示，单击“新建”按钮，在预设中可找到“自定义渐变”，如图 5－35 所示。

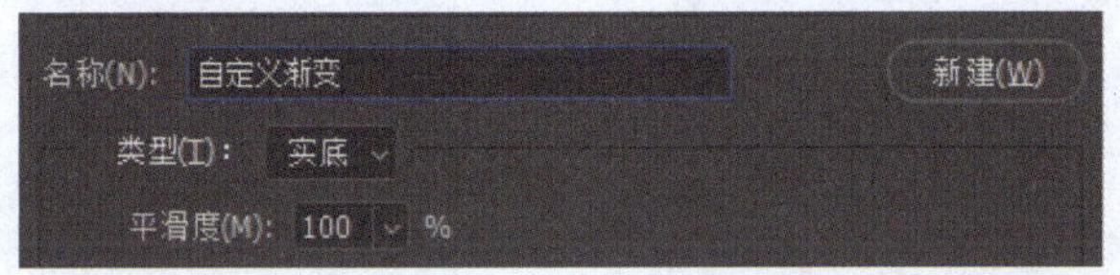

图 5－34

⑥在“预设”中找到“自定义渐变”，右击，在弹出的快捷菜单中选择“导出所选渐变、重命名渐变、删除渐变”等操作。

（2）选择渐变颜色：单击下拉按钮，弹出如图 5－36 所示下拉列表。

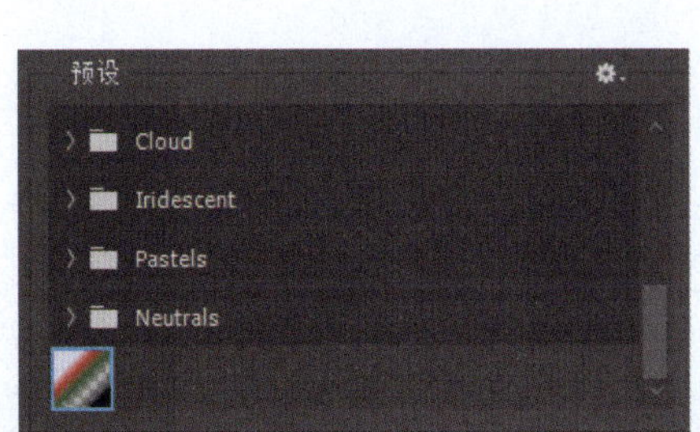

图 5－35

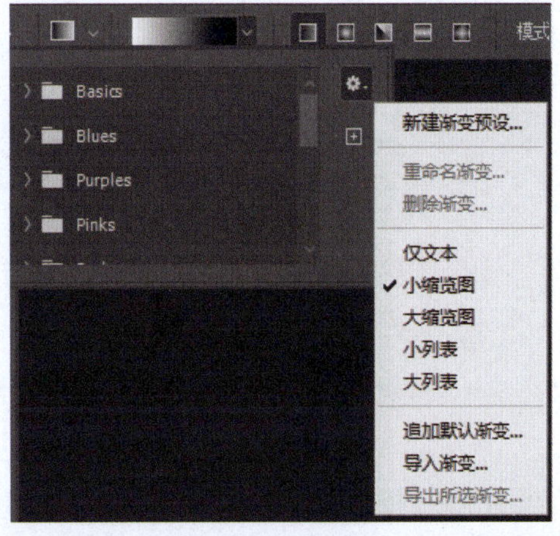

图 5－36

（3）线性渐变：效果如图 5－37 所示。

（4）径向渐变：效果如图 5－38 所示。

图 5－37

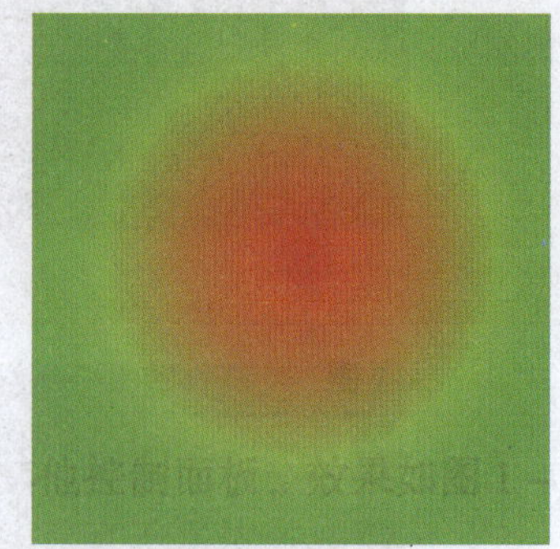

图 5－38

（5）角度渐变：效果如图 5－39 所示。

（6）对称渐变：效果如图 5－40 所示。

图 5－39

图 5－40

（7）菱形渐变：效果如图 5－41 所示。

5.3.2 绘图工具

在 Photoshop 中绘制图像，需要使用工具箱中的画笔工具组，如图 5－42 所示。

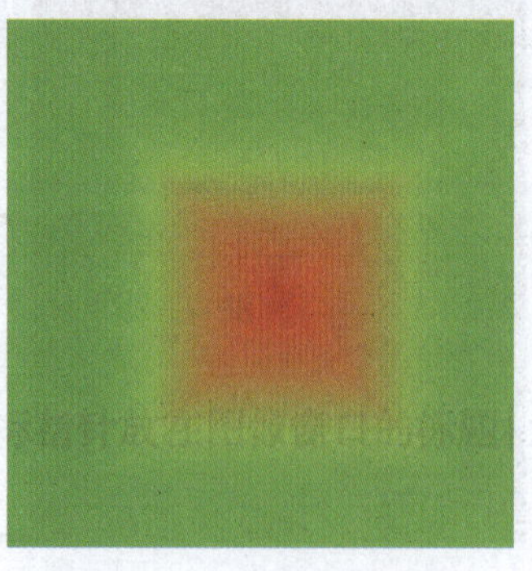

图 5－41

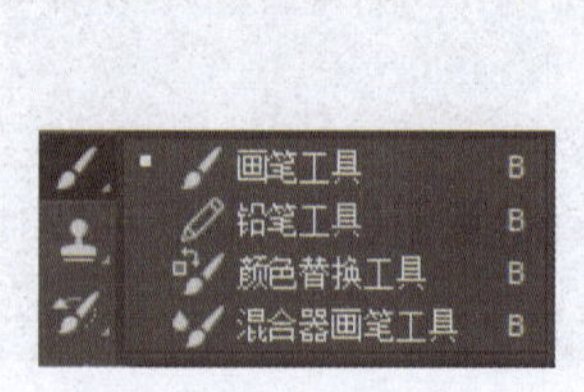

图 5－42

这 4 种工具的作用分别如下。

- 画笔工具：类似于传统的毛笔，可以绘制出各类柔和的线条或一些预先定义好的图案（笔刷）。
- 铅笔工具：可以模拟铅笔的绘画风格，绘制一些无边缘发散效果的线条或图案。
- 颜色替换工具：可以在保留图像纹理和阴影不变的情况下，快速改变图像任意区域的颜色。
- 混合器画笔工具：可以模拟真实的绘画技术，使用前景色并混合图像（画布）上的颜色在图像上进行绘画。

5.3.3　画笔工具

使用不同的画笔形状，设置不同的画笔不透明度和画笔模式。可以绘制出多姿多彩的图像。单击工具箱中的“画笔工具”按钮，或反复按 Shift + B 组合键来启用画笔工具，属性栏如图 5 – 43 所示。

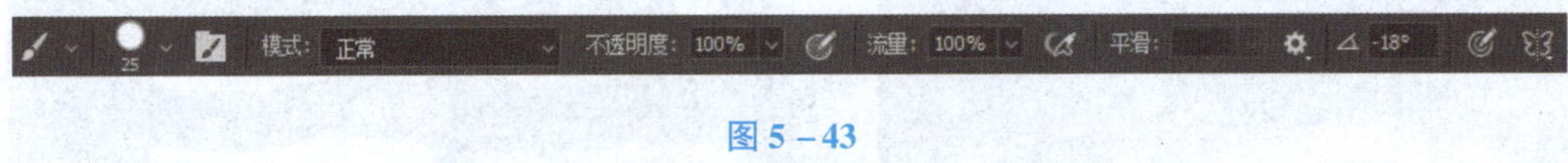

图 5 – 43

（1）画笔预设：用于选择预设的画笔，单击时弹出如图 5 – 44 所示的对话框，可设置画笔大小和硬度。

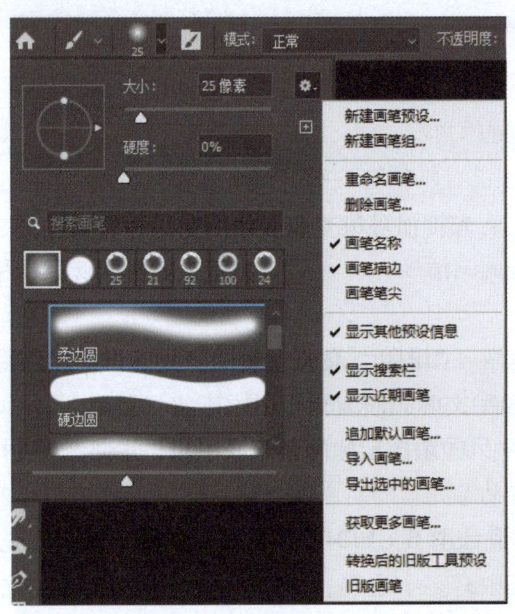

图 5 – 44

（2）画笔设置：单击属性栏中的按钮，或者操作“窗口”→“画笔设置”命令，“画笔设置”面板如图 5 – 45 所示，“画笔”面板如图 5 – 46 所示。

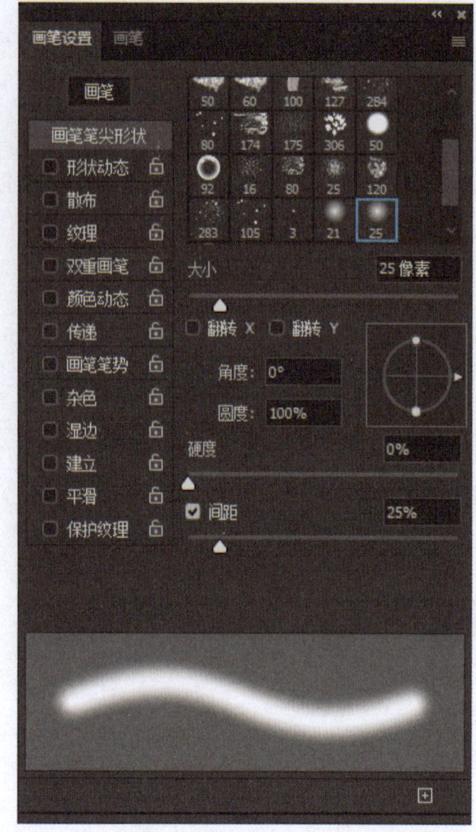

图 5-45

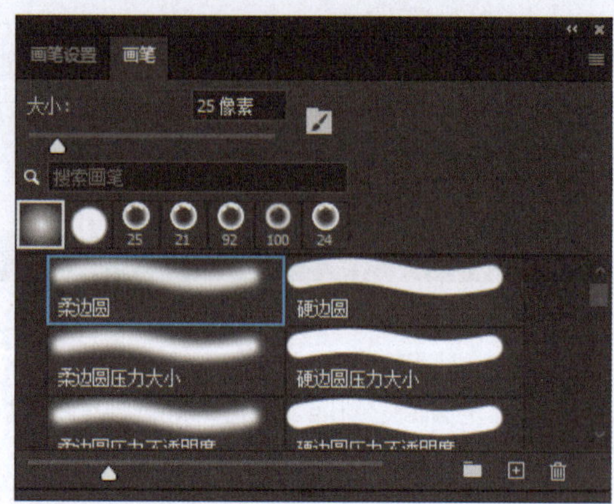

图 5-46

①“画笔笔尖形状”面板：设置画笔笔尖形状。

大小：用于设置画笔的大小。

翻转 X/翻转 Y：用于设置画笔笔尖在 X 轴或 Y 轴上的翻转方向。

角度：用于设置画笔笔尖的倾斜角度。

圆度：用于设置画笔的圆滑度。在右侧的预览效果中可以观察和调整画笔笔尖的角度和圆度。

硬度：用于设置画笔所画图像边缘的柔化程度。硬度的数值用百分比表示。

间距：用于设置画笔画出的标记点之间的距离。

②“形状动态”面板：设置画笔的大小抖动、角度抖动和圆度抖动，如图 5-47 所示。

大小抖动：用于设置动态元素的自由随机度。数值设置为 100% 时，画笔绘制的元素会出现最大自由随机度；数值设置为 0% 时，画笔绘制的元素没有变化。

控制：在其下拉列表中有多个选项，用来控制动态元素的变化。这些选项包括关、渐隐、钢笔压力、钢笔斜度和光笔轮。

最小直径：用来设置画笔标记点的最小直径。

角度抖动-控制：用于设置画笔在绘制线条的过程中标记点角度的动态变化效果。在“控制”选项的下拉列表中有多个选项，这些选项可以用来控制标记点角度抖动的变化。

圆度抖动 - 控制：用于设置画笔在绘制线条的过程中标记点圆度的动态变化效果。在“控制”选项的下拉列表中有多个选项，这些选项可以用来控制标记点圆度抖动的变化。

最小圆度：用于设置画笔标记点的最小圆度。

③“散布”面板：设置画笔绘制的线条中标记点的效果，如图 5 - 48 所示。

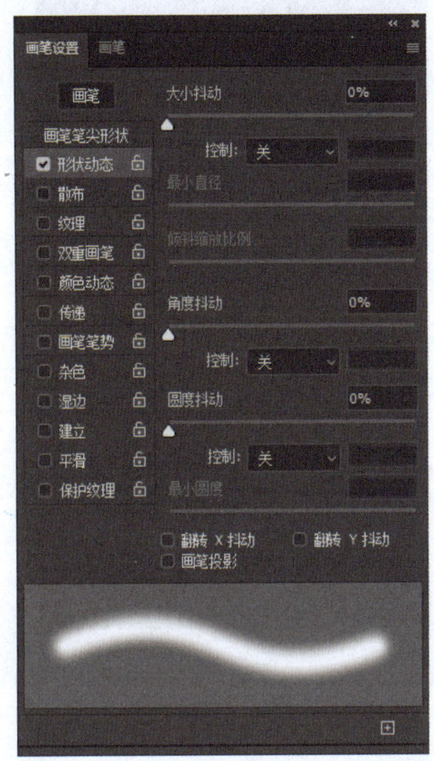

图 5 - 47

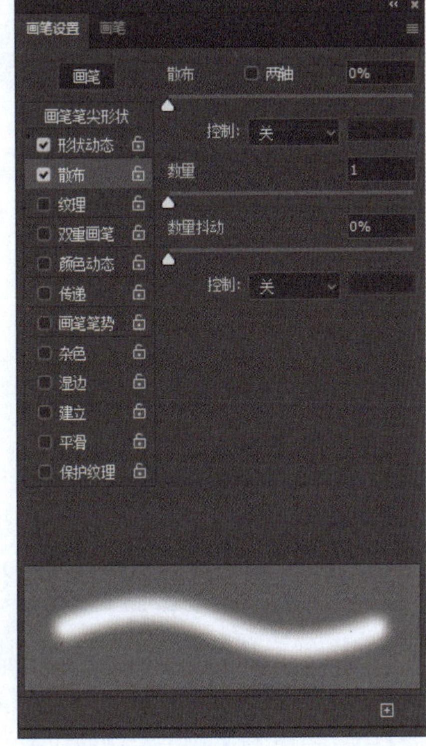

图 5 - 48

散布：用于设置画笔绘制的线条中标记点的分布效果。不勾选“两轴”复选框，则画笔的标记点的分布与画笔绘制的线条方向垂直；勾选“两轴”复选框，则画笔标记点将以放射状分布。

数量：用于设置每个空间间隔中画笔标记的数量。

数量抖动：用于设置每个空间间隔中画笔标记点的数量变化。在“控制”选项的下拉列表中有多个选项，这些选项可以用来控制标记点数量抖动的变化。

④“纹理”面板：用于设置画笔的纹理。

⑤“双重画笔”面板：双重画笔是在一种画笔（主画笔）上增加另一种不同样式的画笔（次画笔），以产生叠加效果。

⑥“颜色动态”面板：设置画笔绘制的过程中颜色的动态变化情况，如图 5 - 49 所示。

前景/背景抖动：用于设置画笔绘制的线条在前景色和背景色之间的动态变化。

色相抖动：用于设置画笔绘制的线条的色相动态变化范围。

饱和度抖动：用于设置画笔绘制的线条的饱和度动态变化范围。

亮度抖动：用于设置画笔绘制的线条的亮度动态变化范围。

纯度：用于设置画笔绘制的线条颜色的纯度。

⑦“传递”面板：用来确定油彩在画笔绘制的线条中的改变方式，如图 5－50 所示。

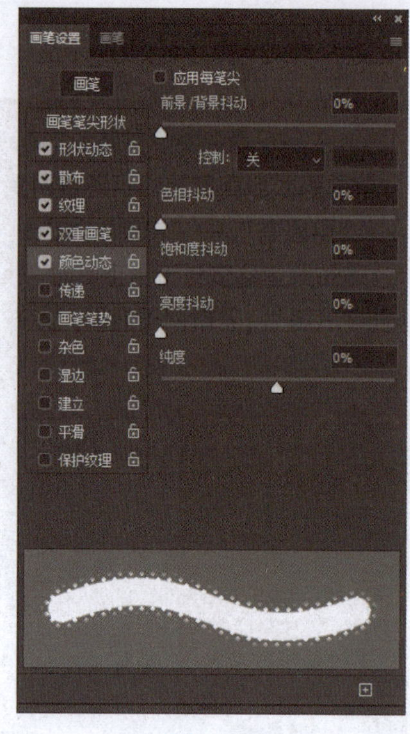

图 5－49

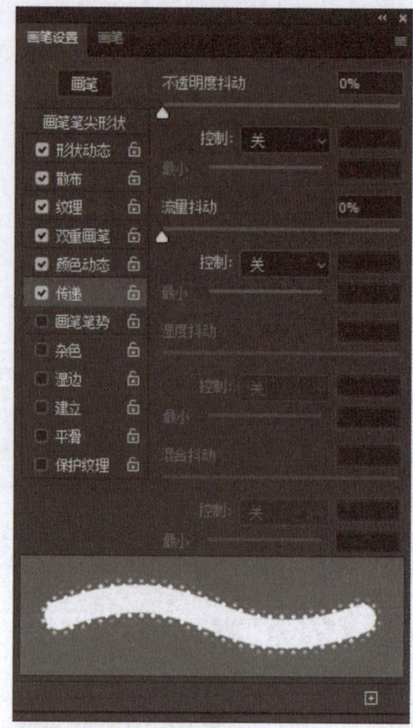

图 5－50

不透明度抖动：用于设置画笔绘制的线条的不透明度的动态变化情况。

流量抖动：用于设置画笔绘制的线条的流畅度的动态变化情况。

5.3.4 铅笔工具

单击工具箱中的“铅笔工具”按钮，或反复按 Shift + B 组合键来启用铅笔工具，属性栏如图 5－51 所示。

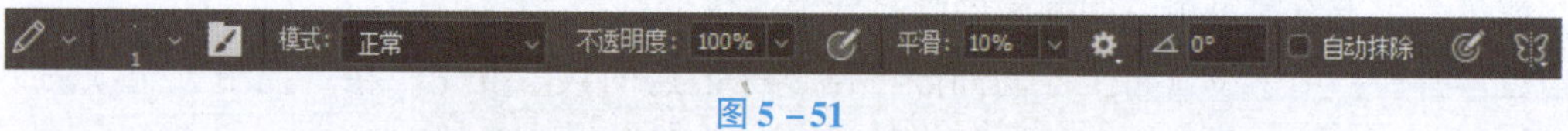

图 5－51

模式、不透明度与画笔属性栏相同。

自动抹除：用于自动判断绘画时的起始点颜色。如果起始点颜色为背景色，则铅笔工具将以前景色进行绘制；反之，如果起始点颜色为前景色，则铅笔工具会以背景色进行绘制。

5.3.5 颜色替换工具

单击工具箱中的“颜色替换工具”按钮，属性栏如图 5－52 所示。

图 5-52

(1) 取样按钮：用来设置如何取样需要替换的颜色。单击“连续”按钮，表示将替换鼠标指针经过处的颜色；单击“一次”按钮，表示只替换与第一次单击处颜色相似的区域；单击“背景色板”按钮，表示只替换与当前背景色相似的颜色区域。

(2) 限制选项：用来设置如何替换与取样颜色相似的颜色。选择“连续”表示只替换鼠标指针经过处区域的颜色；选择“不连续”表示将替换与取样颜色相似的任何位置的颜色；选择“查找边缘”表示将替换包含取样颜色的连接区域。

(3) 容差选项：容差值越大，可替换的颜色范围就越大。

单击工具箱中的“颜色替换工具”按钮，属性栏参数设置如图 5-52 所示，香蕉原图如图 5-53 所示。替换的颜色为 RGB (124, 248, 162)，效果如图 5-54 所示。

图 5-53　　图 5-54

5.3.6　混合器画笔工具

单击工具箱中的“混合器画笔工具”按钮，属性栏的参数设置如图 5-55 所示。

图 5-55

混合器画笔工具能模拟真实的绘画技巧。

5.3.7　历史记录画笔工具

图 5-56

历史记录画笔工具组如图 5-56 所示。

1. 历史记录画笔工具

使用“历史记录画笔工具”可以将图像还原到先前的某个编辑状态，与普通的撤销操作不同的是，图像中未被“历只记录画笔工具”涂抹过的区域将保持不变。

2. 历史记录艺术画笔工具

使用“历史记录艺术画笔工具”可以将图像编辑中的某个状态还原并做艺术化处理，其使用方法与“历史记录画笔工具”完全相同。

5.4 拓展练习

5.4.1 制作胶片

要求：

（1）打开素材“拓展练习 1 – 素材”文件夹中的“狗 1. jpg、狗 2. jpg、狗 3. jpg、狗 4. jpg”图像文件。

（2）效果如图 5 – 57 所示，“图层”面板如图 5 – 58 所示。

图 5 – 57

操作要点：

（1）新建文件。

（2）使用画笔工具绘制边框。

（3）制作矩形占位区域。

（4）打开素材图像，利用剪切蒙版将图像放入矩形占位区域中。

（5）变换图像大小，在矩形占位中显示适合的图像。

（6）保存文件。

（7）案例视频见二维码“胶片”。

胶片

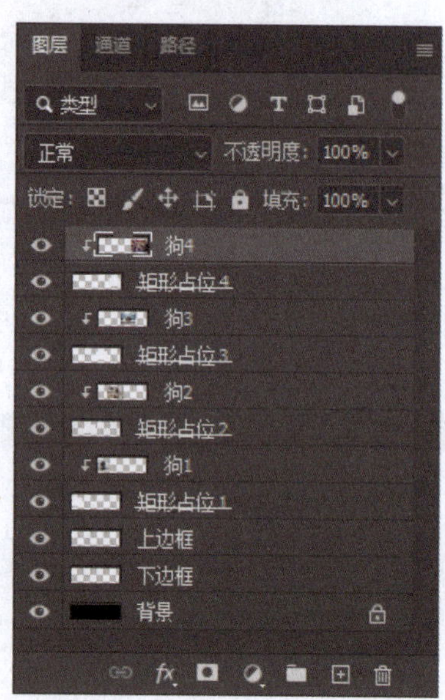

图 5 – 58

5.4.2 制作风景画

要求：

（1）打开素材“拓展练习 2 – 素材”文件夹中的“风景画 . psd”图像文件。

（2）打开素材“拓展练习 2 – 素材”文件夹中的“云 . abr、花 . abr”笔刷文件。

（3）原图效果如图 5 – 59 所示，绘制“白云、花”后的效果如图 5 – 60 所示。

操作要点：

（1）打开素材图像“风景画 . psd”。

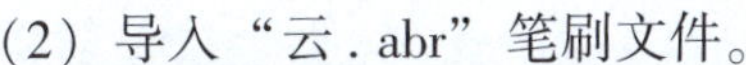

（2）导入“云 . abr”笔刷文件。

图 5－59

图 5－60

（3）在“蓝天”图层上新建“白云”图层。

（4）使用画笔工具，选择如图 5－61 所示的画笔，前景色设置为白色，在“白云”图层上绘制白云效果。

（5）导入“花 . abr”笔刷文件。

（6）在“草地”图层上新建“黄花”图层。

（7）使用画笔工具，选择如图 5－62 所示的画笔，调整画笔参数，设置前景色 RGB（217，230，9），在“黄花”图层上绘制黄花效果。

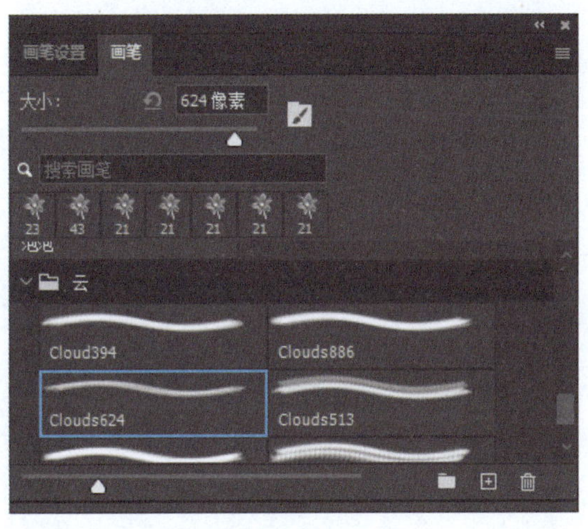

图 5－61

图 5－62

（8）在“黄花”图层上新建“红花”图层，设置前景色 RGB（217，230，9），在“红花”图层上绘制红花效果。

（9）在“红花”图层上新建“白花”图层，设置前景色白色，在“白花”图层上绘制白花效果。

（10）保存文件。

（11）案例视频见二维码“风景画”。

风景画

5.5 项目考核

项目五考核

项目六

图标设计

图标设计是一项非常有趣的艺术，它能够以简约而直观的方式表达出信息和概念，帮助用户迅速理解和识别。一个成功的图标设计应该具备简洁明了、高度可识别性、时代感和个性化的特点。通过精简形状和色彩，在有限的空间内传递出尽可能多的信息，让用户凭直觉就能够理解其所代表的含义，真正起到优化用户体验和提升品牌的作用。

路径是 Photoshop 的重要工具之一，是图标设计时必不可少的工具，是矢量功能的充分体现。路径是定义和编辑图像区域的最佳工具，能够精确定义图像区域，并能将这些区域保存起来，以便以后反复使用。路径占用的空间很小，几乎不给文件增加额外的空间，而且它能在文件之间、文件与其他应用程序之间共享。用户可以利用路径功能绘制线条或曲线，并对绘制后的线条进行填充和描边，从而完成一些绘图工具不能完成的工作。

学习目标：

通过本项目的学习，掌握对钢笔工具、形状工具、“路径”面板的使用。

学习框架：

6.1　学习任务1：制作 Logo 图标
6.2　学习任务2：制作 App 齿轮图标
6.3　知识要点
6.4　拓展练习
6.5　项目考核

6.1　学习任务1　制作 Logo 图标

知识目标	(1) 掌握钢笔工具的使用方法 (2) 掌握添加锚点工具的使用方法 (3) 掌握删除锚点工具的使用方法 (4) 掌握转换点工具的使用方法 (5) 掌握路径选择工具的使用方法

续表

知识目标	(6) 掌握直接选择工具的使用方法 (7) 掌握“路径”面板的使用方法
能力目标	(1) 能够熟练运用钢笔工具 (2) 能够熟练运用添加锚点工具 (3) 能够熟练运用删除锚点工具 (4) 能够熟练运用转换点工具 (5) 能够掌握运用路径选择工具 (6) 能够掌握运用直接选择工具 (7) 能够掌握运用“路径”面板
素质目标	(1) 培养学生运用钢笔工具的能力 (2) 培养学生运用添加锚点工具的能力 (3) 培养学生运用删除锚点工具的能力 (4) 培养学生运用转换点工具的能力 (5) 培养学生学会使用路径选择工具 (6) 培养学生学会使用直接选择工具 (7) 培养学生学会使用“路径”面板 (8) 培养细致、耐心完成任务的能力
教学重点	(1) 钢笔工具的使用 (2) 添加锚点工具的使用 (3) 删除锚点工具的使用 (4) 转换点工具的使用 (5) 路径选择工具的使用 (6) 直接选择工具的使用 (7)“路径”面板的使用
教学难点	(1) 钢笔工具的使用 (2) 转换点工具的使用 (3)“路径”面板的使用
效果展示	学习任务 1 效果图如图 6－1 所示。 图 6－1

6.1.1　任务描述

蔬菜批发中心在线上使用“蔬菜团”微信小程序组织销售蔬菜拼团。制作 Logo 图标，用于小程序上的“蔬菜团”标志图片。

6.1.2　任务分析

由于图标用于“蔬菜团”微信小程序的 Logo 图像，图像大小不可大于 2 MB；使用 PNG 格式保存图像，以保持最佳效果；图片尺寸长和宽等比；主色调是绿色。

6.1.3　任务实施

（1）选择“文件”→“新建”命令创建一个新文件，在弹出的对话框中设置文件名为“6－1－Logo 图标”，文件的“宽度”为 200 像素，“高度”为 200 像素，“分辨率”为 72 像素/英寸，“颜色模式”为 RGB，“背景内容”为白色。

（2）选择工具箱中的“钢笔工具”，绘制如图 6－2 所示的路径。

（3）选择工具箱中的“路径选择工具”“直接选择工具”，调整曲线的弧度平滑，如图 6－3 所示。

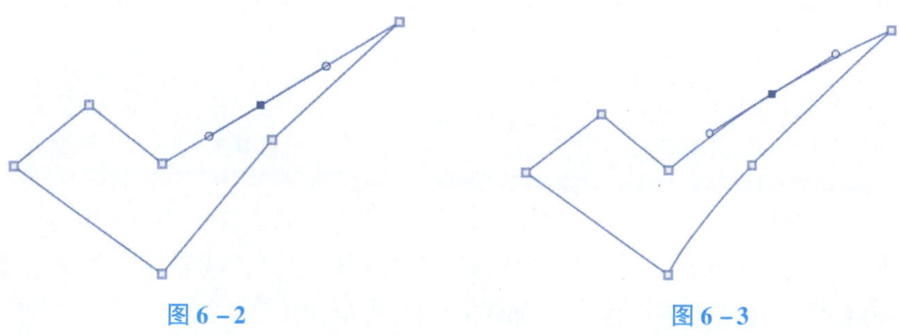

图 6－2　　　　图 6－3

（4）操作“窗口”→“路径”命令，打开“路径”面板，如图 6－4 所示。

（5）选择“工作路径”，拖动至“路径”面板底部的“创建新路径”按钮上，将工作路径保存为名为“对号”的路径，如图 6－5 所示。

图 6－4

图 6－5

（6）设置前景色为 RGB（1，145，58），新建名为“对号”的图层。

（7）在“路径”面板上选择“对号”路径，单击“路径”面板底部的“用前景色填充路径”按钮，图像效果如图 6－6 所示。

（8）在“路径”面板的空白处单击，取消选择“对号”路径，图像效果如图 6－7 所示。

图 6 – 6　　　　图 6 – 7

（9）选择工具箱中的“钢笔工具”，绘制如图 6 – 8 所示的路径。

（10）选择工具箱中的“路径选择工具”“直接选择工具”，调整曲线的弧度平滑，如图 6 – 9 所示。

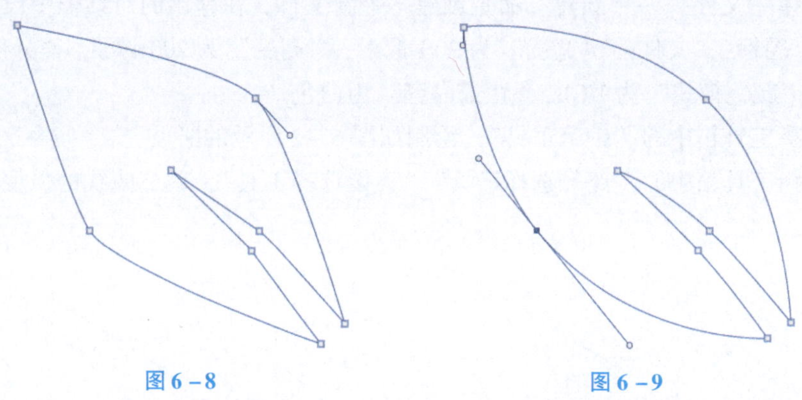

图 6 – 8　　　　图 6 – 9

（11）操作“窗口”→“路径”命令，打开“路径”面板，如图 6 – 10 所示。

（12）选择“工作路径”，拖动至“路径”面板底部的“创建新路径”按钮上，将工作路径保存为名为“蔬菜叶”的路径，如图 6 – 11 所示。

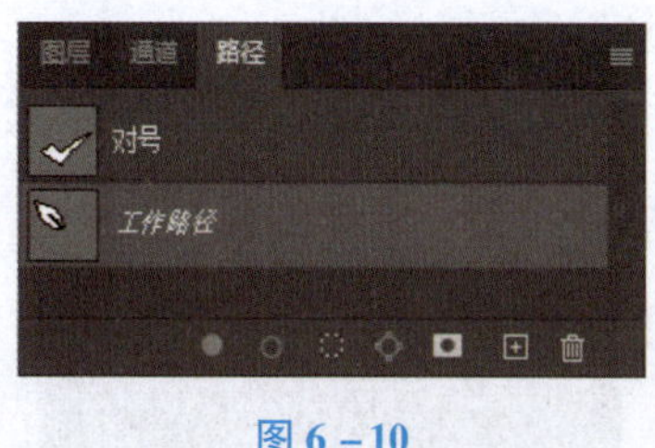

图 6 – 10　　　　图 6 – 11

（13）设置前景色为 RGB（142，194，31），新建名为“蔬菜叶”的图层。

（14）在“路径”面板上选择“蔬菜叶”路径，单击“路径”面板底部的“用前景色填充路径”按钮，图像效果如图 6 – 12 所示。

（15）在“路径”面板的空白处单击，取消选择“蔬菜叶”路径，图像效果如图 6 – 13 所示。

（16）在“图层”面板上复制“蔬菜叶”图层，图层命名为“右蔬菜叶”，水平翻转“右蔬菜叶”图层，调整大小，放入适合位置，如图 6 – 14 所示。

图 6－12　　　　图 6－13

（17）设置前景色为 RGB（1，145，58），填充“右蔬菜叶”图层，效果如图 6－15 所示。

图 6－14　　　　图 6－15

（18）新建“圆环”图层，使用工具箱中的“椭圆选框工具”绘制圆形选区，操作“编辑”→“描边”命令，描边宽度是 10 像素，描边颜色为 RGB（1，145，58），效果如图 6－16 所示。

（19）制作如图 6－17 所示的选区。

图 6－16

图 6－17

(20) 选中“圆环”图层，删除选区内的图像，效果如图 6-1 所示，“图层”面板如图 6-18 所示。

(21) 选择“文件”→“存储副本”命令，在弹出的“存储副本”对话框中，设置保存类型为 Photoshop（*. PSD；*. PDD；*. PSDT），输入文件名“6-1-Logo 图标. psd”。

(22) 隐藏“背景”图层，选择“文件”→“存储副本”命令，在弹出的“存储副本”对话框中，设置保存类型为 PNG（*. PNG；*. PNG），输入文件名“6-1-Logo 图标. png”，如图 6-19 所示。

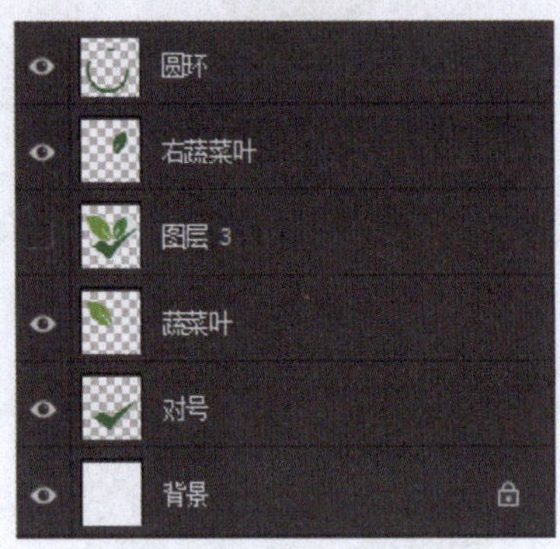

图 6-18

图 6-19

6.2 学习任务 2 制作 App 齿轮图标

知识目标	(1) 掌握钢笔工具的使用方法 (2) 掌握形状工具的使用方法 (3) 掌握渐变工具的使用方法 (4) 掌握剪贴蒙版的使用方法 (5) 掌握“图层”面板的使用方法 (6) 掌握“路径”面板的使用方法
能力目标	(1) 能够熟练运用钢笔工具 (2) 能够熟练运用形状工具 (3) 能够熟练运用渐变工具 (4) 能够掌握运用剪贴蒙版 (5) 能够掌握运用“图层”面板 (6) 能够掌握运用“路径”面板
素质目标	(1) 培养学生运用钢笔工具的能力 (2) 培养学生运用形状工具的能力 (3) 培养学生运用渐变工具的能力 (4) 培养学生运用剪贴蒙版的能力

续表

素质目标	（5）培养学生学会使用“图层”面板 （6）培养学生学会使用“路径”面板 （7）培养细致、耐心完成任务的能力
教学重点	（1）钢笔工具的使用 （2）形状工具的使用 （3）渐变工具的使用 （4）剪贴蒙版的使用 （5）“图层”面板的使用 （6）“路径”面板的使用
教学难点	（1）钢笔工具的使用 （2）形状工具的使用 （3）渐变工具的使用 （4）“路径”面板的使用
效果展示	学习任务 2 效果图如图 6－20 所示。 图 6－20

6.2.1　任务描述

制作应用于手机上的 App 图标。

6.2.2　任务分析

制作图标的画布的长和宽比例为 1∶1，图像存储为 PNG 格式。

6.2.3　任务实施

（1）选择“文件”→“新建”命令创建一个新文件，在弹出的对话框中设置文件名为“6－2－App 齿轮图标”，文件的“宽度”为 200 像素，“高度”为 200 像素，“分辨率”为 72 像素/英寸，“颜齿轮图标色模式”为 RGB，“背景内容”为黑色。

(2) 选择“视图”→“参考线”→“新建参考线”命令，距离左侧和上方 100 像素处创建水平和垂直参考线，选择“视图”→“参考线”→“锁定参考线”命令，将参考线锁定，如图 6-21 所示。

图 6-21

(3) 选择工具箱中的“矩形工具”，属性栏设置如图 6-22 所示，绘制圆角矩形，效果如图 6-23 所示，生成“矩形 1”形状图层，“图层”面板如图 6-24 所示，“路径”面板如图 6-25 所示。

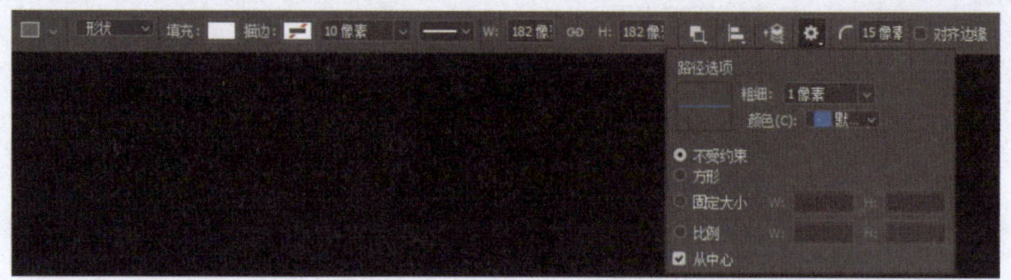

图 6-22

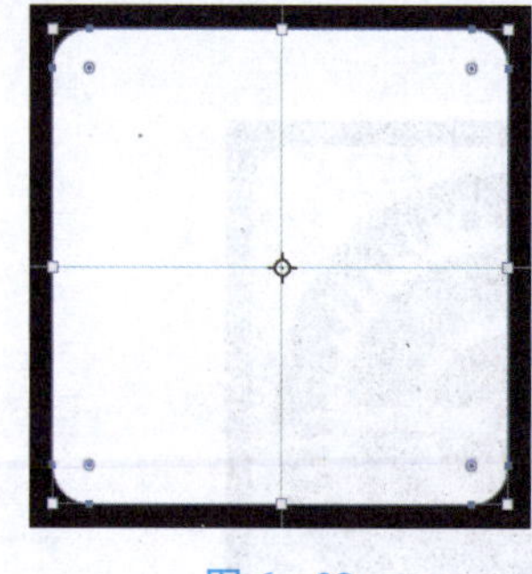

图 6-23

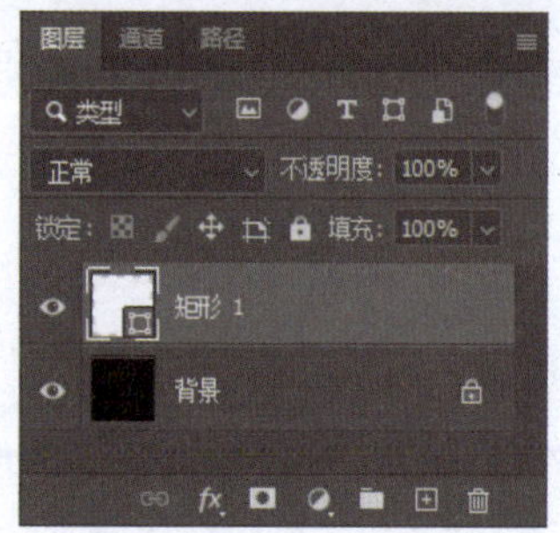

图 6-24

(4) 新建图层，图层名为“图标背景”，选择工具箱中的“渐变工具”，属性栏渐变类型设置为线性渐变，渐变预设设置为从前景色到背景色渐变，前景色 RGB (225, 225, 225)，背景色 RGB (146, 146, 146)，从上至下填充渐变色，如图 6-26 所示。

图 6-25

图 6-26

(5) 选中“图标背景”，操作“图层”→“创建剪贴蒙版”命令，效果如图 6-27 所示，“图层”面板如图 6-28 所示。

图 6－27

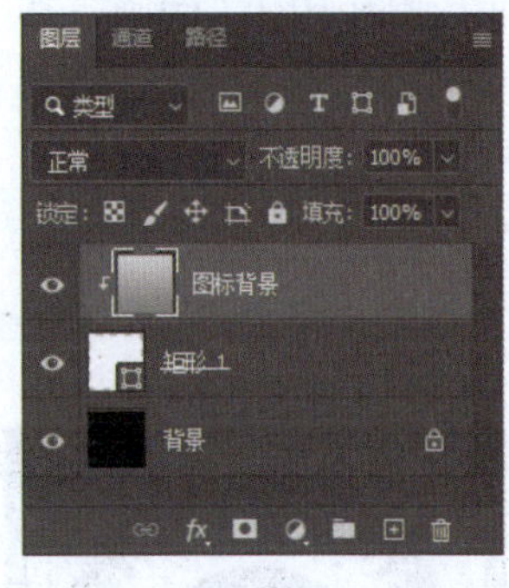

图 6－28

（6）选择工具箱中的“椭圆工具”，在属性栏中，“填充颜色”设置为黑色，“描边颜色”设置为无颜色，中心绘制圆形形状，效果如图 6－29 所示，生成“椭圆 1”形状图层。

（7）选择工具箱中的“三角形工具”，在属性栏中，“填充颜色”设置为白色，“描边颜色”设置为无颜色，绘制如图 6－30 所示的三角形形状，生成“三角形 1”形状图层。

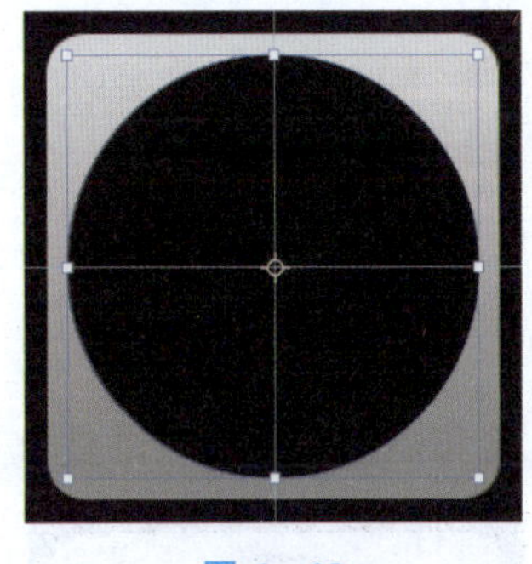

图 6－29

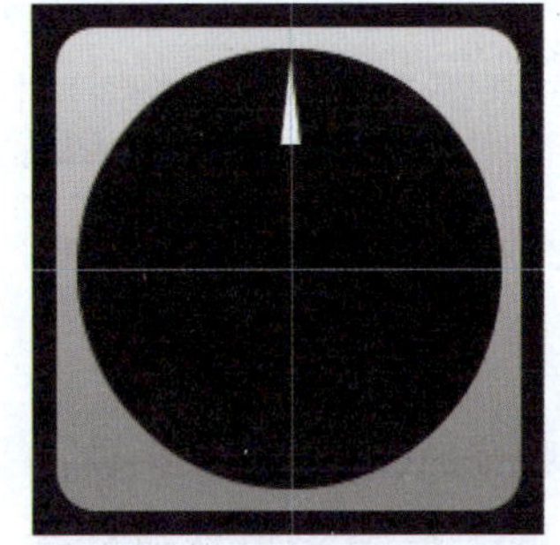

图 6－30

（8）复制“三角形 1”形状图层，自由变换，按 Alt 键的同时单击，将变换中心点移至画布中心，旋转 7.5 度，效果如图 6－31 所示。

（9）按 Shift＋Ctrl＋Alt＋T 组合键，重复操作复制“三角形”且旋转 7.5 度，效果如图 6－32 所示。

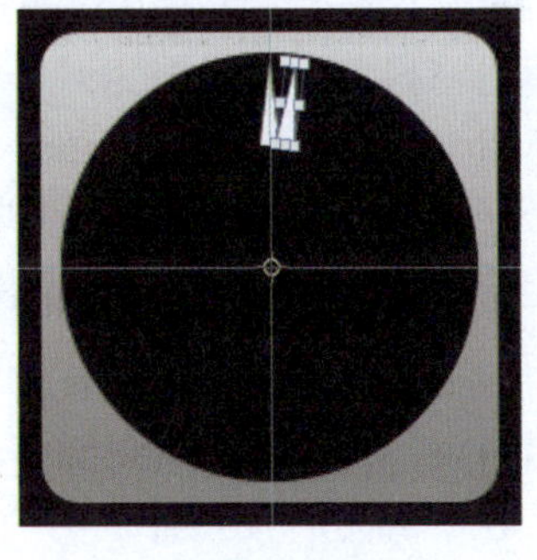

图 6－31

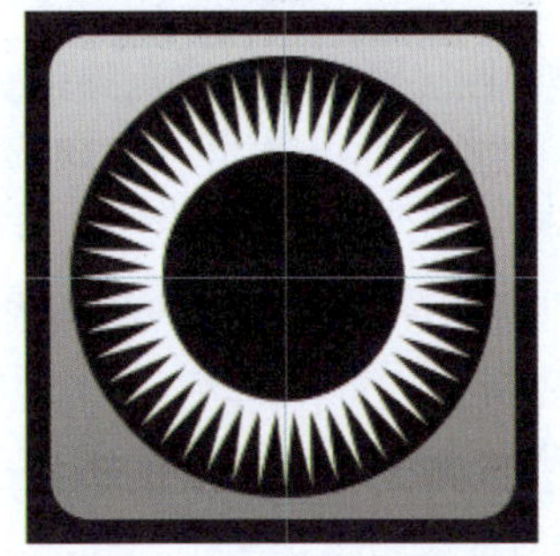

图 6－32

（10）选中所有“三角形”形状图层，操作“图层”→“栅格化”→“图层”命令，将形状图层转换为普通图层，操作“图层”→“合并图层”命令，图层命名为“外齿轮”。

（11）选择工具箱中的“椭圆工具”，在属性栏中，“填充颜色”设置为无颜色，“描边颜色”设置为黑色，“描边宽度”为 6 像素，中心绘制圆形形状，效果如图 6-33 所示，生成“椭圆 2”形状图层。

（12）按 Ctrl 键的同时单击“椭圆 2”形状图层的缩览图创建选区，选中“外齿轮”图层，删除选区内图像，按 Ctrl + D 组合键取消选区，效果如图 6-34 所示。

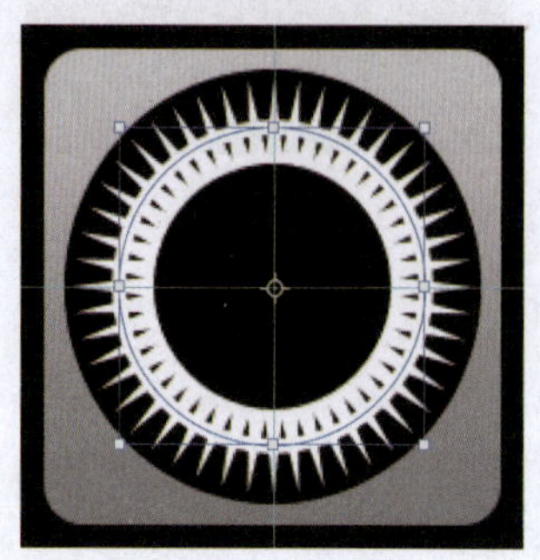

图 6-33

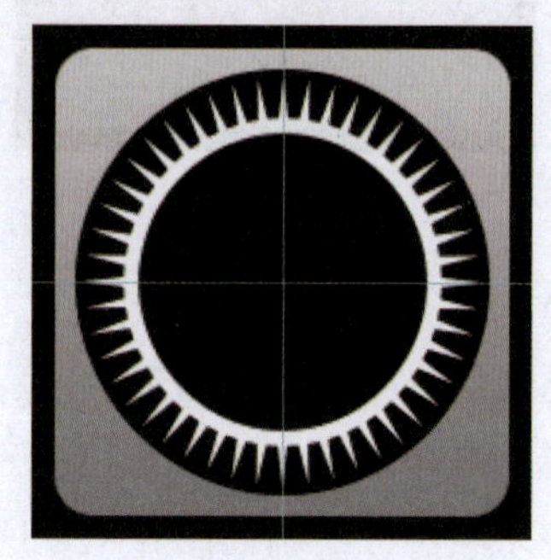

图 6-34

（13）将“椭圆 2”形状图层和“外齿轮”图层放入“外圈齿轮”图层组中，复制“外圈齿轮”图层组，命名为“内圈齿轮”，沿中心等比变换大小，效果如图 6-35 所示。

（14）选择工具箱中的“直线工具”，在属性栏中，“填充颜色”设置为无颜色，“描边颜色”设置为白色，“描边宽度”为 6 像素，绘制效果如图 6-36 所示，生成“直线 1”形状图层。

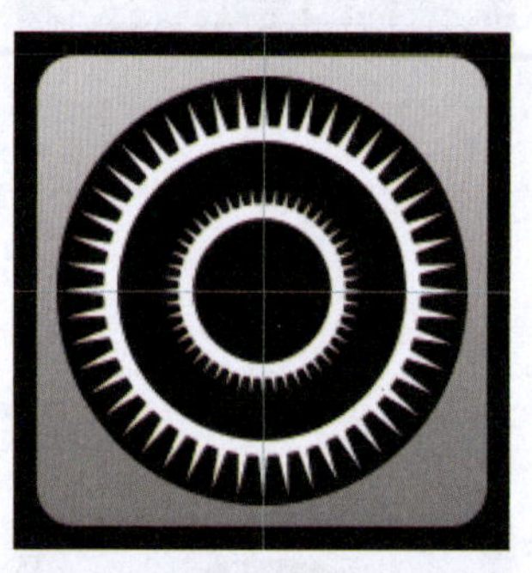

图 6-35

图 6-36

（15）复制“直线 1”形状图层，自由变换，按 Alt 键的同时单击，将变换中心点移至画布中心，旋转 120 度，按 Shift + Ctrl + Alt + T 组合键，重复复制及变换操作，效果如图 6-37 所示。

（16）选中所有“直线”形状图层，操作“图层”→“栅格化”→“图层”命令，将形状图层转换为普通图层，操作“图层”→“合并图层”命令，图层命名为“直线”。

（17）选择工具箱中的“钢笔工具”，在属性栏中，“填充颜色”设置为白色，“描边颜色”设置为无颜色，绘制效果如图 6-38 所示，生成“形状 1”形状图层。

（18）复制 2 次“形状 1”形状图层，自由变换，放入适合位置，如图 6-39 所示。

图 6－37

图 6－38

(19) 选中“形状 1”和 2 个复制的形状图层，操作“图层”→“栅格化”→“图层”命令，将形状图层转换为普通图层，操作“图层”→“合并图层”命令，图层命名为“圆滑直线夹角”。

(20) 圆滑外齿轮和直线的夹角。选择工具箱中的“椭圆工具”，在属性栏中，“填充颜色”设置为红色，“描边颜色”设置为无颜色，绘制圆形形状，效果如图 6－40 所示，生成的形状图层命名为“辅助圆”。

图 6－39

图 6－40

(21) 复制 5 次“辅助圆”形状图层，移到适合位置，选中 6 个“辅助圆”形状图层，操作“图层”→“栅格化”→“图层”命令，将形状图层转换为普通图层，操作“图层”→“合并图层”命令，图层命名为“6 个辅助圆”，效果如图 6－41 所示。

(22) 按 Ctrl 键的同时单击“6 个辅助圆”图层的缩览图创建选区，操作“选择”→“反选”命令，效果如图 6－42 所示。

图 6－41

图 6－42

（23）在“图层”面板上新建名为“圆滑夹角”的图层，设置前景色为白色，选择工具箱中的“画笔工具”，在直线和外齿轮夹角的黑色区域绘制白色区域，效果如图 6－43 所示。

（24）按 Ctrl + D 组合键取消选区，隐藏在“图层”面板上“6 个辅助圆”图层，效果如图 6－44 所示。

图 6－43

图 6－44

（25）按 Shift + Ctrl + Alt + E 组合键盖印白色的所有图层，盖印后的图层名为“齿轮”。

（26）复制“图标背景”图层，将其移至“齿轮”图层上面，命名为“齿轮渐变色”。单击“图层”→“创建剪贴蒙版”命令，制作好的金属质感的齿轮图标如图 6－45 所示。

（27）选择工具箱中的“椭圆工具”，在属性栏中，“填充颜色”设置为黑色，“描边颜色”设置为无颜色，中心绘制圆形形状，效果如图 6－46 所示，生成“椭圆 1”形状图层，命名为“中心圆”形状图层。

图 6－45

图 6－46

（28）选择“文件”→“存储副本”命令，在弹出的“存储副本”对话框中，设置保存类型为 Photoshop（＊.PSD；＊.PDD；＊.PSDT），输入文件名“6－2－App 齿轮图标.psd”。

（29）选择“文件”→“存储副本”命令，在弹出的“存储副本”对话框中，设置保存类型为 PNG（＊.PNG；＊.PNG），输入文件名“6－2－App 齿轮图标.png”，效果如图 6－47 所示。

图 6－47

6.3 知识要点

6.3.1 路径简介

使用工具箱中的“钢笔工具”或“自由钢笔工具”可以绘制任何线条或形状，这些线条称为路径。与铅笔等其他绘图工具所绘制的图形不同，路径是不包含像素的矢量对象，因此，路径与位图图像是分开的，不会打印出来（剪贴路径除外）。路径可以存储，也可以对它填充颜色或者描边。使用路径可以选取复杂的图像，还可以将选取的图像存储为选区。

（1）路径是指用贝塞尔曲线构成的一段闭合或开放的直线或曲线段，它可以是一个点、一条直线或者一条曲线，主要用于绘制光滑线条、选择图像区域以及在选区之间进行转换。路径主要由锚点、方向点、方向线、平滑点、角点等元素组成，锚点用于标记路径段的端点，通过编辑路径的锚点可以修改路径的形状，如图 6－48 所示。

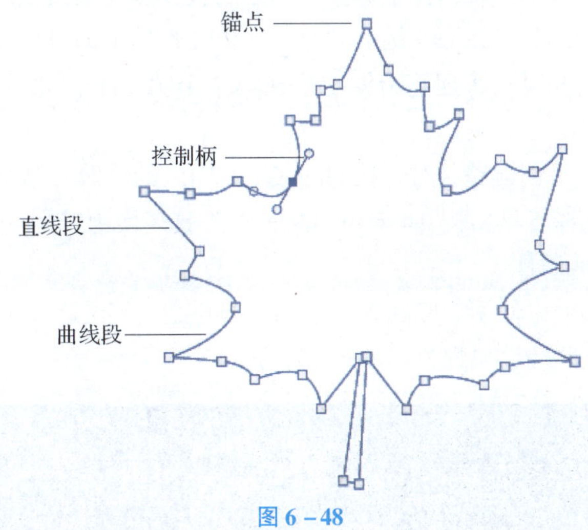

图 6－48

- 锚点：指路径上的点，由钢笔工具创建，是一条路径中两条线段的交点。
- 控制柄：拖动控制柄可以改变曲线的弧度。
- 曲线段：拖动曲线可以创建一条曲线段。

（2）路径的颜色可通过所选工具属性栏的“路径选项”面板来设置，如图 6－49 所示。路径在绘制图像时使用，打印图像时路径不显示。

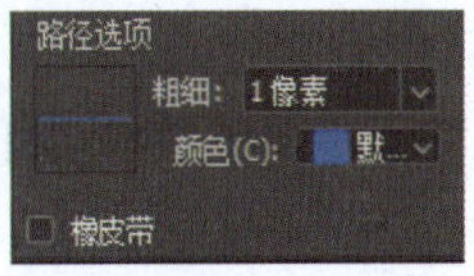

图 6－49

6.3.2 路径的创建与编辑

在 Photoshop 中创建路径需要使用工具箱中的钢笔工具组，如图 6－50 所示。这 6 种工具的作用分别如下。

- 钢笔工具：单击鼠标左键生成锚点来绘制直线路径。

- 自由钢笔工具：按住鼠标左键随意绘制路径，自由生成锚点。
- 弯度钢笔工具：单击鼠标左键生成锚点来绘制曲线路径。
- 添加锚点工具：在路径上添加锚点。
- 删除锚点工具：删除在路径上指定的锚点。
- 转换点工具：将曲线转换为直线或将直线转换为曲线。

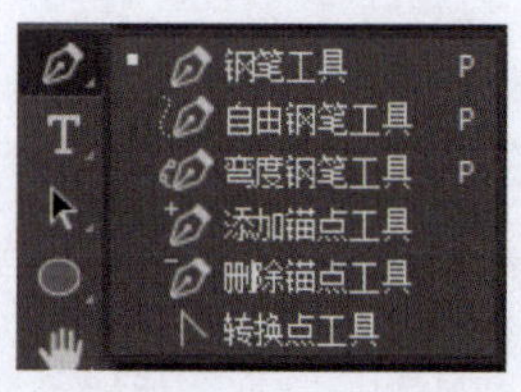

图 6－50

6.3.2.1　钢笔工具

钢笔工具主要用于绘制路径，单击工具箱中的“钢笔工具”按钮，或反复按 Shift＋P 组合键来启用钢笔工具，属性栏如图 6－51 所示。

图 6－51

使用钢笔工具时的技巧如下。

（1）绘制路径时，可单击或拖曳鼠标左键来绘制直线和曲线路径。

（2）要结束开放路径时，按 Ctrl 键的同时，在路径外单击即可。

（3）要结束闭合路径时，将钢笔指针定位在第一个锚点上，此时笔尖旁会出现一个小圆圈，单击即可。

（4）在使用钢笔工具创建路径时，按 Shift 键是以 45°的倍数绘制路径，按 Ctrl 键可以把钢笔工具转换为直接选择工具，按 Alt 键可以将钢笔工具转换为转换点工具。

6.3.2.2　自由钢笔工具

使用自由钢笔工具就像使用铅笔在纸上绘画一样随意，绘制路径时，可自动添加锚点，它可以沿图像边缘生成路径，属性栏如图 6－52 所示。

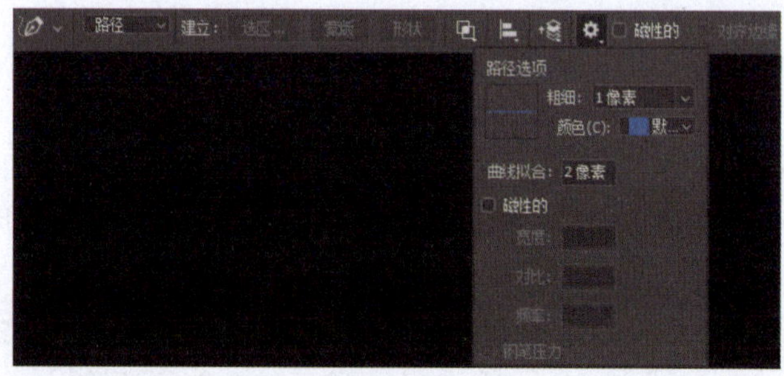

图 6－52

自由钢笔工具属性栏中各选项的具体含义如下。

（1）“曲线拟合”文本框：用于控制路径的圆滑程度，取值范围为 0.5～10 像素。该选项的数值越大，创建的路径锚点越少，路径越圆滑。

（2）“磁性的”复选框：与磁性套索工具组相似，也是通过选区边缘在指定宽度内的不同像素值的反差来确定路径。

（3）“钢笔压力”复选框：在使用钢笔绘图时才起作用。当选该复选框时，钢笔压力的增加将导致宽度减小。

使用自由钢笔工具时的技巧如下。

（1）按 Enter 键结束开放路径。

（2）按 Alt 键并双击，可闭合包含直线段的路径。

（3）双击可闭合包含磁性段的路径。

6.3.2.3　弯度钢笔工具

使用弯度钢笔工具绘制路径时，单击或点按，创建平滑点；双击，创建角点。也就是单击绘制曲线，双击绘制直线。

使用弯度钢笔工具时的技巧如下。

（1）点按锚点时，不会出现调杆。

（2）拖动锚点以调整曲线时，会自动地修改相邻的路径段。

（3）双击锚点，可进行平滑点与角点的转换。

6.3.2.4　添加锚点工具

添加锚点工具用于为创建好的路径添加锚点，通过它可以增强对路径的控制。选择工具箱中的“添加锚点工具”，将鼠标指针移到已完成路径上没有锚点的位置，则指针会成为添加锚点工具，单击鼠标左键。

6.3.2.5　删除锚点工具

删除锚点工具用于从路径中删除锚点，选择工具箱中的“删除锚点工具”，或者在钢笔工具状态下将鼠标指针移到要删除的锚点位置，单击删除一个锚点。

6.3.2.6　转换点工具

选择工具箱中的“转换点工具”，将鼠标指针放在路径上需要更改的锚点上，可以将锚点在平滑点和角点之间转化。

要将直线转成平滑的曲线，使用“转换点工具”选择角点并拖动出方向线，可得到一个平滑点，如图 6－53 所示。

要将平滑的曲线转换成尖凸的曲线，使用“转换点工具”选择方向线中的一个端点并拖动，可得到一个具有独立方向线的角点，如图 6－54 所示。

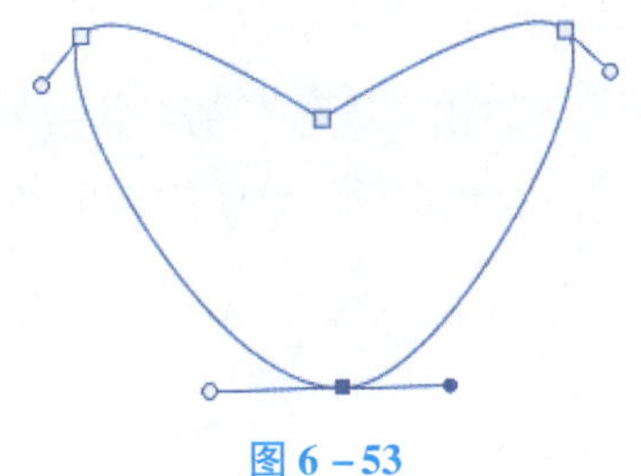

图 6－53

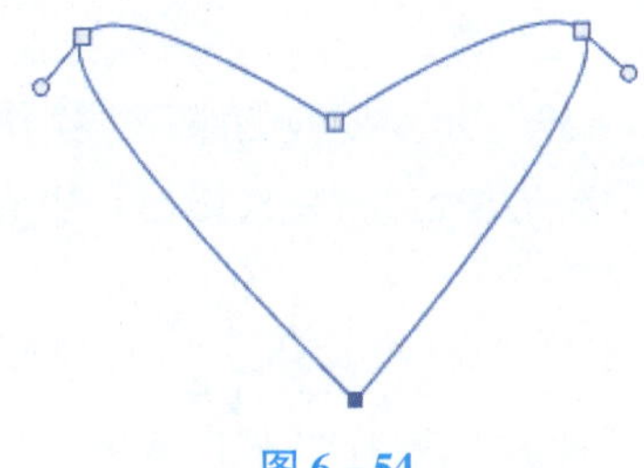

图 6－54

6.3.3　路径的选择与变换

直接使用钢笔工具、自由钢笔工具和弯度钢笔工具绘制的路径很难符合实际的需要，可以通过移动锚点的位置和更改属性来进一步调整路径。

6.3.3.1 选择、移动锚点或路径

在 Photoshop 中选择锚点或路径，需要使用工具箱中的直接选择工具或路径选择工具，如图 6－55 所示。

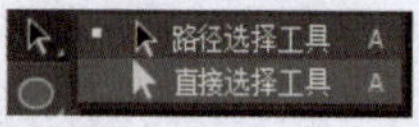

这两种工具的作用分别如下。

图 6－55

- 路径选择工具：单击要选择的路径，即可选中整条路径。
- 直接选择工具：在锚点处单击或框选，可选择锚点。

1. 选择锚点

（1）选择工具箱中的“直接选择工具”，在图 6－56 所示的路径的锚点处单击或框选，则选中的锚点变为实心小正方形，未选中的锚点变为空心小正方形，如图 6－57 所示。

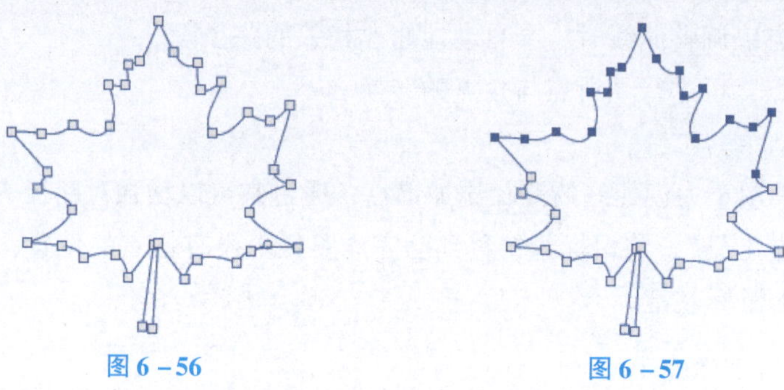

图 6－56　　图 6－57

（2）使用“直接选择工具”选择锚点时，按 Shift 键的同时单击锚点，可以连续选中多个锚点。

2. 选择路径

（1）选择工具箱中的“路径选择工具”，在图 6－56 所示的路径上单击，选中整条路径，此时路径上的全部锚点显示为实心小正方形，如图 6－58 所示。

（2）当前使用的工具是“直接选择工具”，按 Alt 键的同时单击路径，可选中整条路径。

3. 移动锚点或路径

选择工具箱中的“路径选择工具”，在要移动的路径上按住鼠标左键并拖动即可移动锚点，进而移动路径。

6.3.3.2 变换路径

选中图 6－59 所示要变换的路径，操作“编辑”→“自由变换点”命令或按 Ctrl＋T 组合键，对当前所选的路径进行变换操作，如图 6－60 所示，变换路径的菜单如图 6－61 所示。

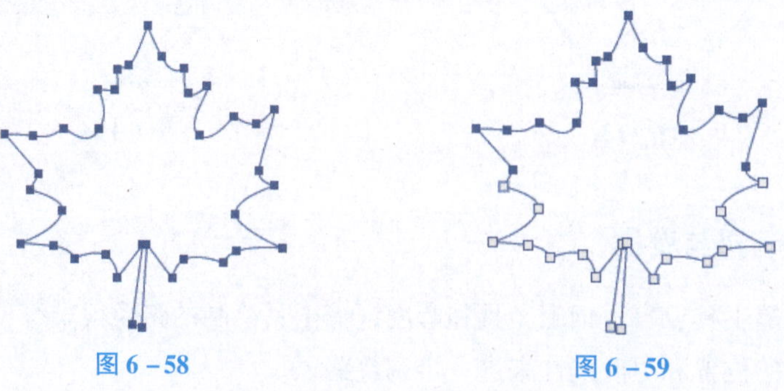

图 6－58　　图 6－59

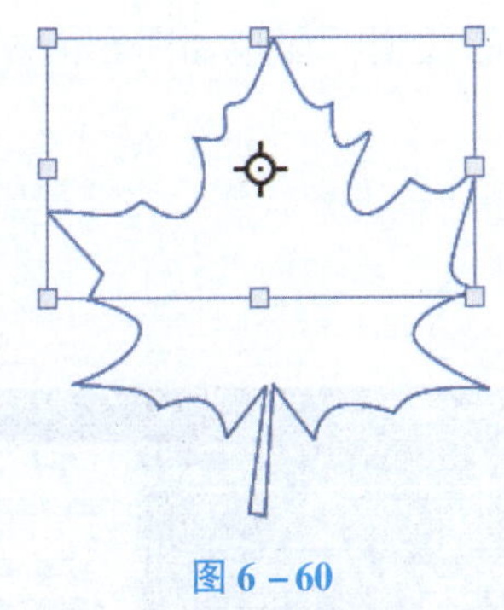

图 6－60

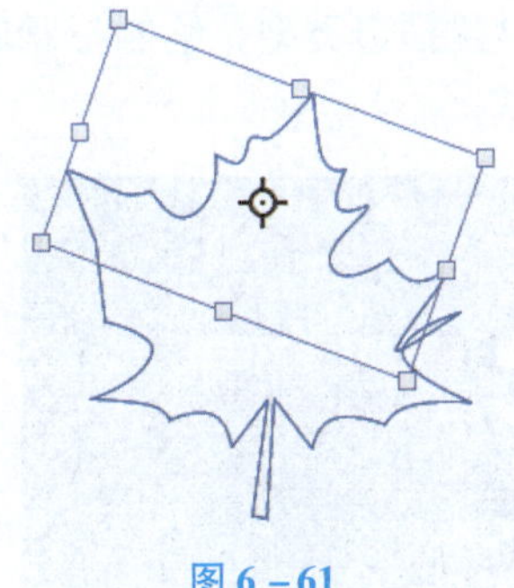

图 6－61

图像中的路径和选区同时存在时，按 Ctrl＋T 组合键，优先选中变换的是路径。变换路径和变换选区不同之处是路径不能操作“扭曲、透视和变形”。

6.3.4　创建路径形状

使用形状工具可在图像中快速绘制直线、矩形、圆角矩形、椭圆形、圆形、多边形等形状，还可以使用钢笔工具编辑自定义形状的属性。Photoshop 中工具箱中的形状工具组如图 6－62 所示。

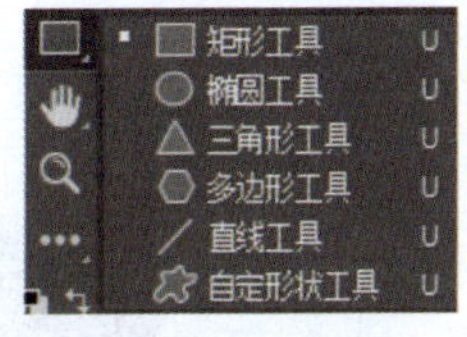

图 6－62

这 6 种工具的作用分别如下。

- 矩形工具：绘制矩形、正方形、圆角矩形的形状。
- 椭圆工具：绘制椭圆形、圆形的形状。
- 三角形工具：绘制三角形的形状。
- 多边形工具：绘制多边形、星形的形状。
- 直线工具：绘制直线的形状。
- 自定义形状工具：绘制预设的多种形状。

6.3.4.1　矩形工具

1. 矩形工具的属性栏（图 6－63）

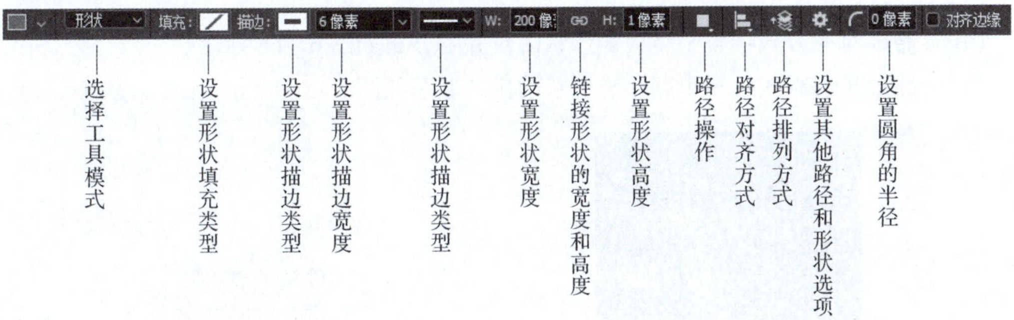

形状　填充：　描边：　6 像素　W：200 像　H：1 像素　0 像素　对齐边缘

选择工具模式　设置形状填充类型　设置形状描边类型　设置形状描边宽度　设置形状描边类型　设置形状宽度　链接形状的宽度和高度　设置形状高度　路径操作　路径对齐方式　路径排列方式　设置其他路径和形状选项　设置圆角的半径

图 6－63

（1）选择工具模式：形状、路径、像素。

（2）设置形状填充类型：绘制形状时设置填充的颜色，面板如图 6－64 所示。

（3）设置形状描边类型：绘制形状时设置描边的颜色，面板如图 6－64 所示。

（4）设置形状描边宽度：绘制形状时输入描边的宽度值。

（5）设置形状描边类型：绘制形状时设置描边的线型，面板如图 6－65 所示，更多选项如图 6－66 所示。

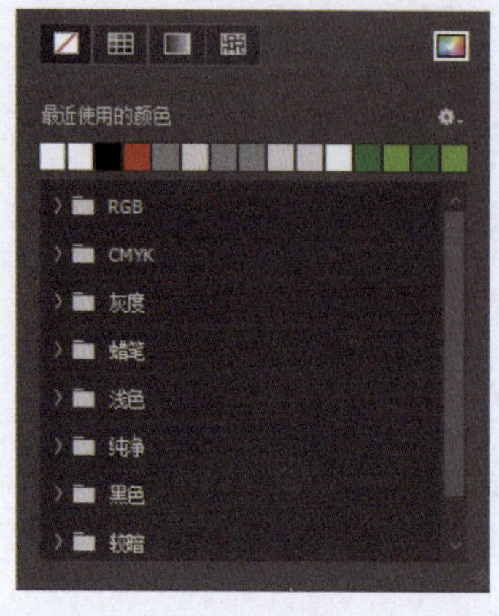

图 6－64

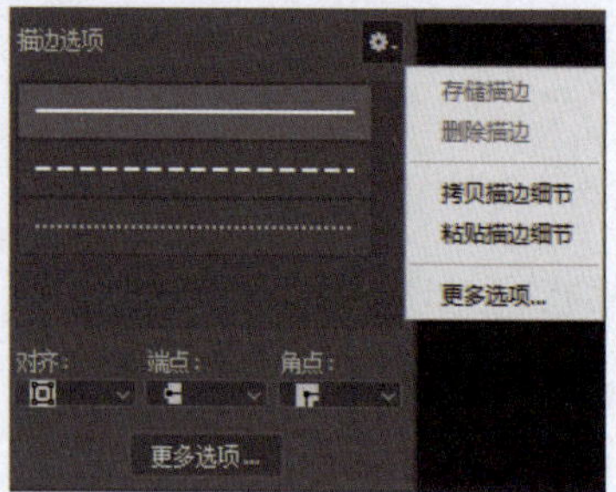

图 6－65

（6）设置形状宽度：绘制形状时输入形状的宽度值。

（7）链接形状的宽度和高度：锁定形状的宽度和高度比。

（8）设置形状高度：绘制形状时输入形状的高度值。

（9）路径操作：绘制多个路径和形状时的运算如图 6－67 所示。

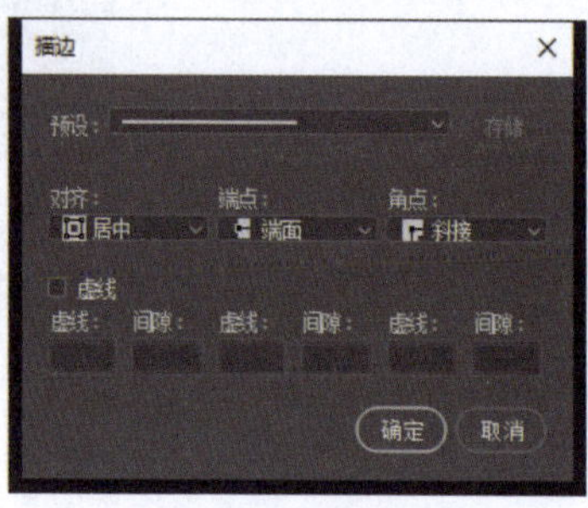

图 6－66

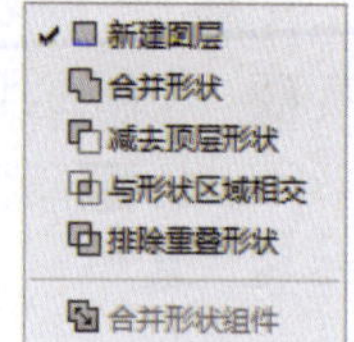

图 6－67

（10）路径对齐方式：多个路径和形状的对齐和分布如图 6－68 所示。

（11）路径排列方式：多个路径和形状的排列顺序如图 6－69 所示。

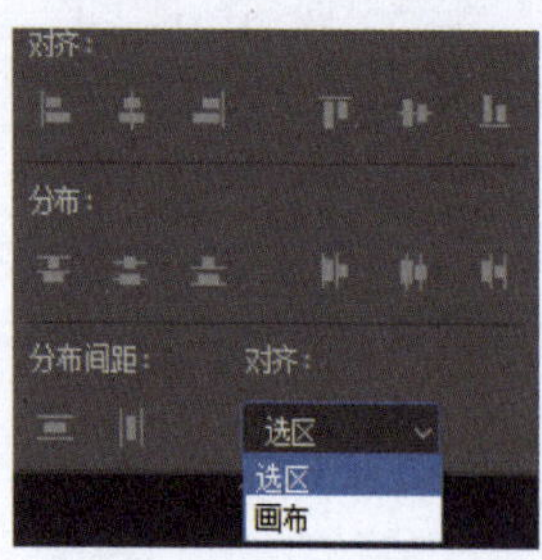

图 6－68

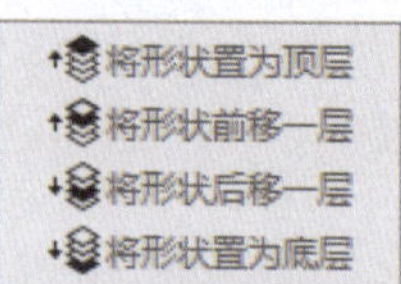

图 6－69

（12）设置其他路径和形状选项：选择不同形状工具时，“路径选项”面板不同，矩形工具的“路径选项”面板如图 6－70 所示。

路径选项的具体含义如下。

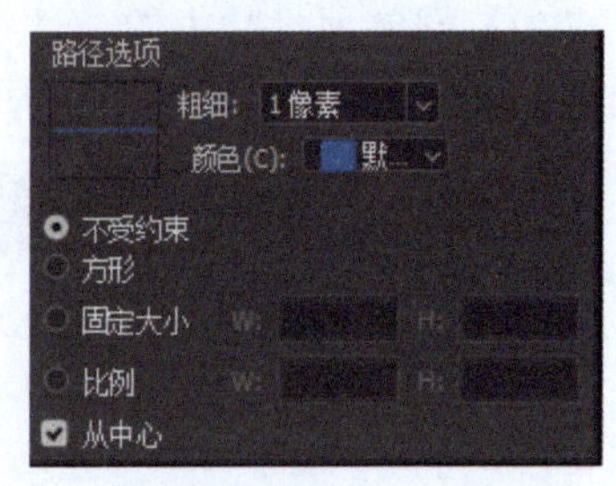

图 6－70

- “不受约束”单选按钮：可绘制任意大小的矩形。
- “方形”单选按钮：可绘制任意大小的正方形。
- “固定大小”单选按钮：在 W 文本框中输入宽度，在 H 文本框中输入高度，可绘制出指定大小的矩形。
- “比例”单选按钮：在 W 文本框和 H 文本框中分别输入水平和垂直比例值，可绘制出指定比例的矩形。
- “从中心”复选框：从中心开始绘制矩形。

（13）设置圆角的半径：绘制矩形形状时，输入圆角半径的值。

2. 矩形工具的使用

矩形工具可绘制出矩形、正方形、圆角矩形的形状、路径或填充图形，要绘制正方形时，按 Shift 键。使用矩形工具绘制前，属性栏中的“选择工具模式”可设置形状、路径和像素。下面分别介绍这 3 种模式。

（1）设置属性栏中的“选择工具模式”为“形状”，其他选项设置如图 6－71 所示，效果如图 6－72 所示，“图层”面板如图 6－73 所示，“路径”面板如图 6－74 所示。将鼠标移至图 6－72 中的“圆角控制点”，光标变化时，拖动形成圆角，如图 6－75 所示；绘制前，可以在属性栏中“设置圆角半径的值”的文框中输入值，值越大，圆角半径越大。

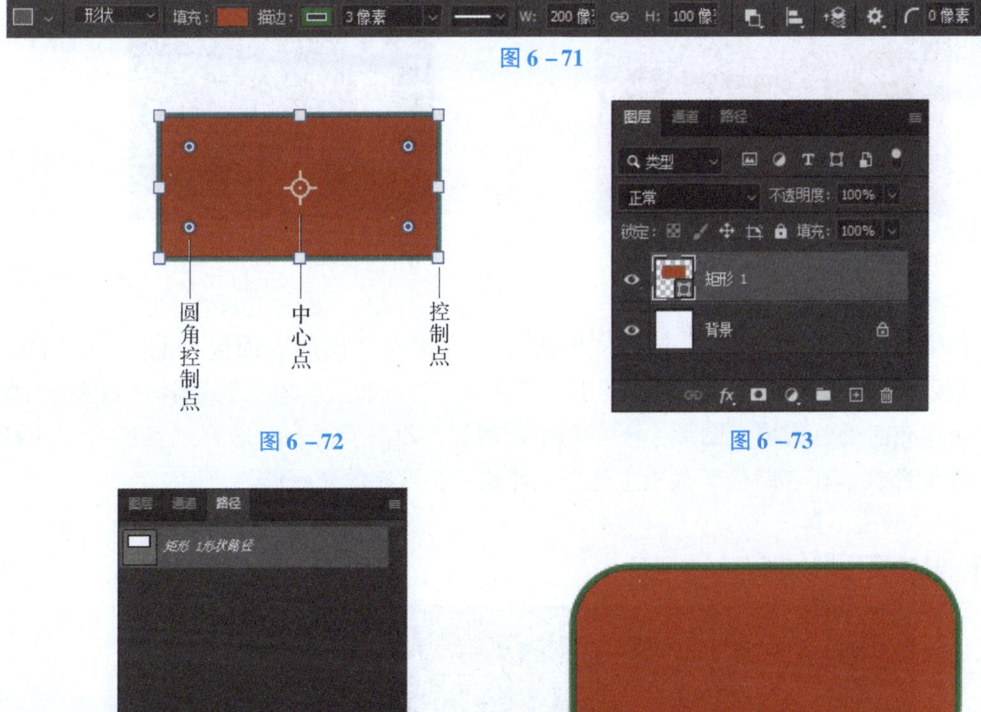

图 6－71

图 6－72

图 6－73

图 6－74

图 6－75

（2）设置属性栏中的“选择工具模式”为“路径”，其他选项设置如图 6－76 所示，效果如图 6－77 所示，“路径”面板如图 6－78 所示。

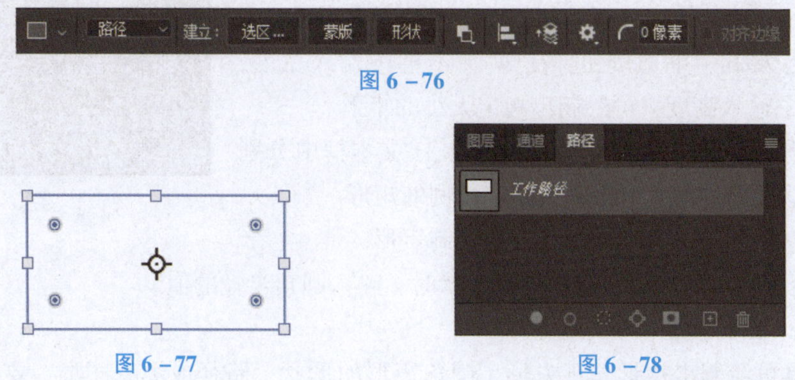

图 6－76

图 6－77

图 6－78

（3）设置属性栏中的“选择工具模式”为“像素”，其他选项设置如图 6－79 所示。在“图层”面板中新建图层，效果如图 6－80 所示，“图层”面板如图 6－81 所示。

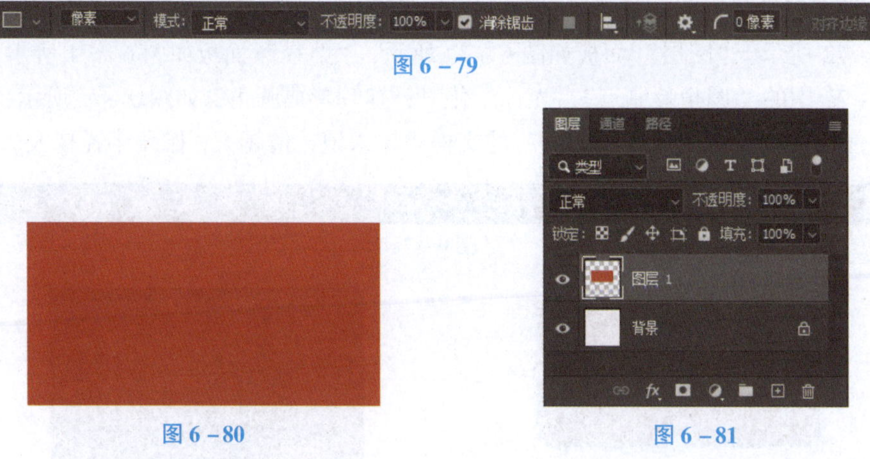

图 6－79

图 6－80

图 6－81

3. 3 种选择工具模式的不同点

属性栏中的“选择工具模式”选择“形状”，绘制后在“图层”面板上生成形状图层，“路径”面板上生成形状路径，有填充图形，有路径；“选择工具模式”选择“像素”，在图层上绘制填充前景色的填充图形，不自动生成图层，没有路径；“选择工具模式”选择“路径”，绘制路径，在“路径”面板上生成工作路径，没有填充图形。

6.3.4.2 椭圆工具

椭圆工具的属性栏如图 6－82 所示。

图 6－82

使用椭圆工具可以绘制椭圆形、圆形、路径或填充图形。绘制圆形时，按 Shift 键。其他属性栏与矩形工具类似。

6.3.4.3　三角形工具

三角形工具的属性栏如图 6－83 所示。

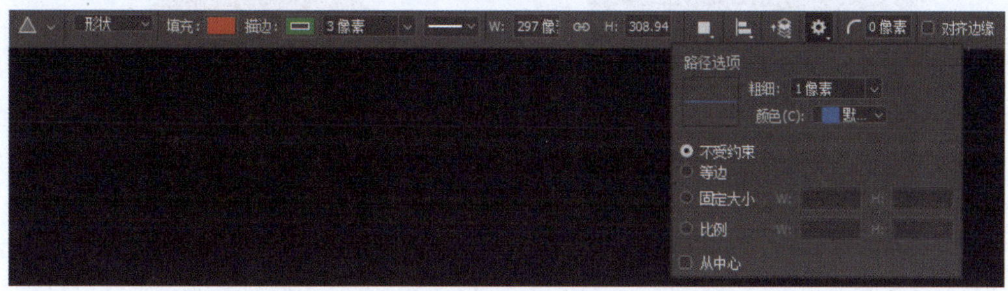

图 6－83

三角形工具可以绘制三角形、圆角三角形、路径或填充图形。其他属性栏与矩形工具类似。

6.3.4.4　多边形工具

（1）多边形工具的属性栏如图 6－84 所示。

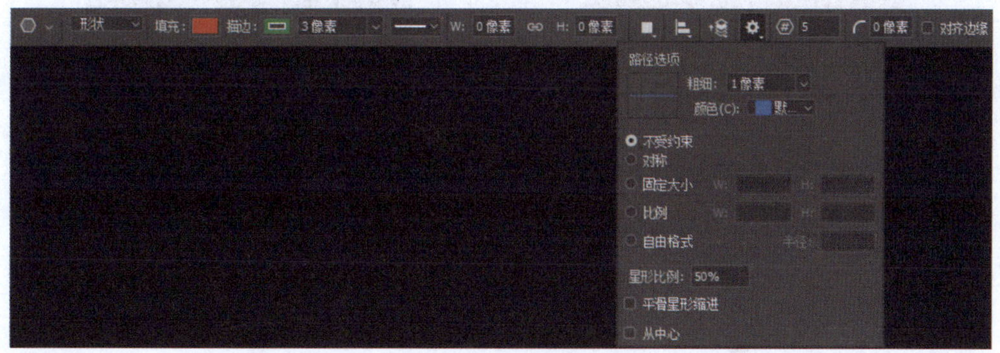

图 6－84

（2）多边形工具可以绘制各种正多边形，如正三角形、正五角星等的形状、路径或填充图形。多边形工具可以在属性栏设置绘制图形的边数，其他属性栏同矩形工具类似。

（3）选择工具箱中的“多边形工具”，单击画布，弹出如图 6－85 所示的对话框，设置各选项的值，单击“确定”按钮，效果如图 6－86 所示。拖动圆角控制点，得到圆角五边形，效果如图 6－87 所示。

（4）选择工具箱中的“多边形工具”，单击画布，弹出如图 6－88 所示的对话框，设置各选项的值，单击“确定”按钮，效果如图 6－89 所示。勾选“平滑星形缩进”，效果如图 6－90 所示。

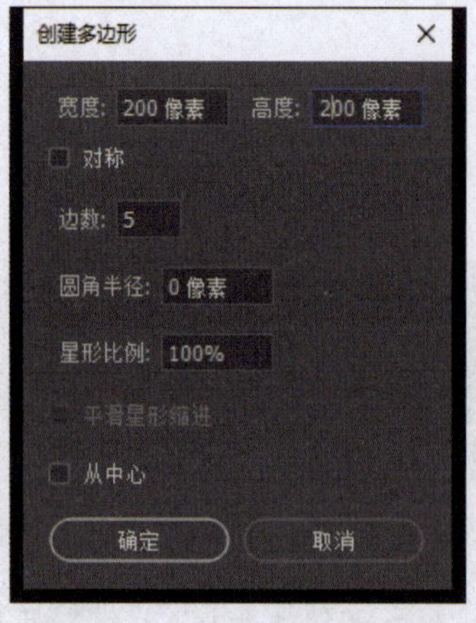

图 6－85

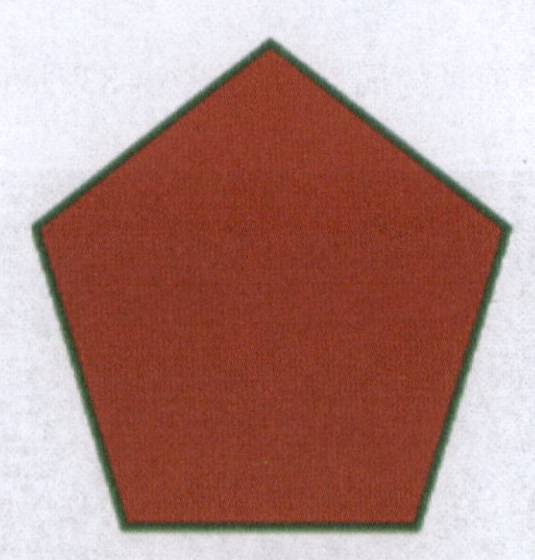

图 6－86

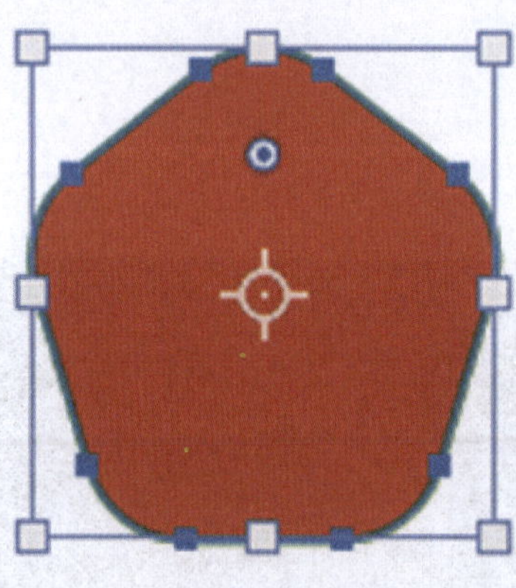

图 6－87

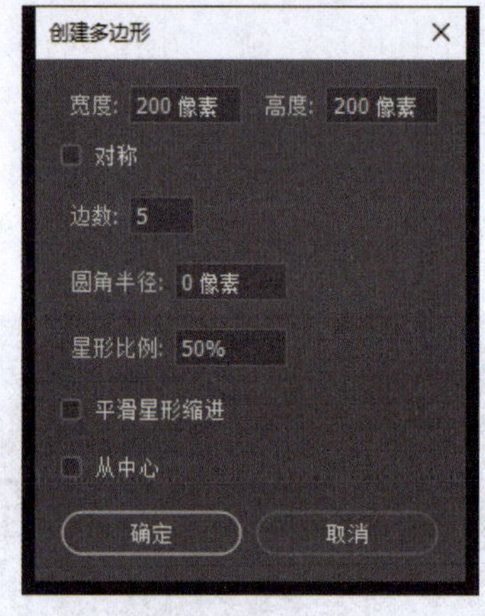

图 6－88

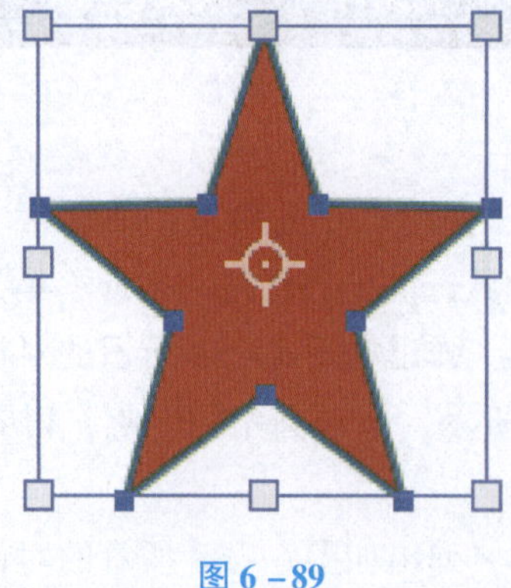

图 6－89

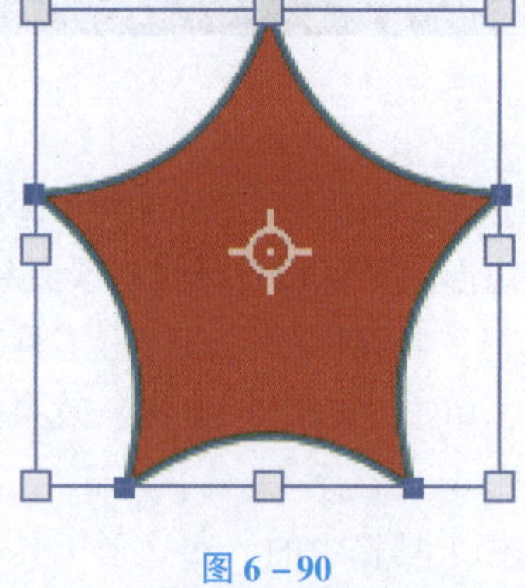

图 6－90

6.3.4.5 直线工具

（1）直线工具的属性栏如图 6－91 所示。

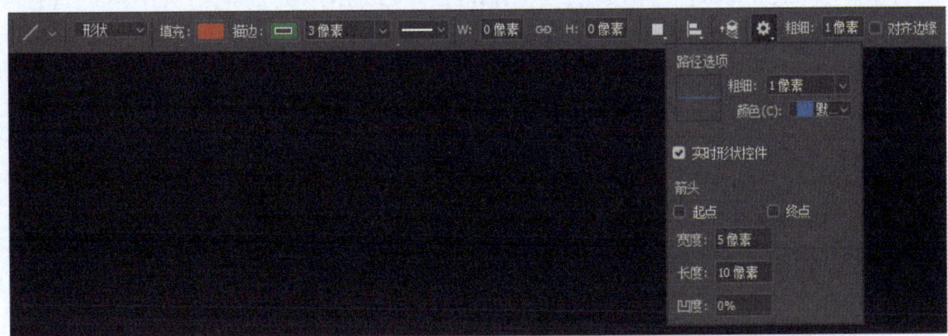

图 6－91

“路径选项”面板中“箭头”选项组中的各选项的具体含义如下。

- “起点”复选框：可以在起点位置绘制箭头。
- “终点”复选框：可以在终点位置绘制箭头。
- “宽度”文本框：设置箭头的宽度值，范围为 0.1～10 000 像素。
- “长度”文本框：设置箭头的长度值，范围为 0.1～10 000 像素。
- “凹度”文本框：设置箭头的凹度，范围为－50%～50%。

（2）选择工具箱中的“直线工具”，路径选项设置如图 6－92 所示，效果如图 6－93 所示。

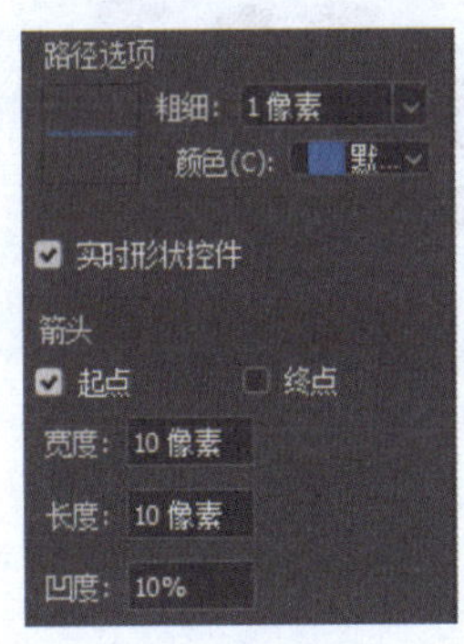

图 6－92

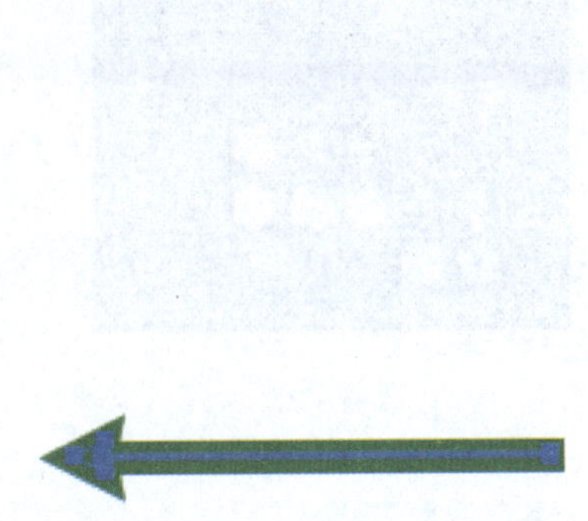
图 6－93

6.3.4.6　自定义形状工具

（1）自定义形状工具的属性栏如图 6－94 所示。

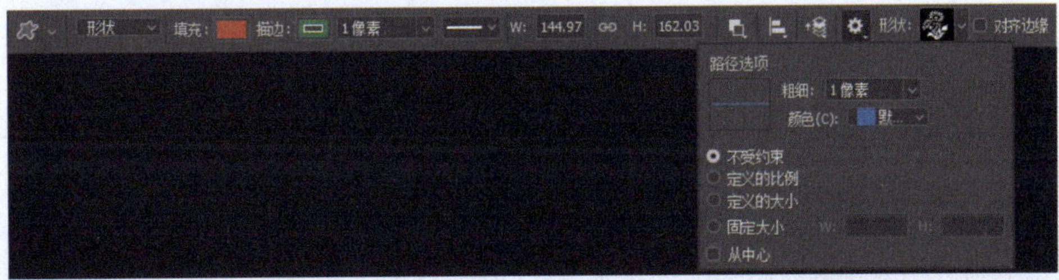

图 6－94

（2）单击“形状”右侧下拉按钮，弹出如图 6－95 所示的面板，从中可以选择需要的形状。单击右上角的按钮，弹出如图 6－96 所示快捷菜单，可以对已有的形状进行“重命名形状、删除形状”的操作；形状可以“仅文本、小缩览图、大缩览图、小列表和大列表”5 种方式显示；可以进行“追加默认形状、导入形状”操作。

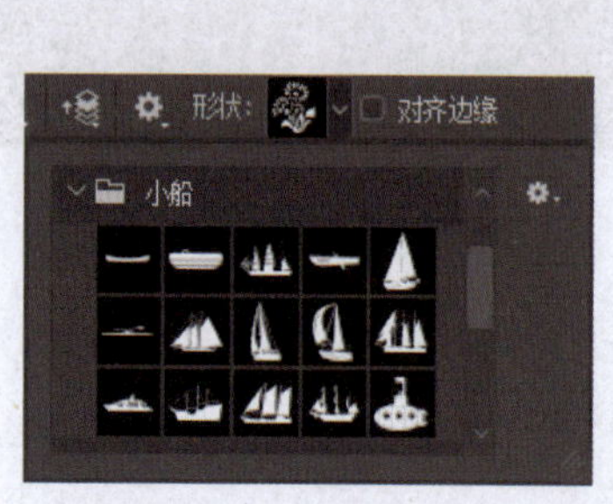

图 6－95

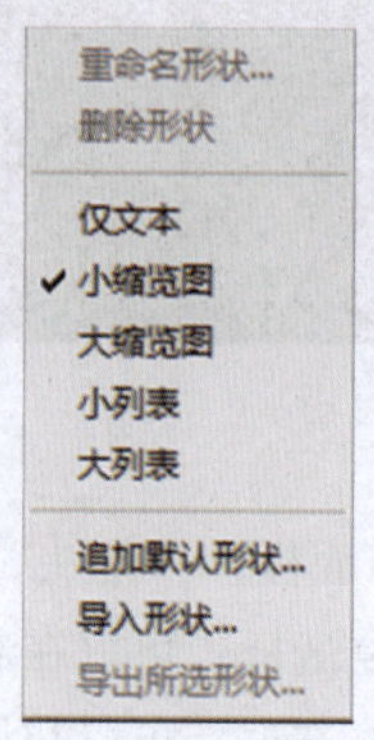

图 6－96

（3）选择工具箱中的“自定义形状工具”，属性栏形状选择“花卉”组中的“形状 53”，如图 6－97 所示，效果如图 6－98 所示。

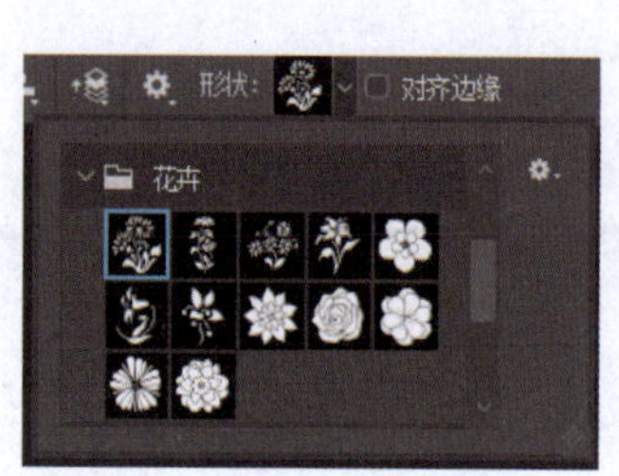

图 6－97

图 6－98

6.3.4.7 保存形状工具

（1）选择“文件”→“新建”命令创建一个新文件，在弹出的对话框中设置文件名为“水滴形状”，文件的“宽度”为 100 像素，“高度”为 100 像素，“分辨率”为 72 像素/英寸，“颜色模式”为 RGB，“背景内容”为透明。

（2）选择工具箱中的“椭圆工具”，绘制圆形形状，编辑锚点，制作水滴效果，如图 6－99 所示。

（3）选中水滴形状，如图 6－100 所示。操作“编辑”→“定义自定形状”命令，弹出如图 6－101 所示的对话框，在名称文本框中输入“水滴 100”，单击“确定”按钮。“水滴 100”形状自动存储在 Photoshop 自定义形状属性栏的“形状”面板中。

（4）选择工具箱中的“自定义形状工具”，在属性栏“形状”右侧下拉列表中可查看存储的“水滴 100”形状，如图 6－102 所示。

图 6－99

图 6－100

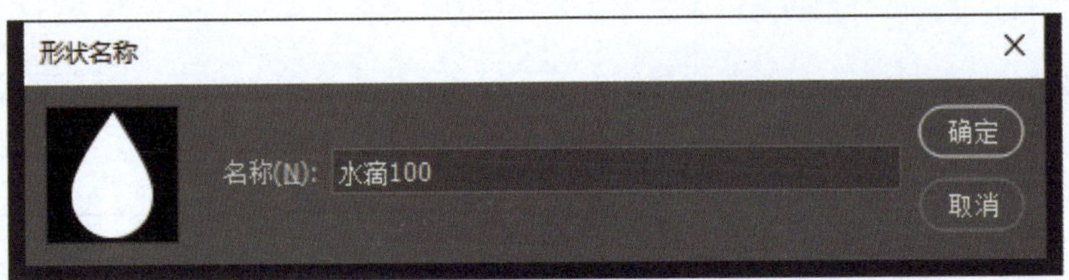

图 6－101

（5）右击形状组，弹出快捷菜单，如图 6－103 所示。

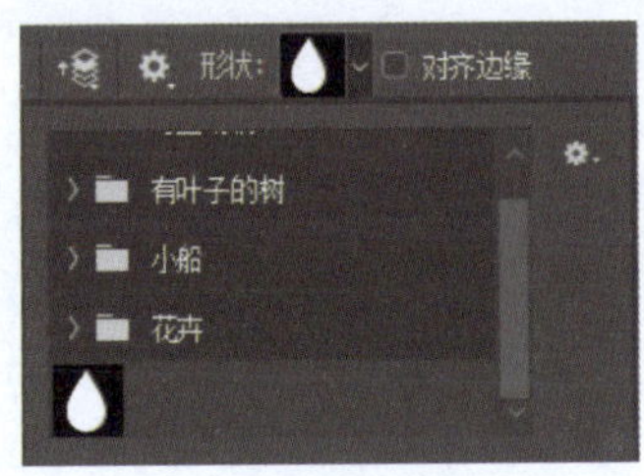

图 6－102

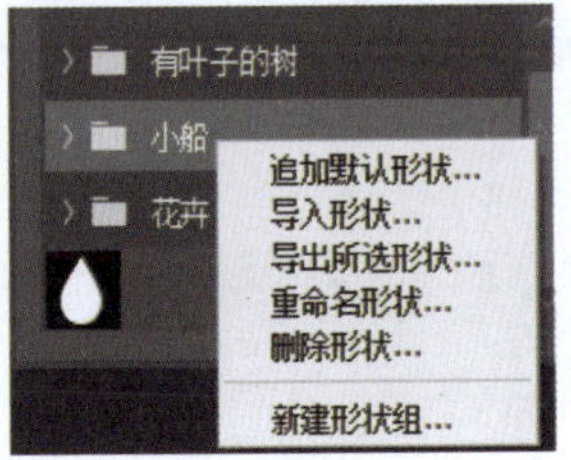

图 6－103

6.3.4.8　导出形状

选中图 6－104 中的“水滴 100”形状，右击，选择“导出所选形状”，弹出如图 6－105 所示的对话框，可以用文件形式保存形状，在文件名处输入“水滴 100 形状”，文件类型为“自定义形状（＊.CSH）”，单击“保存”按钮。

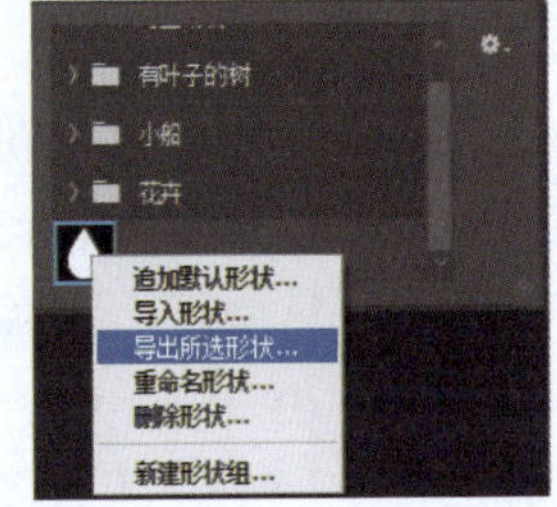

图 6－104

6.3.4.9　导入形状

在图 6－104 中的快捷菜单中选择“导入形状”，弹出如图 6－106 所示的对话框，选中“水滴 100 形状 .CSH”文件，单击“载入”按钮。以“水滴 100 形状”作为形状组名载入自定义形状工具属性栏的“形状”面板中，如图 6－107 所示。

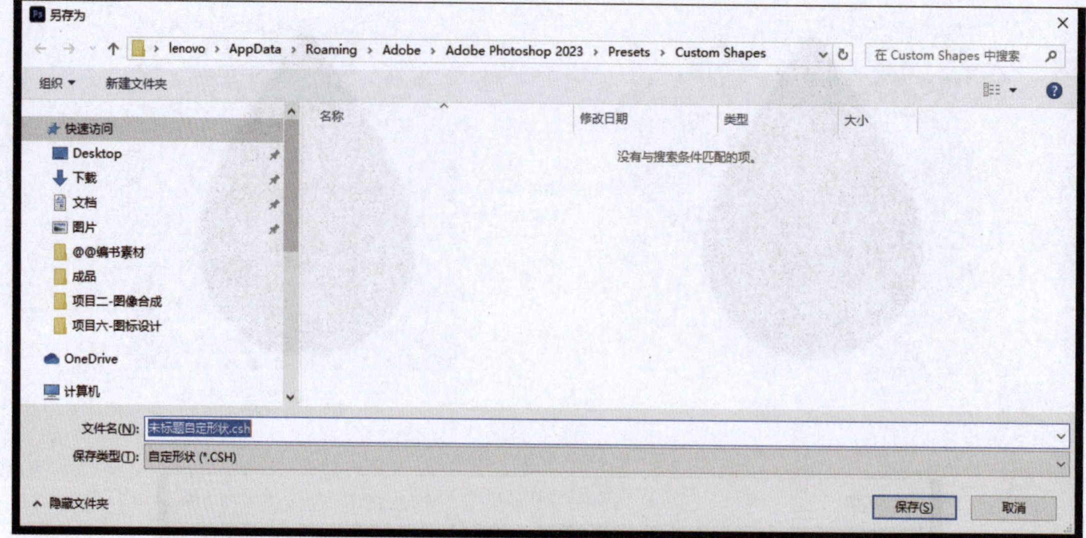

图 6－105

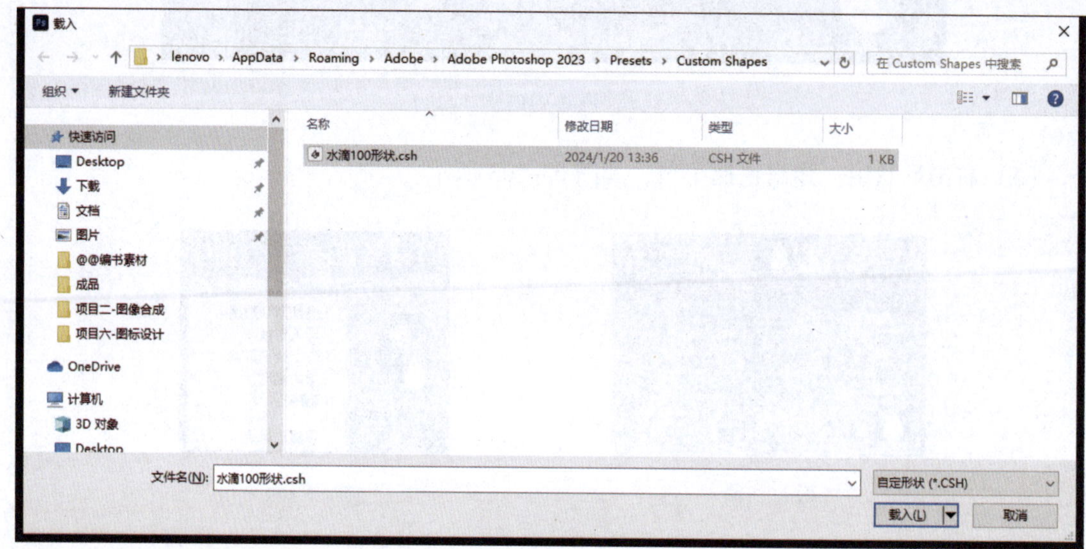

图 6－106

6.3.5 “属性”面板

“属性”面板包括“形状属性”面板和“蒙版”面板，作用是编辑各种形状工具绘制的形状和路径。几乎所有与形状工具有关的操作都可以通过属性栏设置或“属性”面板来完成。如果窗口中没有显示“属性”面板，操作“窗口”→“属性”命令，打开“属性”面板。

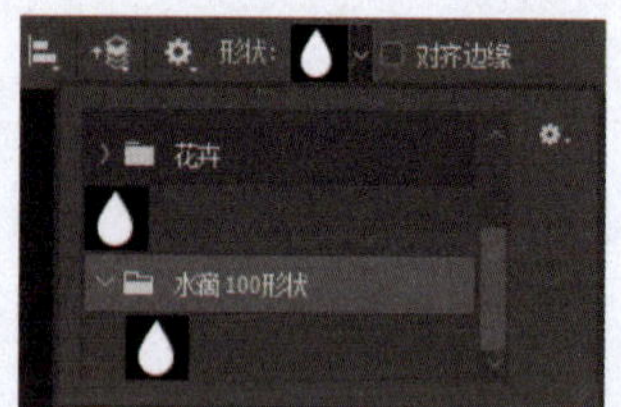

图 6－107

（1）矩形工具的“属性”面板的构成如图 6－108 所示。

（2）椭圆工具的“属性”面板的构成如图 6－109 所示。

图 6－108

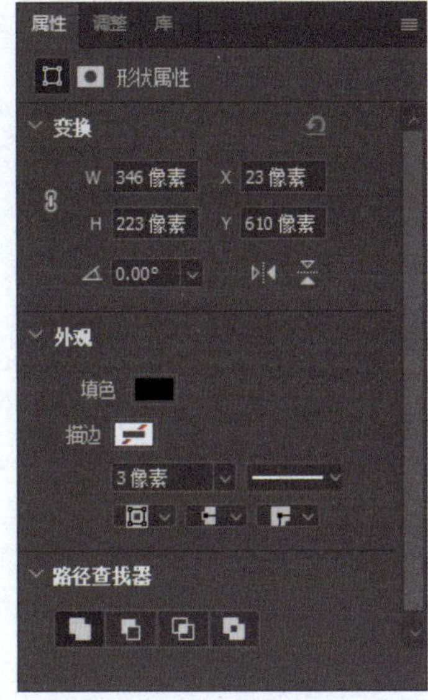

图 6－109

（3）三角形工具的“属性”面板的构成如图 6－110 所示。

（4）多边形工具的“属性”面板的构成如图 6－111 所示。

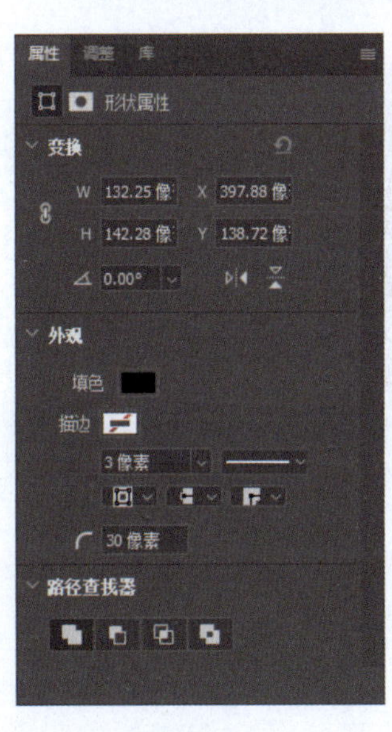

图 6－110

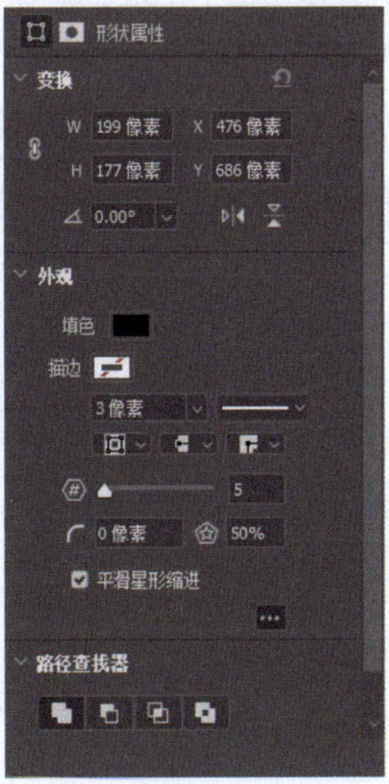

图 6－111

（5）直线工具的“属性”面板的构成如图 6－112 所示。

（6）自定义形状工具的“属性”面板的构成如图 6－112 所示。

（7）形状工具“属性”面板中的“蒙版”面板如图 6－113 所示。

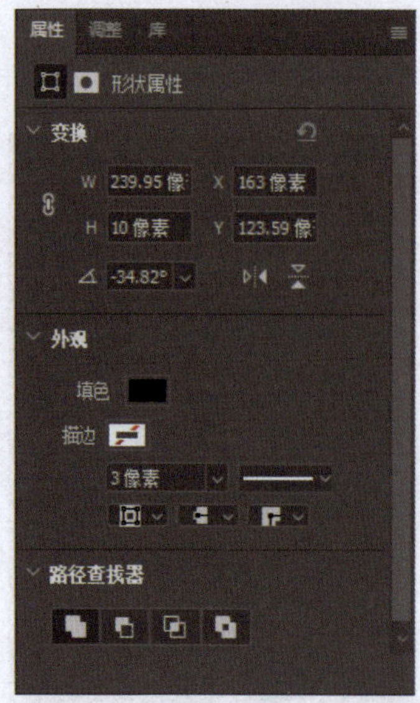

图 6－112

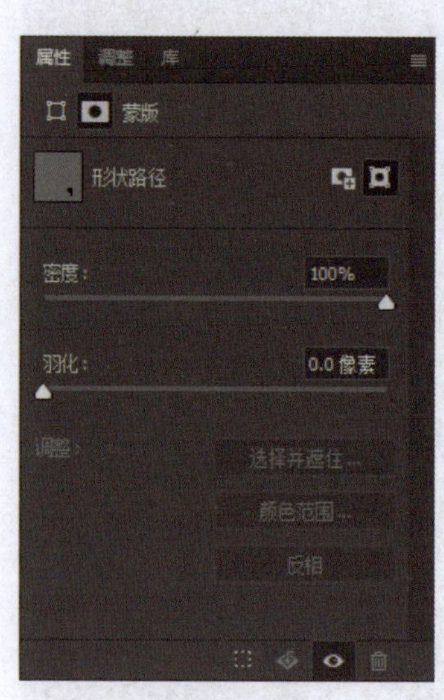

图 6－113

6.3.6 “路径”面板

“路径”面板的作用是管理和操作路径，几乎所有与路径有关的操作都可以通过“路径”面板来完成。如果窗口中没有显示“路径”面板，操作“窗口”→“路径”命令打开“路径”面板，显示当前工作路径缩览图及路径名称，未编辑路径时，面板没有任何路径内容。“路径”面板的构成如图 6－114 所示。

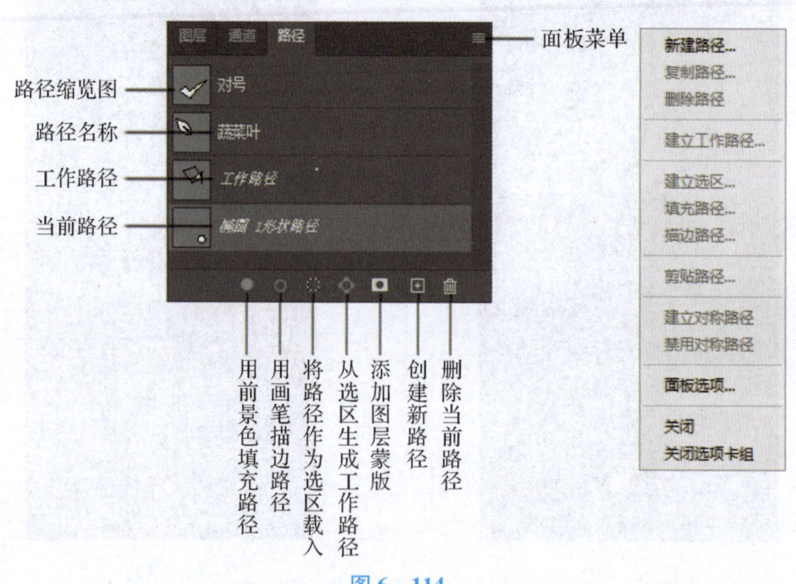

图 6－114

“路径”面板中各组成部分的具体含义如下。

（1）路径缩览图：用于显示当前路径的内容。

（2）路径名称：路径的名称。

（3）工作路径：是临时路径，名称以斜体字表示。当建立一个新的工作路径时，原有工作路径被删除。

（4）“用前景色填充路径”按钮：单击该按钮，会以前景色填充当前路径。

（5）“用画笔描边路径”按钮：单击该按钮，会以前景色为当前路径描边。

（6）“将路径作为选区载入”按钮：单击该按钮，会把当前路径转换成选区。

（7）“从选区生成工作路径”按钮：单击该按钮，可以将图像中的选区转换成路径。

（8）“添加图层蒙版”按钮：单击该按钮，可以添加图层蒙版。

（9）“创建新路径”按钮：单击该按钮，可以创建一个新的路径。

（10）“删除当前路径”按钮：单击该按钮，将当前选中的路径删除。

6.3.7 应用路径

使用路径工具绘制路径的目的在于应用，应用路径包括复制路径、删除路径、剪贴路径、将路径转换为选区、将选区转换为路径、填充路径、描边路径等操作。

6.3.7.1 复制路径

复制路径的方法有多种。在使用路径选择工具选中路径后，可以用以下方法复制路径。

（1）按 Ctrl + C 组合键复制路径，按 Ctrl + V 组合键粘贴路径。

（2）在“路径”面板中右击当前工作路径，在弹出的快捷菜单中选择“复制路径”命令，如图 6 – 115 所示，在弹出的对话框中为复制的路径命名，单击“确定”按钮即可。

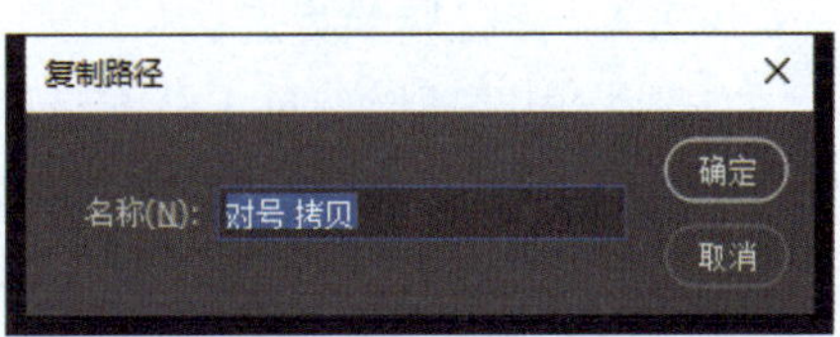

图 6 – 115

（3）在“路径”面板中将当前选择的路径直接拖到“路径”面板底部的“创建新路径”按钮上，释放鼠标左键，即可复制当前路径。

（4）按 Alt 键的同时使用路径选择工具拖动当前路径，当鼠标指针变化形状时，释放鼠标左键，即可复制当前路径。

6.3.7.2 删除路径

删除路径与复制路径类似，选中要删除的路径后，使用下面任意一种方法即可删除路径。

（1）按 Delete 键，删除当前路径。

（2）在“路径”面板中右击当前工作路径，在弹出的快捷菜单中选择“删除路径”命令。

（3）在“路径”面板中将当前选择的路径直接拖到“路径”面板底部的“删除当前路径”按钮上，释放鼠标左键，即可删除当前路径。

6.3.7.3 剪贴路径

剪贴路径功能主要用于去除图像背景，利用剪贴路径功能将输出的图像插入 InDesign 等排版软件中，路径之内的图像会被输出，而路径之外的区域不输出。输出路径之前，可以先把绘制好的路径存储起来。剪贴路径的方法为：单击“路径”面板右上角的小三角按钮■，从弹出的下拉菜单中选择“剪贴路径”命令，如图 6－116 所示。弹出“剪贴路径”对话框，如图 6－117 所示，在其中进行相关设置即可。按 Ctrl + X 组合键也可以剪贴路径。

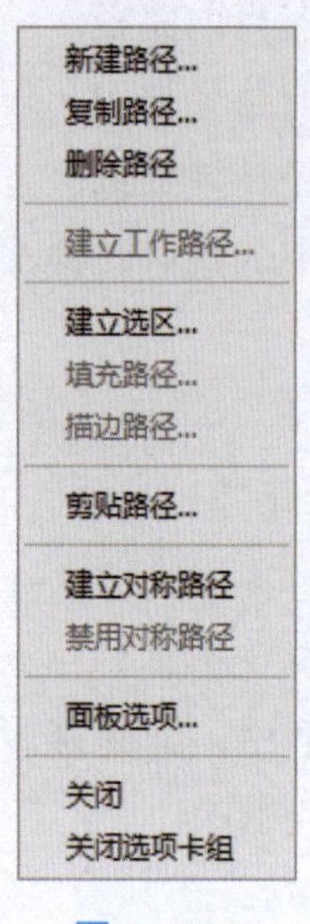

图 6－116

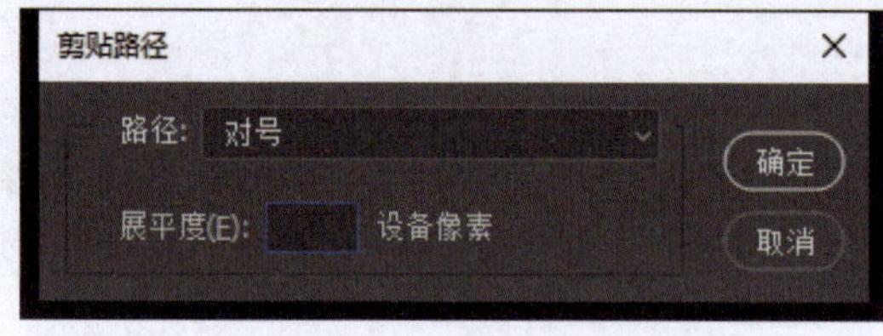

图 6－117

6.3.7.4 路径转换为选区

在选取与周围环境颜色十分接近的对象时，如果使用魔棒工具等不易选取，则可以使用钢笔工具先沿着想要的选区的边缘进行比较精细的绘制，然后对路径进行编辑操作，最后把编辑完成的路径转换为选区。

把路径转换为选区的方法有多种，使用下面任意一种方法即可将路径转换为选区。

（1）选中如图 6－118 所示路径，单击“路径”面板右上角的菜单按钮■，从弹出的快捷菜单中选择“建立选区”命令，或按 Alt 键的同时单击“路径”面板底部的“将路径作为选区载入”按钮■，弹出“建立选区”对话框，如图 6－119 所示。在该对话框中进行相关设置，单击“确定”按钮即可将路径转换为选区，如图 6－120 所示。

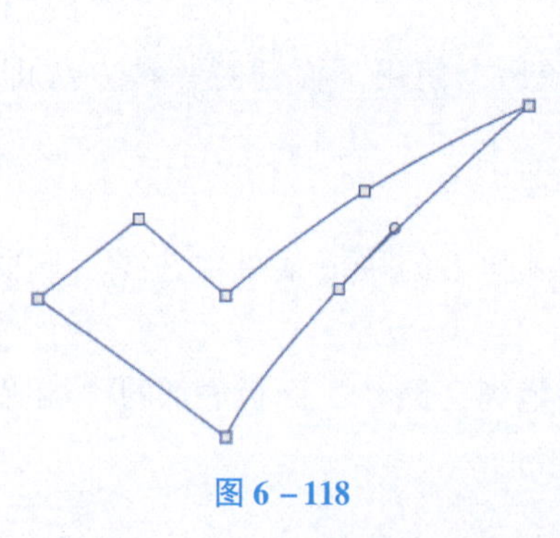

图 6－118

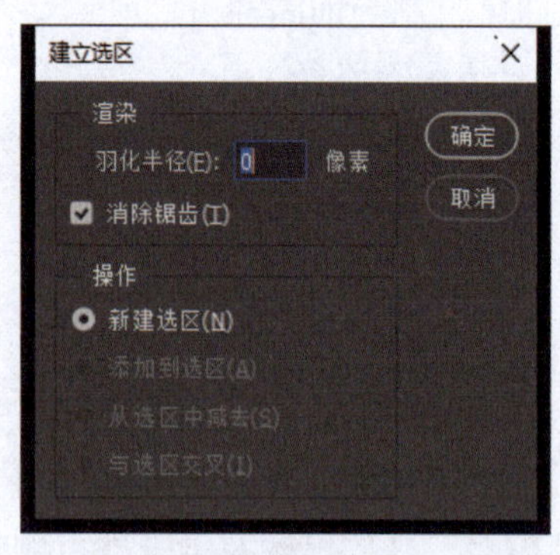

图 6－119

（2）选中如图 6－118 所示路径，单击“路径”面板底部的“将路径作为选区载入”按钮■，直接将路径变为如图 6－120 所示的选区。

6.3.7.5 选区转换为路径

把选区转换为路径的方法有多种，使用下面任意一种方法即可将选区转换为路径。

(1) 选中如图 6－120 所示选区，单击“路径”面板右上角的菜单按钮■，从弹出的快捷菜单中选择“建立工作路径”命令，或按 Alt 键的同时单击“路径”面板底部的“从选区生成工作路径”按钮■，弹出“建立工作路径”对话框，如图 6－121 所示。在该对话框中，容差输入 2.0，单击“确定”按钮即可将选区转换为路径，如图 6－122 所示。图 6－123 所示为容差为 10.0 时转换为路径的效果。

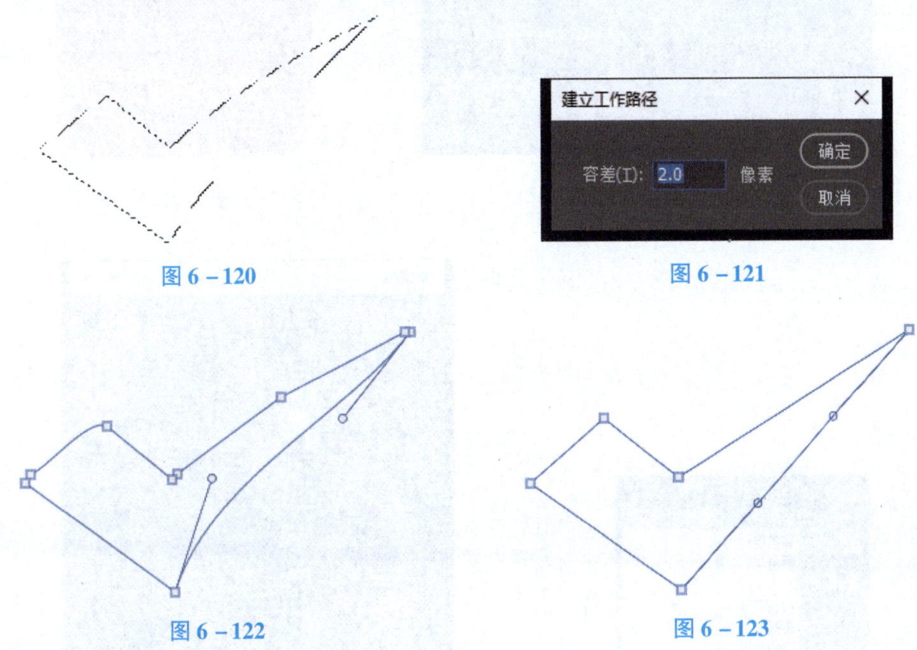

图 6－120

图 6－121

图 6－122

图 6－123

(2) 选中如图 6－120 所示选区，单击“路径”面板底部的“从选区生成工作路径”按钮■，直接将选区变为如图 6－122 所示的路径。

6.3.7.6 填充路径

在 Photoshop 中，对于封闭的路径，用户可以用指定的颜色、图案、历史记录等对路径所包围的区域进行填充，具体操作方法有以下几种。

(1) 在“路径”面板中选中要填充的路径，单击“路径”面板底部的“用前景色填充路径”按钮■，即可为路径填充前景色。

(2) 选中要填充的路径，按 Alt 键的同时单击“路径”面板底部的“用前景色填充路径”按钮■，或在“路径”面板上的当前路径名称处右击，在弹出的快捷菜单中选择“填充路径”命令，弹出“填充路径”对话框，如图 6－124 所示，单击“确定”按钮即可按前景色填充路径，效果如图 6－125 所示。

(3) “内容”下拉列表如图 6－126 所示，选择“图案”内容填充路径，如图 6－127 所示；自定图案如图 6－128 所示，选择“水滴”图案组中的“水－清澈”；勾选“脚本”复选框，下拉列表如图 6－129 所示，选择“砖形填充”，单击“确定”按钮，弹出如图 6－130 所示对话框。

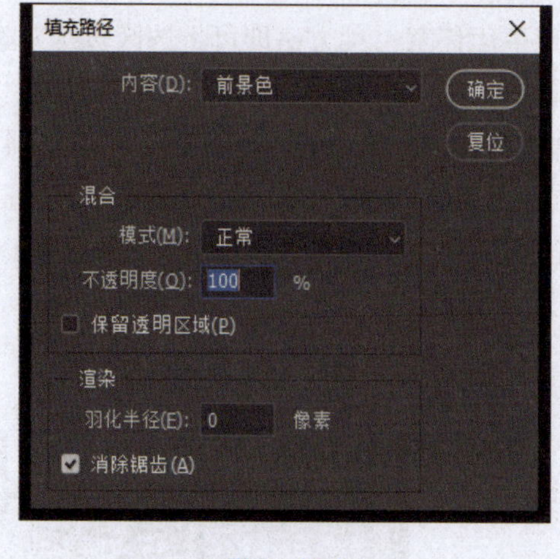

图 6－124

图 6－125

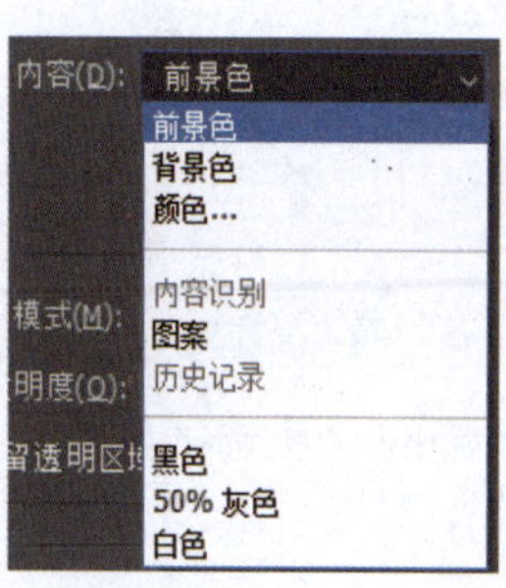

图 6－126

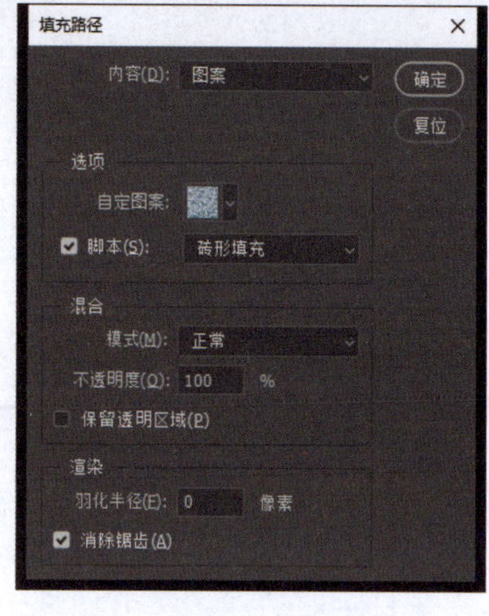

图 6－127

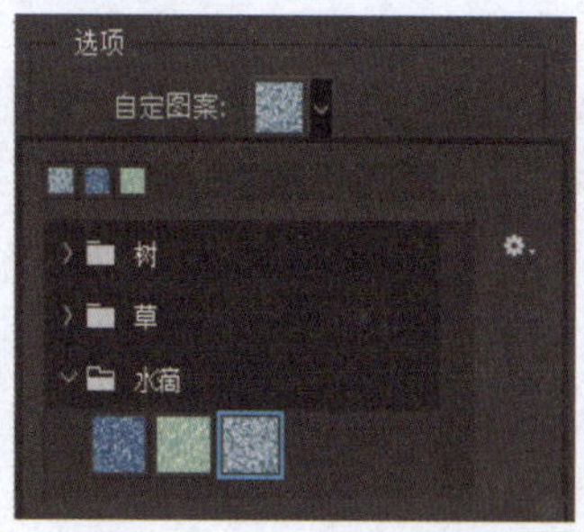

图 6－128

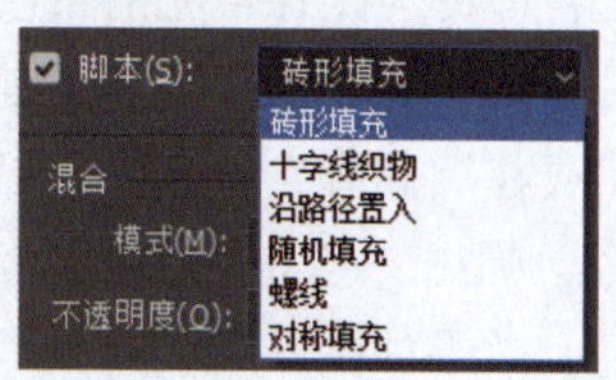

图 6－129

（4）如图 6－131 和图 6－132 所示分别是“砖形填充”图案缩放为 0.23 和 1 后的填充路径效果。

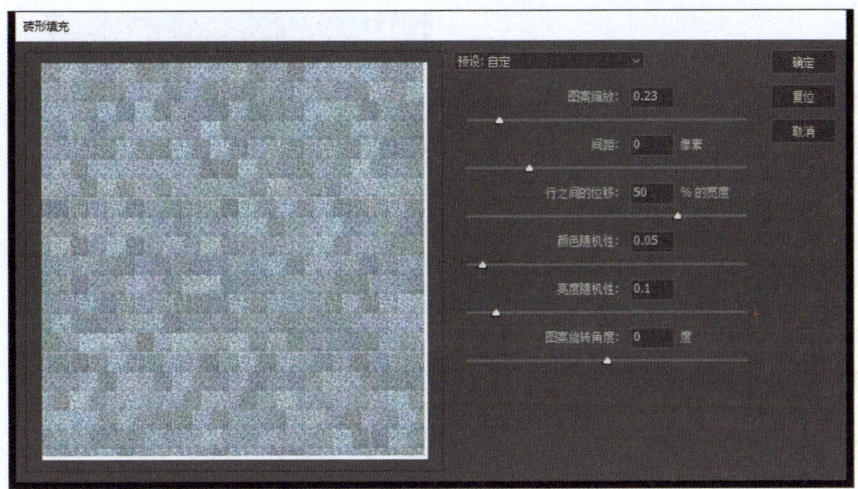

图 6－130

图 6－131

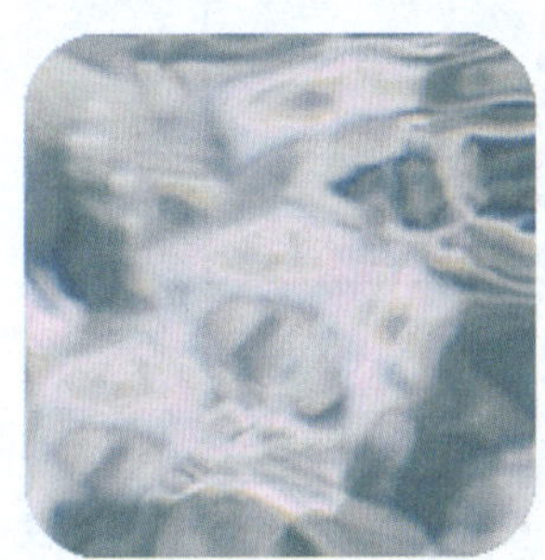
图 6－132

6.3.7.7　描边路径

可以使用前景色或刷子形状为路径描边，也可以选择铅笔、画笔、橡皮擦、仿制图章、涂抹等工具描边。描边路径的操作方法与填充路径类似，具体操作有以下几种。

（1）在“路径”面板中选中要描边的路径，单击“路径”面板底部的“用画笔描边路径”按钮◙，即可为路径描边。

（2）选中要描边的路径，按 Alt 键的同时单击“路径”面板底部的“用画笔描边路径”按钮◙，或在“路径”面板上的当前路径名称处右击，在弹出的快捷菜单中选择“描边路径”命令，弹出“描边路径”对话框，如图 6－133 所示。在工具选项下拉列表中选择“画笔”，单击“确定”按钮即可按“画笔”设置描边路径，如图 6－134 所示。画笔设置如图 6－135 和图 6－136 所示。

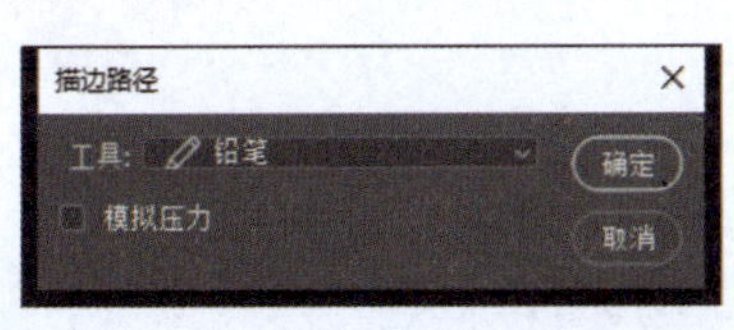

图 6－133

图 6－134

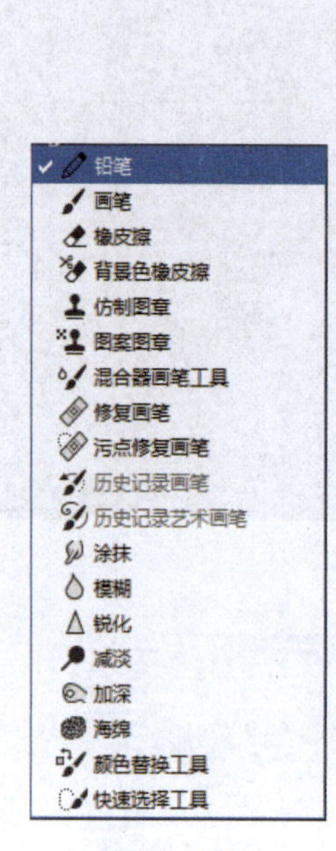

图 6－135

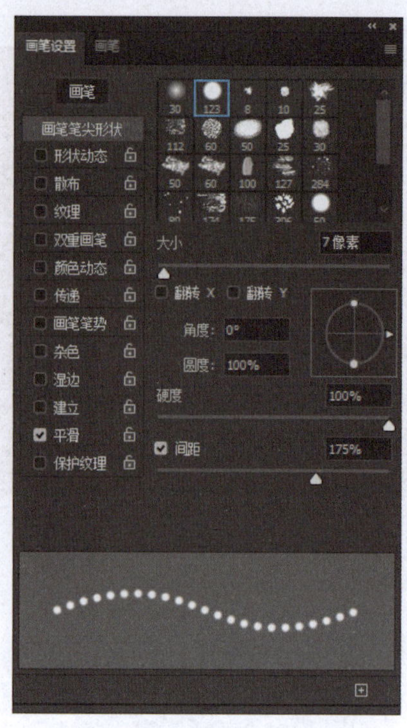

图 6－136

6.4 拓展练习

6.4.1 制作青年志愿者图标

要求：

（1）制作中国青年志愿者标志。中国青年志愿者标志通称“心手标”，其整体构图为心的造型，这同时也是“青年”英文单词的第一个字母 Y；图案中央既是手，也是鸽子的造型，寓意青年志愿者向需要帮助的人们奉献一份爱心，伸出友爱之手，立足新时代，展现新作为，弘扬奉献、友爱、互助、进步的志愿精神，以实际行动书写新时代的雷锋故事。

（2）效果如图 6－137 所示，“图层”面板如图 6－138 所示，“路径”面板如图 6－139 所示。

图 6－137

操作要点：

（1）新建文件。

（2）使用钢笔工具绘制心形路径，使用红色填充路径。

（3）使用钢笔工具绘制手形路径，使用白色填充路径。

（4）保存文件。

（5）案例视频见二维码“青年志愿者图标”。

青年志愿者图标

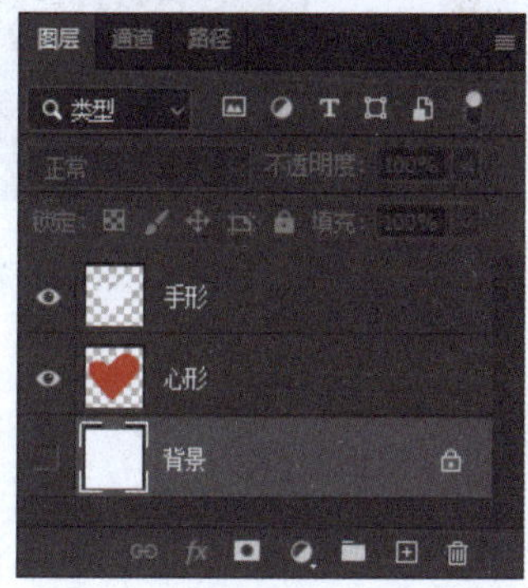

图 6－138

图 6－139

6.4.2　制作禁烟图标

要求：

（1）制作张贴在禁止吸烟场所的标志。

（2）效果如图 6－140 所示，“图层”面板如图 6－141 所示，“路径”面板如图 6－142 所示。

图 6－140

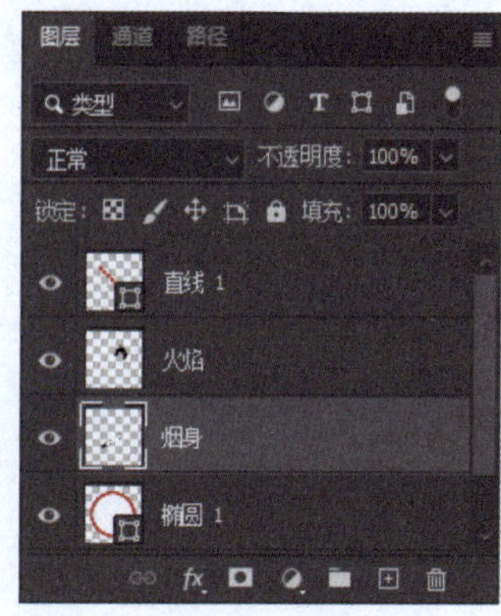

图 6－141

操作要点：

（1）新建文件。

（2）创建中心参考线。

（3）使用矩形工具绘制烟嘴形状，填充黑色。

（4）使用矩形工具绘制烟身形状，填充白色，描边黑色。

（5）使用钢笔工具绘制烟头火焰路径，使用黑色填充路径。

（6）使用椭圆工具绘制圆形，填充白色，描边红色。

（7）使用直线工具绘制直线，描边红色。

（8）保存文件。

（9）案例视频见二维码“禁烟图标”。

禁烟图标

图 6－142

6.5 项目考核

项目六考核

项目七

图文设计

文字是设计作品的重要元素，可以表达人们的设计构思，具有美化图形版面、强调设计主题等作用。文字工具是 Photoshop 的重要工具之一，是绘制图形时必不可少的工具。

Photoshop 中的文字是一种特殊的结构，由像素点构成，当文字放大后，可以看到明显的锯齿，但它又具有矢量图边缘的轮廓，创建文字后会产生文字图层。Photoshop 提供了多种文字的建立方法，可以建立各种类型的文字，可以对文字进行变形，以及在路径上排列文字等。

学习目标：

通过本项目的学习，掌握对创建、修改文字及变形文字的制作、文字的转段等操作。

学习框架：

7.1　学习任务 1：红船精神

7.2　学习任务 2：经典诗词

7.3　知识要点

7.4　拓展练习

7.5　项目考核

7.1　学习任务 1　红船精神

知识目标	（1）掌握横排文字工具的使用方法 （2）掌握画笔工具的使用方法 （3）掌握钢笔工具的使用方法 （4）掌握形状工具的使用方法 （5）掌握“字符”面板的使用方法 （6）掌握“图层”面板的使用方法 （7）掌握“路径”面板的使用方法

续表

能力目标	（1）能够熟练运用横排文字工具 （2）能够熟练运用画笔工具 （3）能够熟练运用钢笔工具 （4）能够熟练运用形状工具 （5）能够掌握运用“字符”面板 （6）能够掌握运用“图层”面板 （7）能够掌握运用“路径”面板
素质目标	（1）培养学生运用横排文字工具的能力 （2）培养学生运用画笔工具的能力 （3）培养学生运用钢笔工具的能力 （4）培养学生运用形状工具的能力 （5）培养学生学会使用“字符”面板 （6）培养学生学会使用“图层”面板 （7）培养学生学会使用“路径”面板 （8）培养细致、耐心完成任务的能力
教学重点	（1）横排文字工具的使用 （2）画笔工具的使用 （3）钢笔工具的使用 （4）形状工具的使用 （5）“字符”面板的使用 （6）“图层”面板的使用 （7）“路径”面板的使用
教学难点	（1）横排文字工具的使用 （2）钢笔工具的使用 （3）“字符”面板的使用 （4）“路径”面板的使用
效果展示	学习任务 1 效果图如图 7－1 所示。  图 7－1

7.1.1　任务描述

教学第一党支部第一季度党课内容是“红船精神”，制作放在 PPT 首页的图片。

7.1.2　任务分析

PPT 页面的宽度是 35 厘米，高度是 20 厘米，用电脑播放 PPT 时显示图片，不需要打印出图。

7.1.3　任务实施

（1）选择“文件”→“新建”命令创建一个新文件，在弹出的对话框中设置文件名为“7 - 1 - 红船精神”，文件的“宽度”为 35 厘米，“高度”为 20 厘米，“分辨率”为 72 像素/英寸，“颜色模式”为 RGB，“背景内容”为白色。

（2）设置前景色为 RGB（254，253，249），按 Alt + Del 组合键填充背景图层。

（3）打开素材文件“红船 . png”，移动至画布中，图层命名为“红船”，调整大小并放在画布右侧适合位置，如图 7 - 2 所示。

（4）选择工具箱中的“横排文字工具”，单击画布，输入文字“不忘初心　勇立潮头”，颜色 RGB（126，3，6），文字参数设置如图 7 - 3 所示。

图 7 - 2

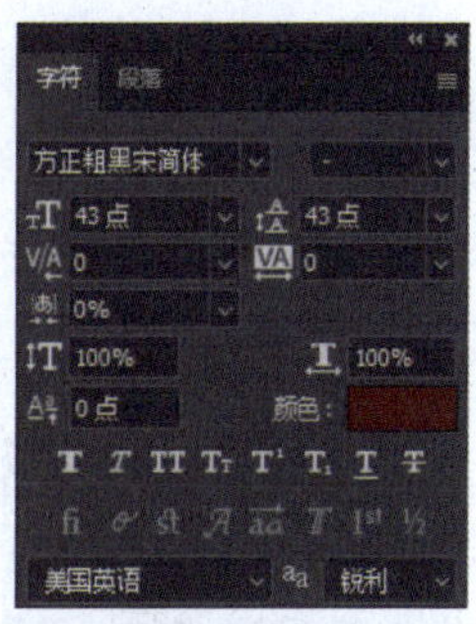

图 7 - 3

（5）选择工具箱中的“横排文字工具”，单击画布，输入文字“红船再出发”，颜色 RGB（194，1，6），文字参数设置如图 7 - 4 所示。

（6）选择工具箱中的“横排文字工具”，单击画布，输入文字“学习红船精神，在建设中国特色社会主义新时代的道路上奋勇前进”，颜色 RGB（126，3，6），水平居中对齐，文字参数设置如图 7 - 5 所示，图像效果如图 7 - 6 所示。

（7）在“图层”面板中新建图层组，命名为“文字”，将 3 个文字图层放入“文字”图组层组中。

（8）在“图层”面板中新建图层组，命名为“五角星”，在组中新建名为“五角星”图层。设置前景色为 RGB（255，0，0）。选择工具箱为“多边形工具”，单击画布，设置参数值如图 7 - 7 所示，绘制五角星。

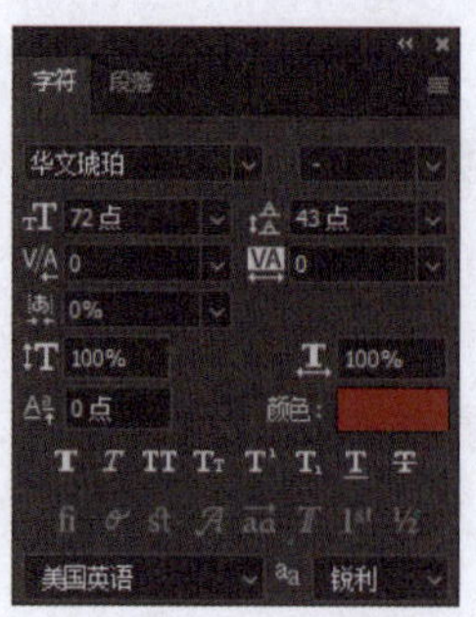

图 7－4

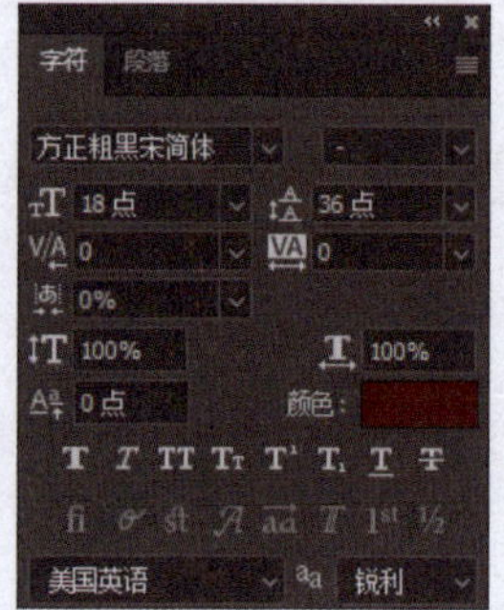

图 7－5

图 7－6

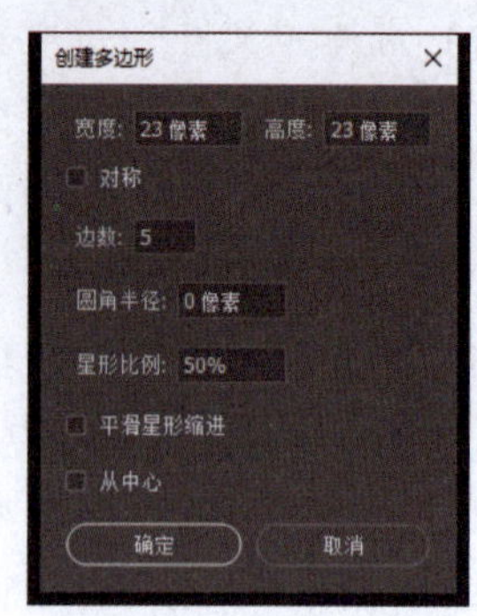

图 7－7

（9）复制 4 个“五角星”图层，调整适合大小，垂直居中对齐。

（10）在“五角星”组中新建名为“装饰线”的图层，设置前景色为 RGB（255，0，0），选择工具箱中的“画笔工具”，参数值设置如图 7－8 所示，绘制直线。

（11）复制“装饰线”图层，放入适合位置，效果如图 7－9 所示。

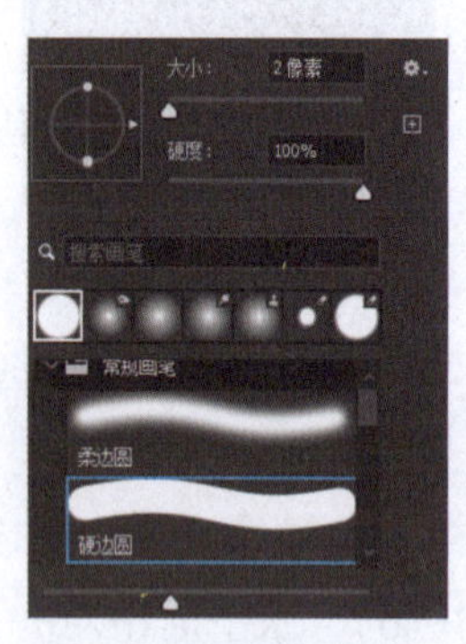

图 7－8

图 7－9

（12）在“路径”面板中新建“路径 1”，选择工具箱中的“钢笔工具”，绘制如图 7－10 所示的曲线，结合“路径选择工具”和“直接选择工具”将曲线调整圆滑。

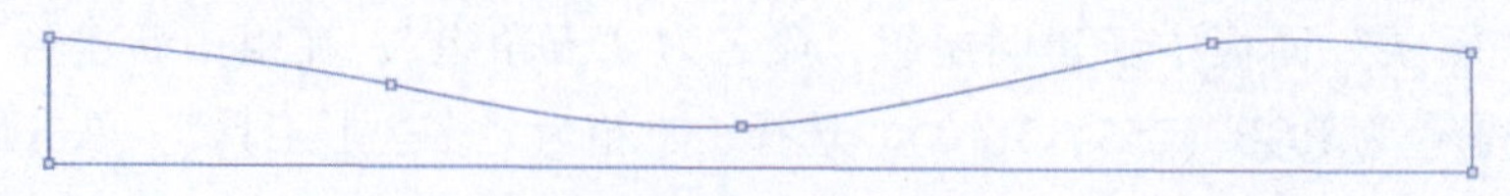

图 7－10

（13）设置前景色为 RGB（207，59，59），新建名为“曲面 1”的图层，打开“路径”面板，选中“路径 1”，单击“路径”面板底部的“用前景色填充路径”按钮■。取消选择“路径 1”，切换“图层”面板，选择“曲面 1”图层，单击“图层”面板底部的“添加图层样式”按钮■，在弹出的菜单中选择“外发光”，外发光颜色 RGB（247，245，217），参数设置值如图 7－11 所示，设置图层的不透明度为 52%。效果如图 7－12 所示。

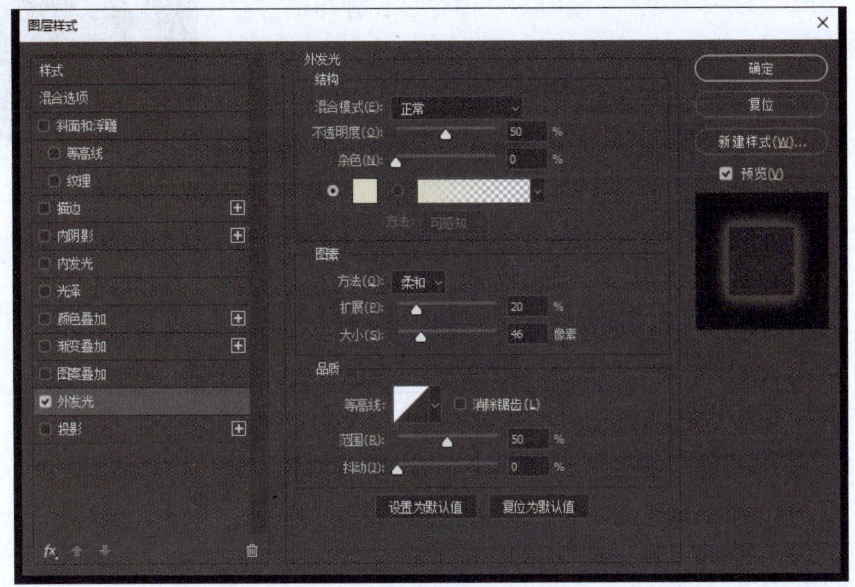

图 7－11

图 7－12

（14）在“路径”面板中新建“路径 2”，选择工具箱中的“钢笔工具”，绘制如图 7－13 所示的曲线，结合“路径选择工具”和“直接选择工具”将曲线调整圆滑。

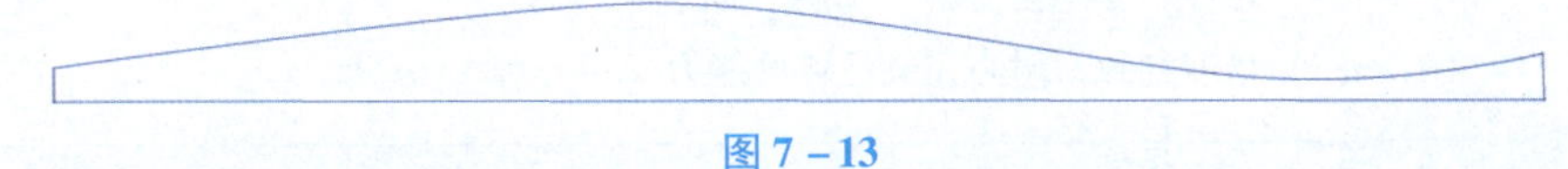
图 7－13

（15）设置前景色为 RGB（207，59，59），新建名为“曲面 2”的图层，打开“路径”面板，选中“路径 2”，单击“路径”面板底部的“用前景色填充路径”按钮■。取消选择“路径 1”，切换“图层”面板，选择“曲面 1”图层，右击，在快捷菜单中选择“拷贝图层样式”，选中“曲面 2”图层，右击，在快捷菜单中选择“粘贴图层样式”，设置图层的不透明度为 52%。效果如图 7－14 所示，“图层”面板如图 7－15 所示。

图 7－14

(16) 在“图层”面板中新建图层组，命名为“曲面”，将“曲面1”和“曲面2”图层放入“曲面”图层组中，调整“曲面1”和“曲面2”图像的大小并放入适当位置。

(17) 复制“曲面”图层组，移至图像上方，垂直翻转，水平翻转，放入适合位置。效果如图7-1所示。

(18) 选择“文件”→“存储副本”命令，在弹出的“存储副本”对话框中，设置保存类型为Photoshop（*.PSD；*.PDD；*.PSDT），输入文件名“7-1-红船精神.psd”。

(19) 选择“文件”→“存储副本”命令，在弹出的“存储副本”对话框中，设置保存类型为JPEG（*.JPG；*.JPEG；*.JPE），输入文件名“7-1-红船精神.jpg”。

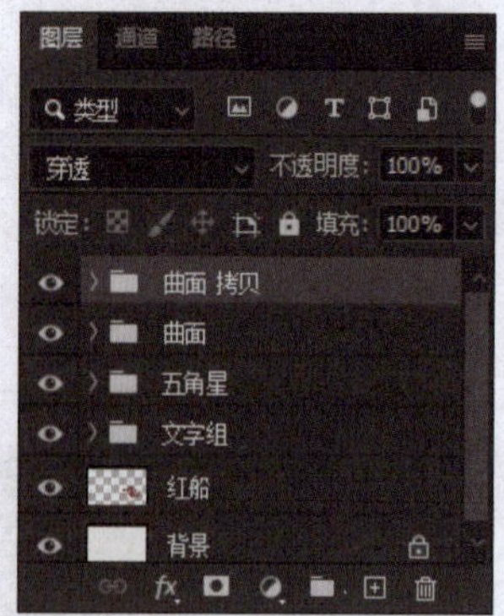

图7-15

7.2 学习任务2《念奴娇·井冈山》诗词设计

知识目标	(1) 掌握段落文字的使用方法 (2) 掌握形状工具的使用方法 (3) 掌握“段落”面板的使用方法 (4) 掌握“图层”面板的使用方法
能力目标	(1) 能够熟练运用段落文字排版 (2) 能够熟练运用形状工具 (3) 能够运用“段落”面板
素质目标	(1) 培养学生运用段落文字排版的能力 (2) 培养学生运用形状工具的能力 (3) 培养学生学会使用“段落”面板 (4) 培养学生学会使用“图层”面板 (5) 培养细致、耐心完成任务的能力
教学重点	(1) 段落文字排版的使用 (2) 形状工具的使用 (3)“段落”面板的使用 (4)“图层”面板的使用
教学难点	(1) 段落文字排版的使用 (2) 形状工具的使用 (3)“段落”面板的使用

续表

效果展示	学习任务 2 效果图如图 7－16 所示。  图 7－16

7.2.1　任务描述

教学党总支组织红色经典诗词接龙活动，每周由一个教学支部在教学党总支微信群发起一首诗词的第一句，党员接龙，接龙完毕后，发起诗词的支部将完整的诗词及诗词的写作背景制作效果图发到微信群，供大家学习。

7.2.2　任务分析

根据任务描述，诗词选取毛泽东的《念奴娇·井冈山》，背景图像素材选取和井冈山有关的图像。设计后的效果图不需要打印出图。

7.2.3　任务实施

（1）打开图像素材文件“井冈山背景.jpg”，如图 7－17 所示。

（2）新建图层，图层名为“诗词背景”，在背景图片左上角建立矩形选区，并填充颜色 RGB（36，179，236），取消选区。单击“图层”面板底部的“添加图层样式”按钮，添加“投影”样式，投影颜色 RGB（9，137，189），投影参数设置如图 7－18 所示。

图 7－17

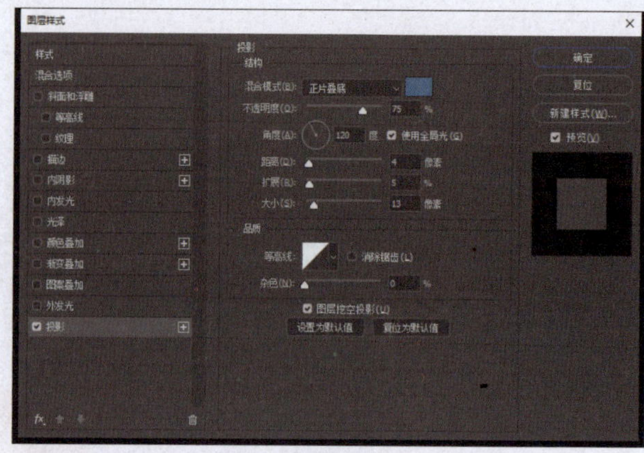

图 7－18

（3）在“诗词背景”图层上面新建图层，图层名为“浅背景”，选择工具箱“矩形工具”，方式为“像素”，半径为“10 像素”，绘制颜色为 RGB（129，207，250）的圆角矩形。

（4）选中“诗词背景”和“浅背景”2 个图层，选择工具箱中的“移动工具”，水平对齐为“居中”，垂直对齐为“居中”。

（5）选择工具箱中的“横排文字工具”，使用段落文字方式，在画布上绘制矩形文字区域，粘贴诗词《念奴娇 · 井冈山》，文字图层在“浅背景”图层上面，根据布局选择不同行文字进行文字排版。

①“念奴娇 · 井冈山”这几个字的颜色为黑色，文字参数设置如图 7－19 所示。

②“毛泽东 1965 年 5 月”这几个字的颜色为 RGB（80，80，80），文字参数设置如图 7－20 所示。

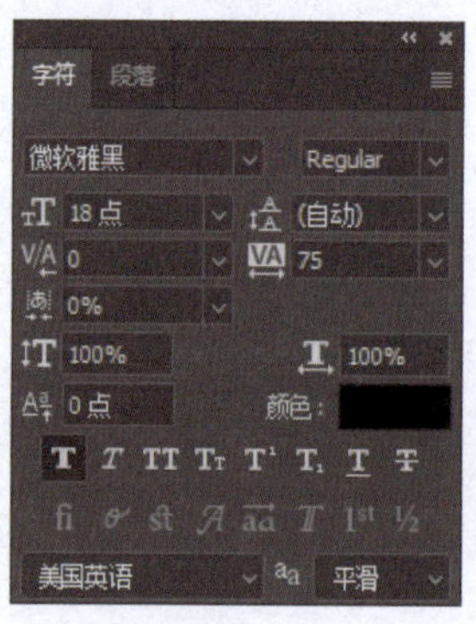

图 7－19

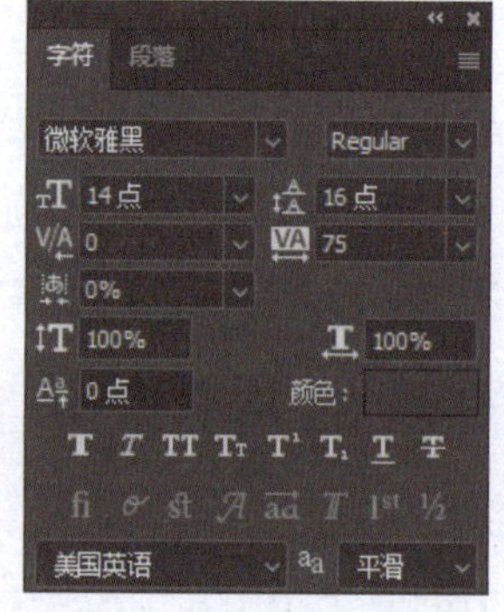

图 7－20

③诗词正文的颜色为黑色，文字参数设置如图 7－21 所示。

（6）调整诗词文字图层至适合位置，效果如图 7－22 所示。

（7）选择工具箱中的“横排文字工具”，使用单行文字方式，在背景图左下角制作“教学第一党支部 2023 年 10 月”并排版为 2 行文字，颜色为白色，文字参数设置如图 7－23 所示，效果如图 7－24 所示。

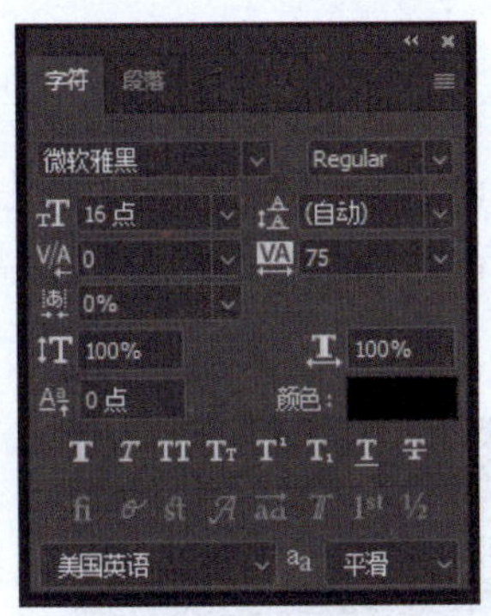

图 7－21

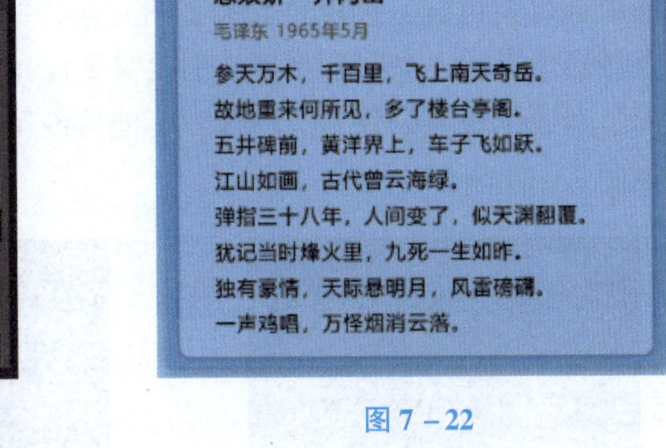

图 7－22

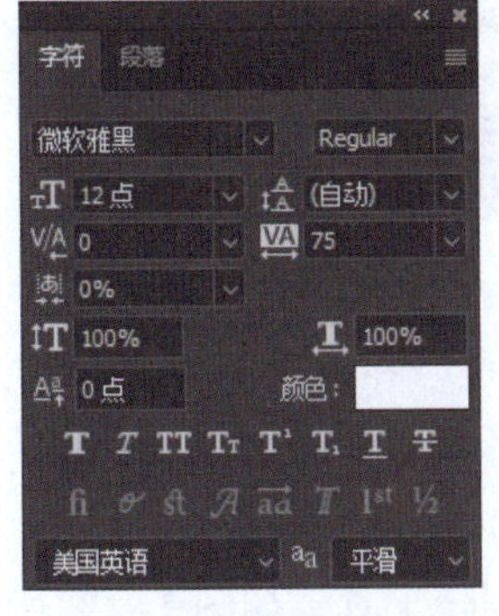

图 7－23

图 7－24

(8) 将所有文字图层均复制图层，加深颜色显示。

(9) 用第 (2)～(5) 步同样的方法制作“写作背景”，效果如图 7－25 所示。

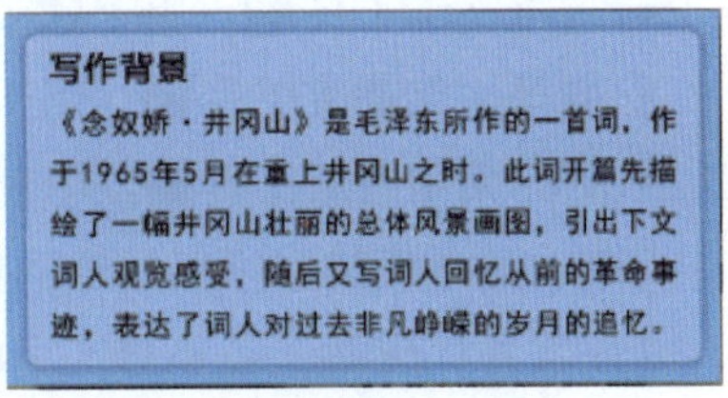

写作背景

《念奴娇·井冈山》是毛泽东所作的一首词，作于1965年5月在重上井冈山之时。此词开篇先描绘了一幅井冈山壮丽的总体风景画图，引出下文词人观览感受，随后又写词人回忆从前的革命事迹，表达了词人对过去非凡峥嵘的岁月的追忆。

图 7－25

(10) 选择“文件”→“存储副本”命令，在弹出的“存储副本”对话框中，设置保存类型为 Photoshop（*.PSD；*.PDD；*.PSDT），输入文件名“7－2－念奴娇·井冈山.psd”。

(11) 选择“文件”→“存储副本”命令，在弹出的“存储副本”对话框中，设置保存类型为 JPEG（*.JPG；*.JPEG；*.JPE），输入文件名“7－2－念奴娇·井冈山.jpg”，效果如图 7－16 所示。

7.3　知识要点

7.3.1　文字的创建

7.3.1.1　文字和文字图层

Photoshop 中的文字以数学方式定义的形状组成，创建文字时，在“图层”面板中会自动建立一个新的文字图层，如图 7－26 所示。文字建立后，可更改其对应图层中的文字，或使用图层的相关命令编辑文字。

在对文字图层进行编辑时，可以更改文字的方向，实现点文本与段落文本之间的转换，创建工作路径及转换为形状、文字变形等。但是需要注意，文字图层进行栅格化之后不再具有矢量轮廓，而是变成了普通的像素点图像，不能再使用文字的相关命令进行编辑。文字栅格化后的图层如图 7－27 所示。

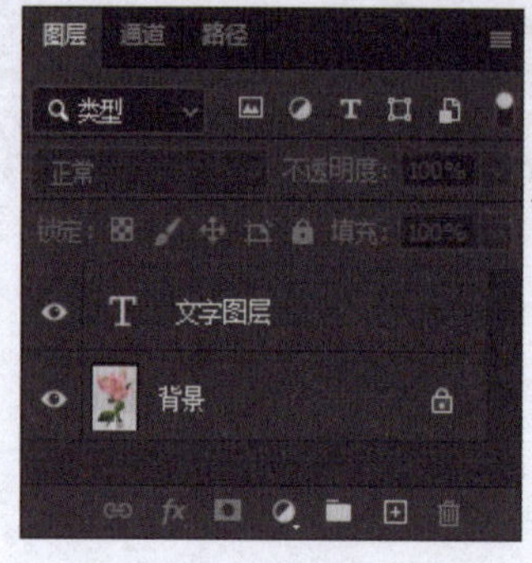

图 7－26

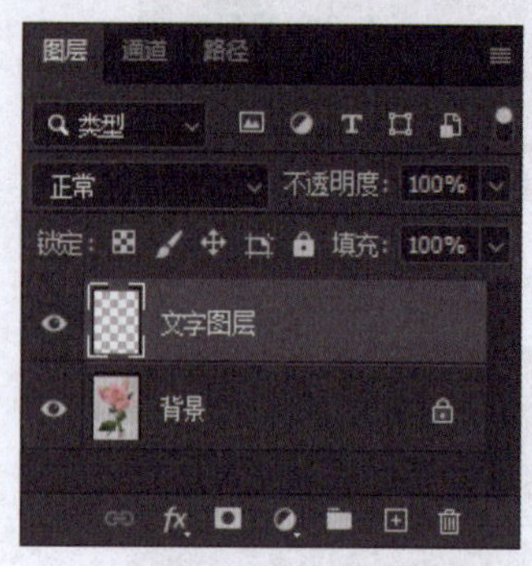

图 7－27

多通道、位图、索引颜色模式的图像不支持文字图层，在这些图像上输入文字时，不能产生对应的文字图层。

7.3.1.2 建立横排与直排文字

在 Photoshop 中创建文本需要使用工具箱中的文字创建工具，如图 7－28 所示。

这 4 种工具的作用分别如下。

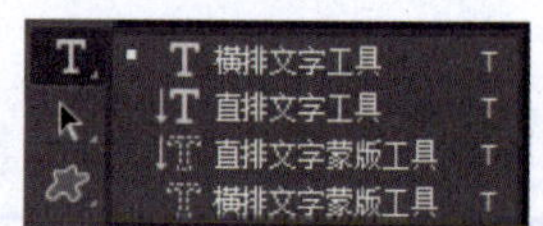

图 7－28

- 横排文字工具：用于输入水平排列的文字。
- 直排文字工具：用于输入垂直排列的文字。
- 横排文字蒙版工具：用于输入水平文字选区。
- 直排文字蒙版工具：用于输入垂直文字选区。

其中，通过横排文字工具输入的文本不能自动换行，可以按 Enter 键输入下一行文字。

文字输入完成后，还要对文字的属性进行设置，如文字的字体、大小、样式和字距等字符属性，段落的编排、对齐和定位等段落属性。

1. 创建横排文字

在文字的排列方式中，横排是最常见的一种排列方式。横排文字工具属性栏如图 7－29 所示，输入文字前，可以在其中设置好文字的相关属性。

图 7－29

该属性栏中部分选项的含义如下。

- 切换文本取向：用于改变输入文字的排列方向。
- 设置字体系列：可在其下拉列表中选择合适的字体。
- 设置字体大小：可在其下拉列表中选择合适的字号或输入值。
- 设置文本对齐方式：分别用于设置左对齐文本、居中对齐文本、右对齐文本的

文本对齐方式。

- 设置文本颜色■：单击该图标，可以在弹出的拾色器对话框中设置字体的颜色。
- 创建文字变形：用于创建变形文字。
- 切换字符和段落面板：显示字符面板。

创建横排文字的方法为：在工具箱中选择“横排文字工具”，在图像编辑区单击，将插入点置于要输入文字的位置，在出现的文字输入符后输入需要的文字，如图7－30所示；如果要临时编辑已输入文字的字体、字号等，可在插入输入符状态下，拖动鼠标指针将要编辑的文字选中，如图7－31所示，然后在横排文字工具属性栏中修改相关设置即可；输入文字后单击属性栏中的☑按钮，完成文字的创建，如图7－32所示。创建的文字在“图层”面板会自动生成一个文字图层，文字图层的缩览图是“T”字，文字图层的名称和输入的文字保持一致，如图7－33所示。

图7－30

图7－31

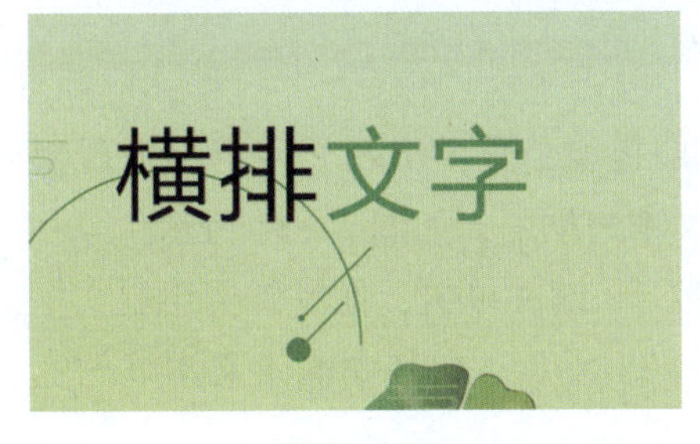

图7－32

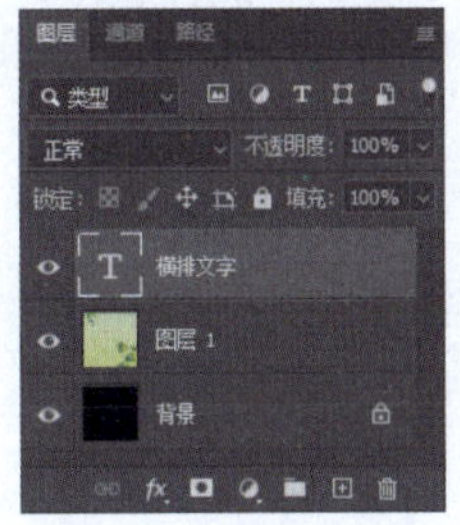

图7－33

在带T字的文字图层缩览图上双击，可以对文字进行重新编辑，在文字绘制中，如果取消文字的建立，单击属性栏中的⊘按钮即可。

2. 创建直排文字

创建直排文字的方法和创建横排文字的方法相同，在工具箱中选择“直排文字工具”，在图像编辑区中单击，出现文字输入符，在其后输入文字即可，如图7－34所示。

图7－34

文字输入完成后，如果想结束文字的创建，按Ctrl＋Enter组合键即可。文字输入过程中，如果想退出文字的输入，按Esc键即可。

7.3.1.3　制作文字选区

横排文字蒙版工具、直排文字蒙版工具的使用方法和横排文字工具的使用方法相同，不同之处是：这两个工具在使用时可以直接创建一个文字形状的选区，在文字的输入过程中会产生一个红色的重叠的蒙版区域，如图 7－35 所示，此时可以对文字进行属性设置，如更改字体、字号等。当文字输入完成后，不能再对文字内容进行更改，这时文字会转换成选区出现在当前图层中，如图 7－36 所示。可以像对待其他选区一样进行各种编辑操作。

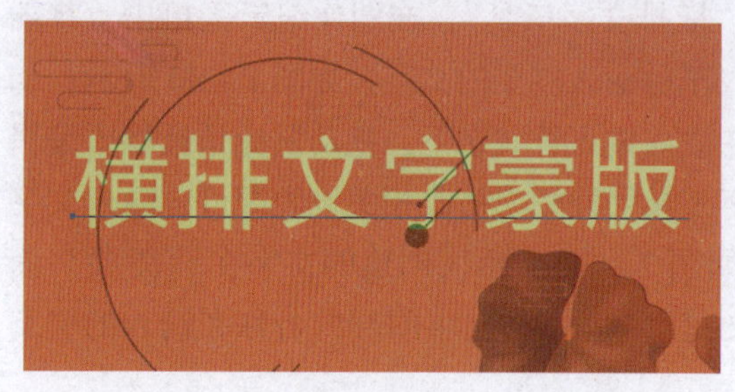

图 7－35

图 7－36

另外，使用横排文字工具或直排文字工具输入文字并提交后，按 Ctrl 键的同时在对应的文字图层缩览图上单击，也可以将文字转换为选区载入图像中。

7.3.1.4 创建段落文字

段落文本用于创建和编辑内容比较多的文字信息。Photoshop 的段落文本都保留在称为文本框的框架中，在文本框中输入的段落文本会根据框架的大小而自动换行。当输入的段落文字超出该框架所能容纳的文字数量时，在右下角会出现一个溢流图标，提醒用户有多余的文本没有显示出来，增大文本框架的长宽或缩小文字的大小，即可将隐藏的溢流文本显示出来。

1. 创建规则文本框

选择文字工具，在图像中单击并沿着对角线方向拖曳，直至出现文字定界框后释放鼠标，就会创建一个段落文本框，文字输入符显示在文本边框中，如图 7－37 所示。

还可以创建一个指定大小的文本框，方法是：按 Alt 键并单击，拖曳鼠标绘制文框，释放鼠标时会弹出“段落文字大小”对话框，如图 7－38 所示。在其中输入文本框的宽度和高度，单击“确定”按钮即可。

图 7－37

图 7－38

生成的段落文本有 8 个控制大小的控制点，用于缩放文本框，这些控制点不影响文本框内各项的设定。可以在创建完成的文本框中直接输入文字，也可以复制文字，如图 7－39 所示。

如果缩小文本框，则超出文本框的文字会被隐藏起来，文本框右下角的控制点变为 ⊞，表示还有文字没有显示出来，如图 7－40 所示。

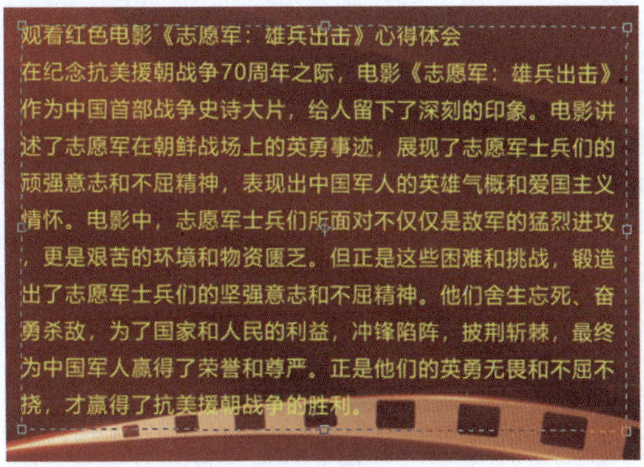

图 7－39

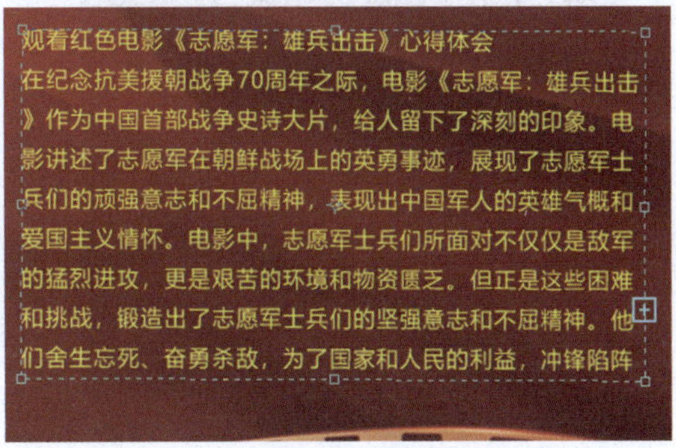

图 7－40

按 Ctrl 键的同时将鼠标指针放在文本框中间的边框控制点上拖动，可以使文字发生倾斜变形，如图 7－41 所示。

将鼠标指针放在位于文本框四角的任意一个控制点时，鼠标指针都会变成双向弯曲箭头，拖动鼠标可以旋转图像，如图 7－42 所示。

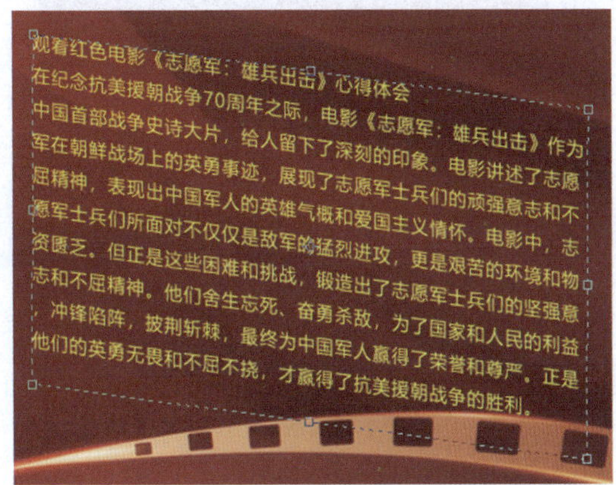

图 7－41

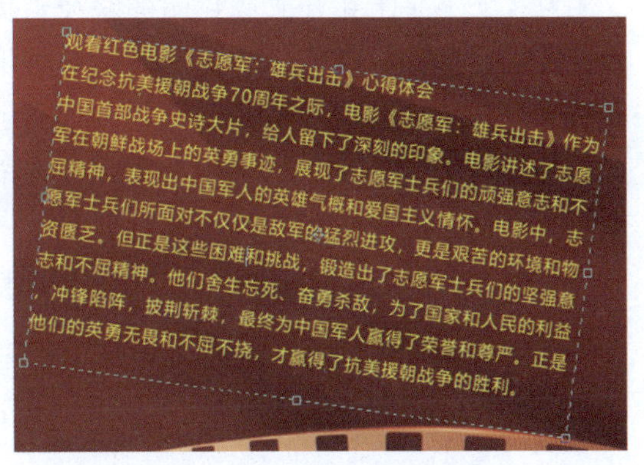

图 7－42

2. 创建不规则文本框

在图形设计中，有时需要绘制一些特殊形状的文本框，如星形文本框，这时规则的文本框满足不了需求。在 Photoshop 中可以将路径图形定义成文本框，从而提升文字排版的灵活性。不规则文本框的建立方法如下。

（1）在工具箱中选择“多边形工具”，属性栏设置如图 7－43 所示。然后在图像编辑区创建六边形的路径，如图 7－44 所示。

图 7－43

（2）在工具箱中选择“横排文字工具”，将光标放到六边形路径的图形内，当光标变为圆形时单击，这时六边形路径变为不规则的文本框，如图 7－45 所示。

图 7 – 44

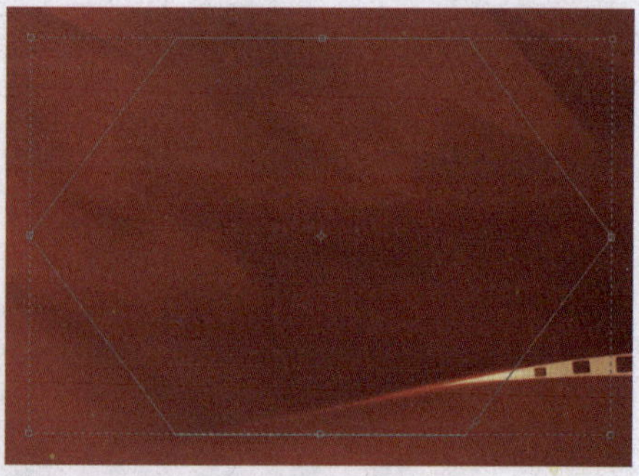

图 7 – 45

（3）输入需要的文字内容，在段落文字输入过程中，系统会根据文本框的形状自动换行，按 Enter 键可以手动换行。单击文字工具属性栏中的“提交”按钮☑，完成文字的建立，效果如图 7 – 46 所示。

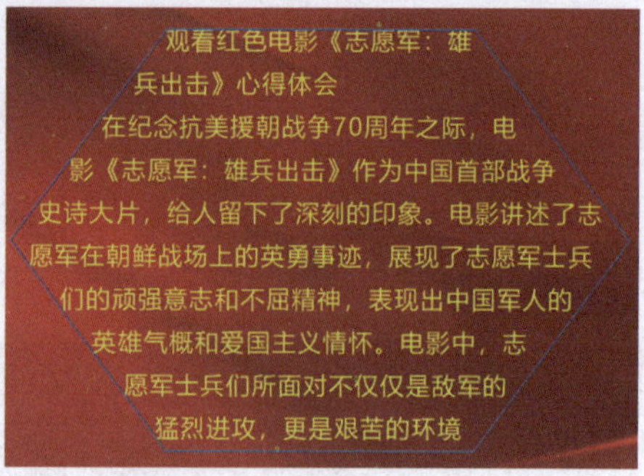

观看红色电影《志愿军：雄
兵出击》心得体会
在纪念抗美援朝战争70周年之际，电
影《志愿军：雄兵出击》作为中国首部战争
史诗大片，给人留下了深刻的印象。电影讲述了志
愿军在朝鲜战场上的英勇事迹，展现了志愿军士兵
们的顽强意志和不屈精神，表现出中国军人的
英雄气概和爱国主义情怀。电影中，志
愿军士兵们所面对不仅仅是敌军的
猛烈进攻，更是艰苦的环境

图 7 – 46

3. 创建路径文字

路径文字是指在开放或封闭的路径上创建文字，使文字沿路径排列，从而制作出各种形状的弯曲文字效果。当移动或修改路径的形状时，文字会适应新的路径位置和形状而一起发生变化。路径文字的建立方法如下。

（1）打开“路径文字.psd”图像素材，如图 7 – 47 所示。

（2）在工具箱中选择“钢笔工具”，属性栏选择“路径”，沿酒杯的边缘部分绘制一条曲线路径，如图 7 – 48 所示。

图 7 – 47

图 7 – 48

（3）在工具箱中选择“横排文字工具”，移动光标至创建的路径处，当鼠标指针变化时，在路径的起始点单击以确定文字插入点，此时出现一个闪烁的光标，然后开始输入文字，横排文字将与路径垂直，如图 7 – 49 所示。

（4）在工具箱中选择“直排文字工具”，在路径中输入文字，则直排文字与路径平行，如图 7 – 50 所示。

图 7－49

图 7－50

（5）文字输入完成后，按 Ctrl＋Enter 组合键，或单击工具箱属性栏中的“提交”铵钮☑，完成文字的输入，然后在“路径”面板中的灰色处单击，即可隐藏绘制的路径。

（6）使用同样的方法，利用自定义形状工具绘制路径，可以创建路径文字。图 7－51 为创建的心形路径文字效果。

7.3.2　文字的修改

文字创建完成后，在对文字图层进行栅格化处理之前，可以随时编辑文字的内容，如通过文字面板更改字体方向等，也可以将文字图层转换为形状或者进行其他的操作。

对文字内容进行更改可以使用“横排文字工具”或“直排文字工具”，在图像编辑区的文本上单击设置插入点，选中需要更改的文字，输入新的内容即可，如图 7－52 所示；或者在“图层”面板的文字图层的缩览图上双击，选中全部的文字，然后进行更改，如图 7－53 所示。

图 7－51

图 7－52

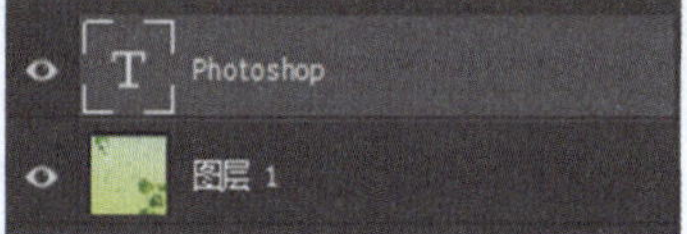

图 7－53

7.3.2.1　设置“字符”面板和“段落”面板

文字输入完成后或在文字编辑过程中，都可以修改文字的属性。Photoshop 的“字符”

面板不仅提供了文字工具属性栏中相对应的属性设置，还可以对点文字和段落文字进行文字行距与字间距的微调、水平和垂直缩放、更改大小写、基线偏移、大小写转换等属性设置。下面介绍如何使用“字符”面板对文字进行更全面的设置。

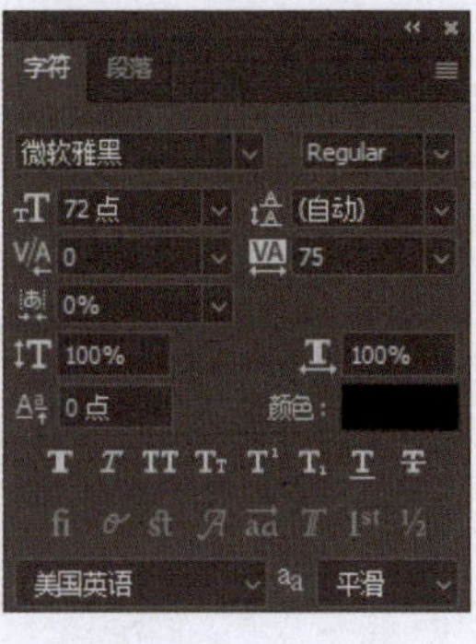

图 7-54

1. 字符格式设置

在“图层”面板的文字图层上双击，选择当前文字图层中的所有文字，或用相应的文字工具在文字上单击，选择要设置的部分文字，选择“窗口”→“字符”命令，或者在文字工具属性栏中单击“切换字符和段落面板”按钮，弹出“字符”面板，如图 7-54 所示，在其中进行相关属性设置。

“字符”面板说明如下。

（1）设置字体系列：用于选择字体样式。

（2）设置字体样式：用于将文字设置为“粗体”或“斜体”。英文常用到这些选项，中文用得很少。

（3）设置字体大小：选中文字，在此数值框中输入数值或在下拉列表中选择一个数值。字体大小通常以“点（pt）”为度量单位（也可以操作“编辑”→“首选项”→“单位与标尺”命令，在打开的对话框中重新设定字体单位，如图 7-55 所示）。

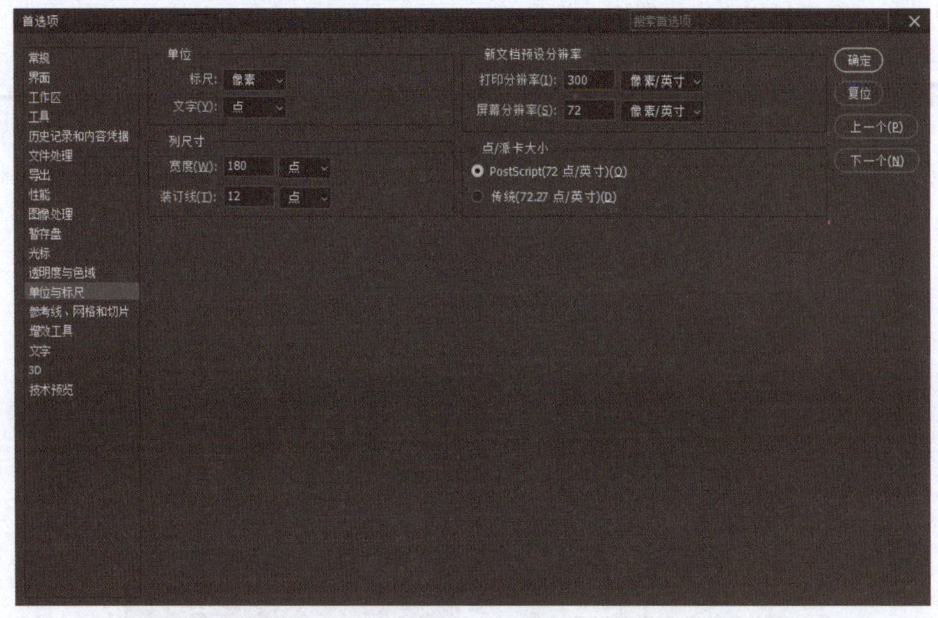

图 7-55

（4）设置行距：行间距是指两行文字之间的基线距离。在文本框中输入数值或在下拉列表中选择一个数值即可设置行间距，数值越大，行间距越大。图 7-56 和图 7-57 分别为行间距为 18 和 36 的效果。

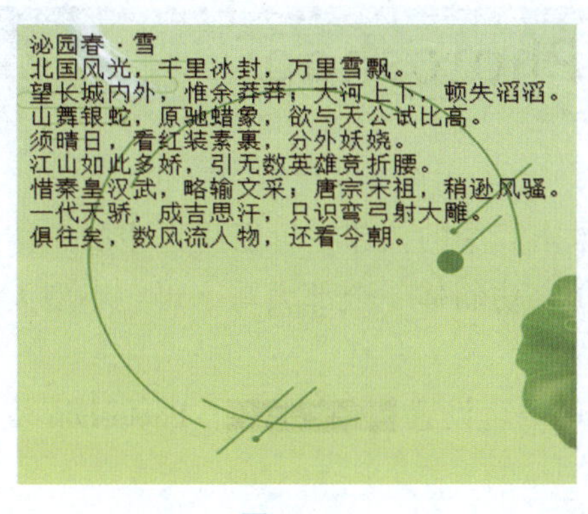

图 7－56

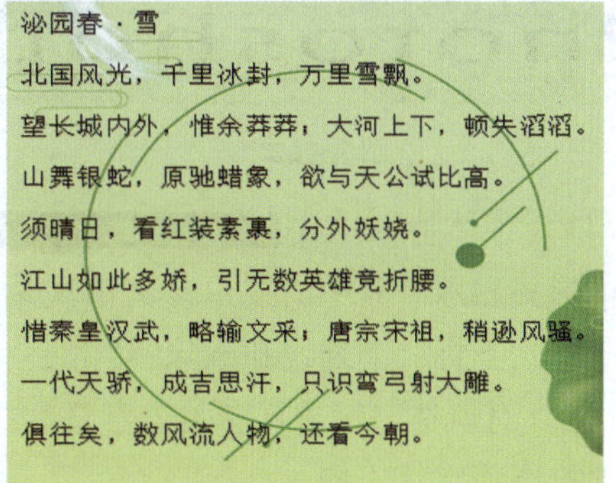

图 7－57

（5）设置两个字符间的字距微调 V/A 0：该选项用于增加或减少字符间的距离。只有当光标插入文字中时，字符微调参数才能输入。在文本框中输入正值，增大字符的间距；输入负值，缩小字符的间距。

（6）设置所选字符的字距调整 VA 75：用于调整字间距。设置的数值越大，字间距越大。图 7－58 和图 7－59 分别是字间距为－100 和 100 的效果。

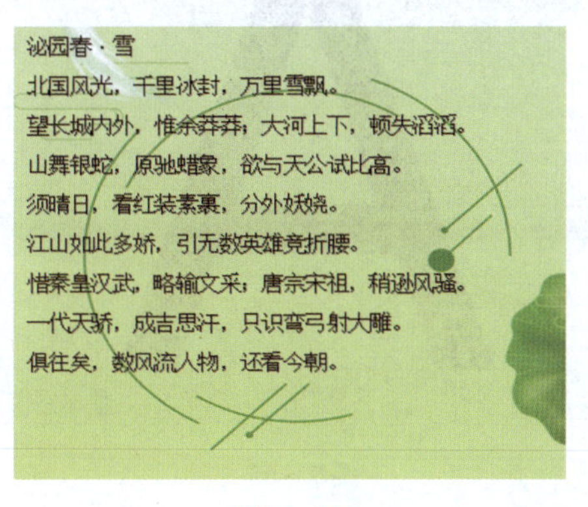

图 7－58

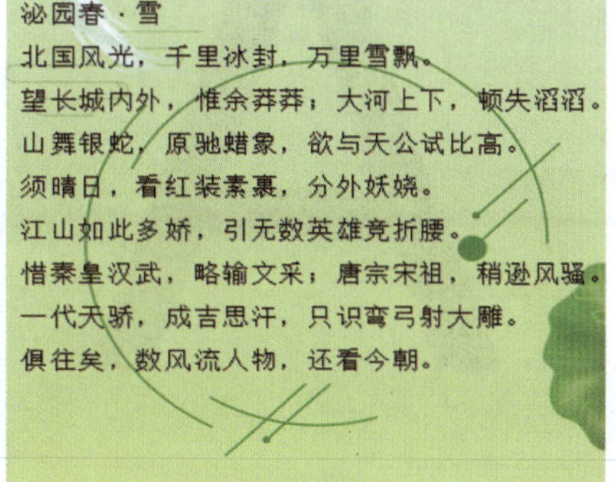

图 7－59

（7）设置所选字符比例间距 0%：用于调整比例间距。比例间距是指按指定的百分比减小字符周围的空间。当向字符中添加比例间距时，字符两侧的间距按相同的百分比减小，字符本身不会被伸展或挤压。

（8）垂直缩放 IT 100%：用于调整文字在垂直方向上的比例。图 7－60 和图 7－61 分别是垂直比例为 100% 和 50% 时的效果。

图 7－60

图 7－61

（9）水平缩放 T 100%：用于调整文字在水平方向上的比例。图 7－62 和图 7－63 分别是垂直比例为 100% 和 50% 时的效果。

（10）设置基线偏移 A 0点：该选项用于控制文字与文字基线的距离，输入正值时，横排文字上移，直排文字移动到基线右侧；输入负值时，横排文字下移，直排文字移动到基线左侧。

图 7-62　　　　图 7-63

(11) 字体特殊样式：单击其中的按钮，可以将选中的字体改为相应的形式显示。其中的按钮含义依次为“仿粗体、仿斜体、全部大写字母、小型大写字母、上标、下标、下划线和删除线”。

(12) 对所选字符进行有关连字符和拼写规则的语言设置：Photoshop 使用语言词典检查连字符连接。

(13) 设置消除锯齿的方法：该选项列出了 5 种消除字体锯齿边缘的方法，分别为“无、锐利、犀利、浑厚、平滑”。消除锯齿是通过部分地填充边缘像素来产生边缘平滑的文字，使文字的边缘混合到背景中。图 7-64 和图 7-65 分别为“无”和“平滑”文字的效果。

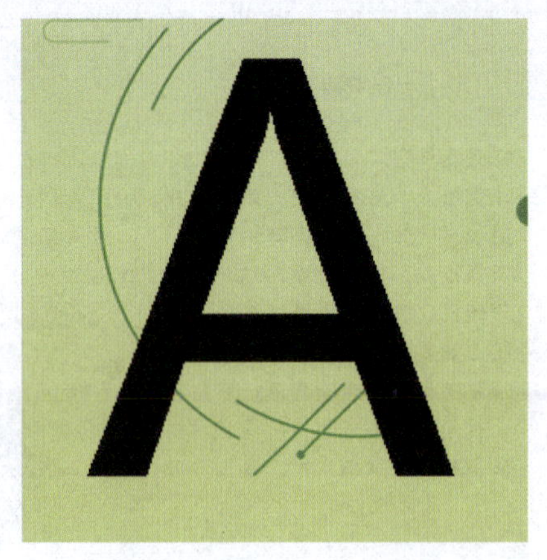

图 7-64

图 7-65

2. 段落格式设置

所谓段落，是指末尾带有回车符的一段文字，对于点文字，每行是一个单独的段落；对于段落文字，一段可能有多行。

设置段落格式是在“段落”面板中进行的。通常情况下，“字符”面板和“段落”面板是在一起的，单击“段落”标签使其显示在前面，也可以拖拉“段落”标签将两个面板分开，使它们同时显示出来，还可以选择“窗口”→“段落”命令，弹出“段落”面板，如图 7-66 所示。

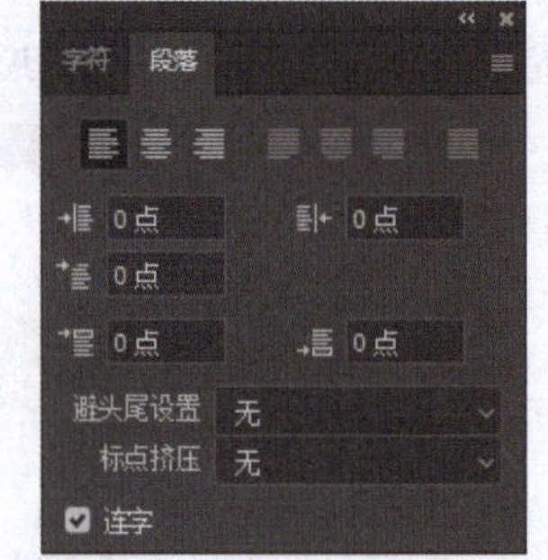

图 7-66

“段落”面板说明如下。

(1) 左对齐文本按钮：用于将文字居左对齐，此时段落右端不齐，如图 7-67 所示。

(2) 居中对齐文本按钮：用于将文字居中对齐，此时段落两端不齐，如图 7-68 所示。

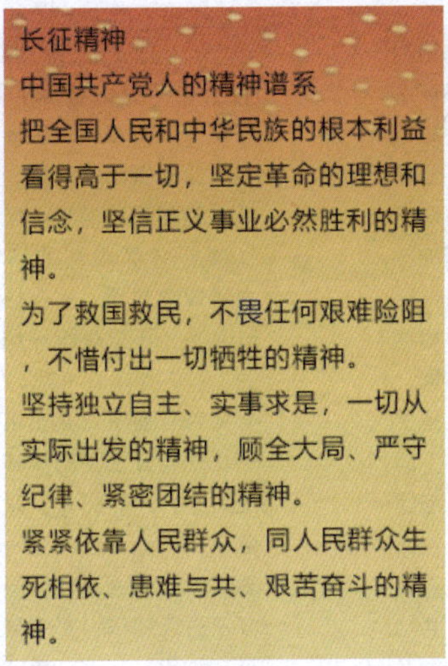

长征精神
中国共产党人的精神谱系
把全国人民和中华民族的根本利益看得高于一切，坚定革命的理想和信念，坚信正义事业必然胜利的精神。
为了救国救民，不畏任何艰难险阻，不惜付出一切牺牲的精神。
坚持独立自主、实事求是，一切从实际出发的精神，顾全大局、严守纪律、紧密团结的精神。
紧紧依靠人民群众，同人民群众生死相依、患难与共、艰苦奋斗的精神。

图 7－67

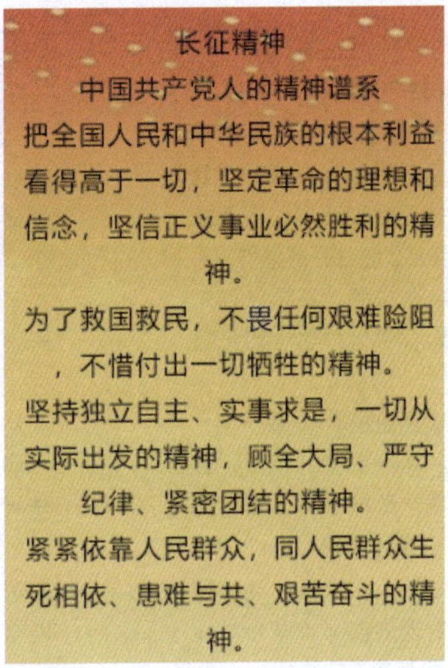

长征精神
中国共产党人的精神谱系
把全国人民和中华民族的根本利益看得高于一切，坚定革命的理想和信念，坚信正义事业必然胜利的精神。
为了救国救民，不畏任何艰难险阻，不惜付出一切牺牲的精神。
坚持独立自主、实事求是，一切从实际出发的精神，顾全大局、严守纪律、紧密团结的精神。
紧紧依靠人民群众，同人民群众生死相依、患难与共、艰苦奋斗的精神。

图 7－68

（3）右对齐文本按钮：用于将文字居右对齐，此时段落左端不齐，如图 7－69 所示。

（4）最后一行左对齐按钮：用于对齐除最后一行外的所有行，最后一行文字左对齐，如图 7－70 所示。

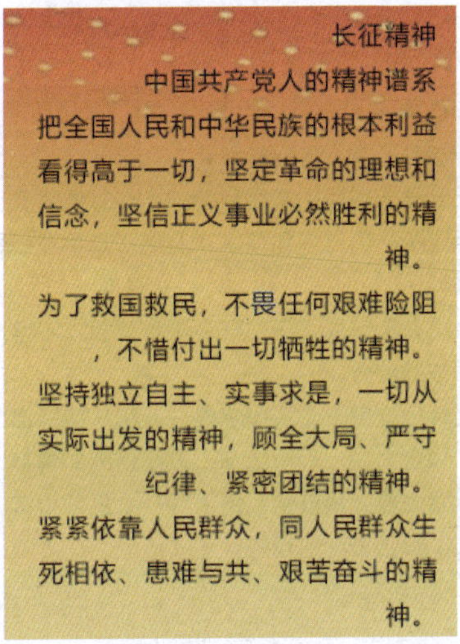

长征精神
中国共产党人的精神谱系
把全国人民和中华民族的根本利益看得高于一切，坚定革命的理想和信念，坚信正义事业必然胜利的精神。
为了救国救民，不畏任何艰难险阻，不惜付出一切牺牲的精神。
坚持独立自主、实事求是，一切从实际出发的精神，顾全大局、严守纪律、紧密团结的精神。
紧紧依靠人民群众，同人民群众生死相依、患难与共、艰苦奋斗的精神。

图 7－69

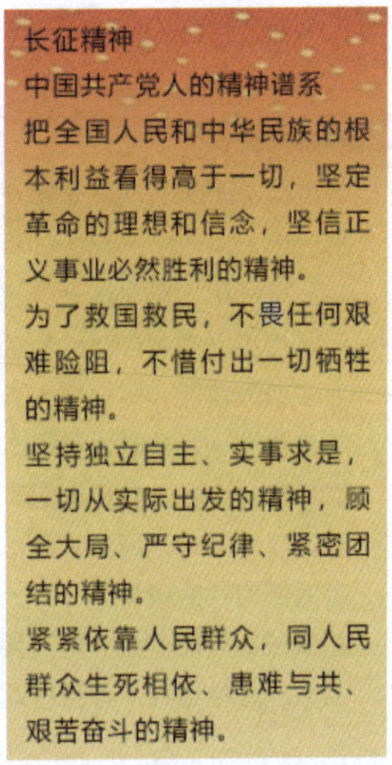

长征精神
中国共产党人的精神谱系
把全国人民和中华民族的根本利益看得高于一切，坚定革命的理想和信念，坚信正义事业必然胜利的精神。
为了救国救民，不畏任何艰难险阻，不惜付出一切牺牲的精神。
坚持独立自主、实事求是，一切从实际出发的精神，顾全大局、严守纪律、紧密团结的精神。
紧紧依靠人民群众，同人民群众生死相依、患难与共、艰苦奋斗的精神。

图 7－70

（5）最后一行居中对齐按钮：用于对齐除最后一行外的所有行，最后一行文字居中对齐，如图 7－71 所示。

（6）最后一行右对齐按钮：用于对齐除最后一行外的所有行，最后一行文字右对齐，如图 7－72 所示。

（7）全部对齐：用于对齐除最后一行外的所有行，最后一行强制对齐，如图 7－73 所示。

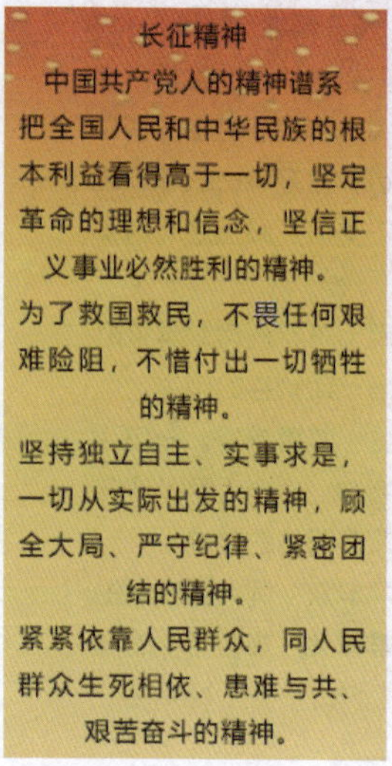

长征精神
中国共产党人的精神谱系
把全国人民和中华民族的根
本利益看得高于一切，坚定
革命的理想和信念，坚信正
义事业必然胜利的精神。
为了救国救民，不畏任何艰
难险阻，不惜付出一切牺牲
的精神。
坚持独立自主、实事求是，
一切从实际出发的精神，顾
全大局、严守纪律、紧密团
结的精神。
紧紧依靠人民群众，同人民
群众生死相依、患难与共、
艰苦奋斗的精神。

图 7－71

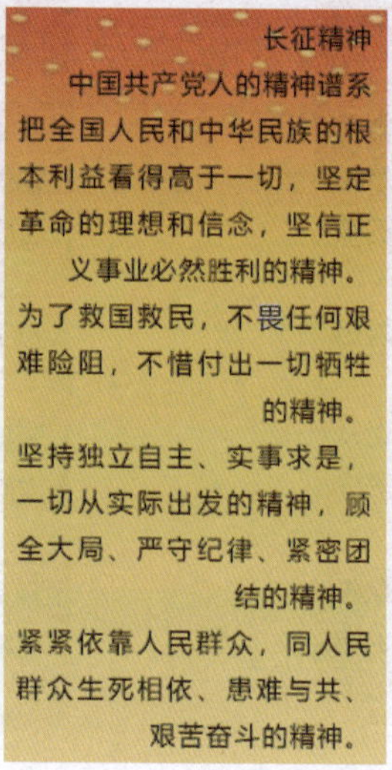

长征精神
中国共产党人的精神谱系
把全国人民和中华民族的根
本利益看得高于一切，坚定
革命的理想和信念，坚信正
义事业必然胜利的精神。
为了救国救民，不畏任何艰
难险阻，不惜付出一切牺牲
的精神。
坚持独立自主、实事求是，
一切从实际出发的精神，顾
全大局、严守纪律、紧密团
结的精神。
紧紧依靠人民群众，同人民
群众生死相依、患难与共、
艰苦奋斗的精神。

图 7－72

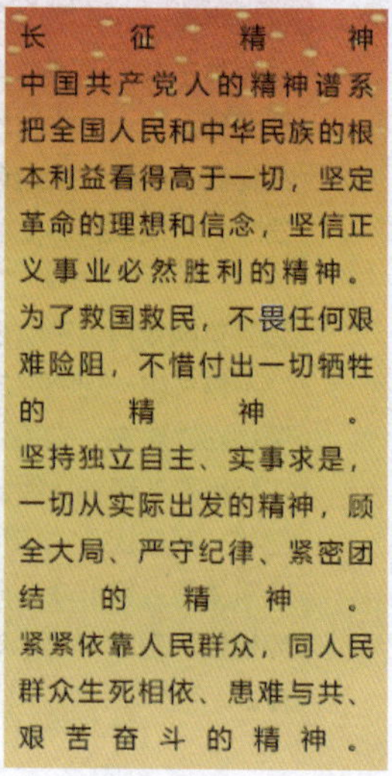

长 征 精 神
中国共产党人的精神谱系
把全国人民和中华民族的根
本利益看得高于一切，坚定
革命的理想和信念，坚信正
义事业必然胜利的精神。
为了救国救民，不畏任何艰
难险阻，不惜付出一切牺牲
的 精 神 。
坚持独立自主、实事求是，
一切从实际出发的精神，顾
全大局、严守纪律、紧密团
结 的 精 神 。
紧紧依靠人民群众，同人民
群众生死相依、患难与共、
艰 苦 奋 斗 的 精 神 。

图 7－73

（8）左缩进按钮：用于设置当前段落的左侧相对于左文本框的缩进值，横排文字从段落的左边缩进，直排文字从段落的顶端缩进。图 7－74 和图 7－75 分别是左缩进值为 50 和－50 的横排文字。

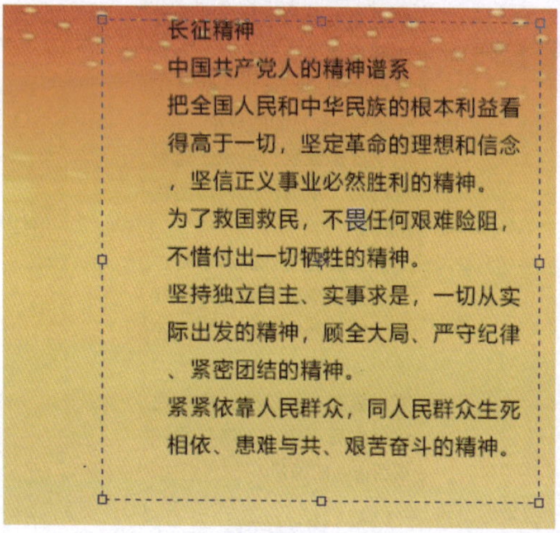

长征精神
中国共产党人的精神谱系
把全国人民和中华民族的根本利益看
得高于一切，坚定革命的理想和信念
，坚信正义事业必然胜利的精神。
为了救国救民，不畏任何艰难险阻，
不惜付出一切牺牲的精神。
坚持独立自主、实事求是，一切从实
际出发的精神，顾全大局、严守纪律
、紧密团结的精神。
紧紧依靠人民群众，同人民群众生死
相依、患难与共、艰苦奋斗的精神。

图 7－74

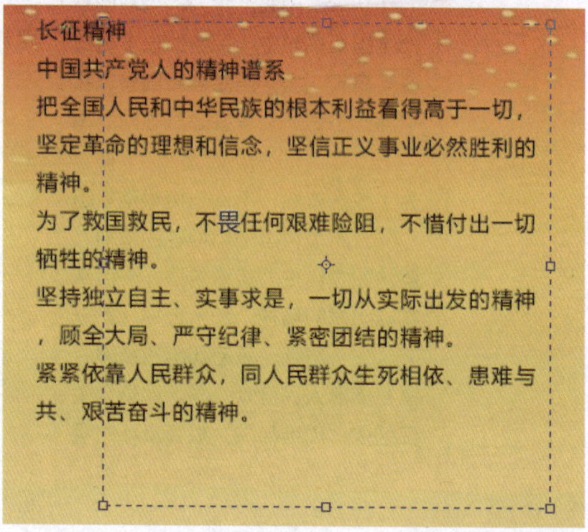

长征精神
中国共产党人的精神谱系
把全国人民和中华民族的根本利益看得高于一切，
坚定革命的理想和信念，坚信正义事业必然胜利的
精神。
为了救国救民，不畏任何艰难险阻，不惜付出一切
牺牲的精神。
坚持独立自主、实事求是，一切从实际出发的精神
，顾全大局、严守纪律、紧密团结的精神。
紧紧依靠人民群众，同人民群众生死相依、患难与
共、艰苦奋斗的精神。

图 7－75

（9）右缩进按钮：用于设置当前段落的右侧相对于右文本框的缩进值，横排文字从段落的右边缩进，直排文字从段落的底端缩进。图 7－76 和图 7－77 分别是右缩进值为 50 和－50 的横排文字。

（10）首缩进按钮：用于设置当前段落的首行相对于其他的缩进值，对于横排文字，首行缩进值与左缩进有关；对于直排文字，首行缩进与顶端缩进有关。图 7－78 和图 7－79 分别是首行缩进值为 50 和－50 的横排文字。

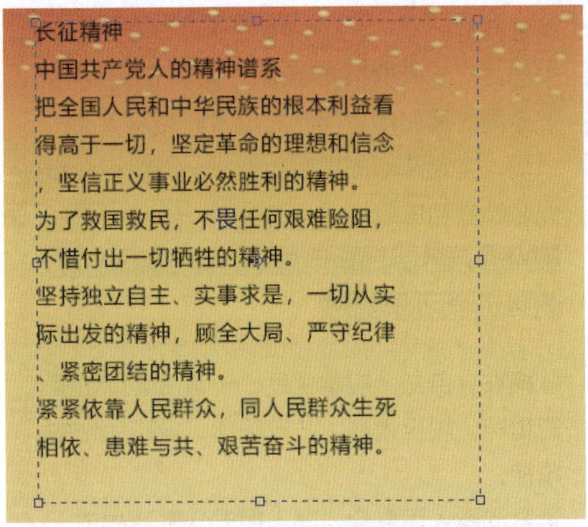

长征精神
中国共产党人的精神谱系
把全国人民和中华民族的根本利益看得高于一切，坚定革命的理想和信念，坚信正义事业必然胜利的精神。
为了救国救民，不畏任何艰难险阻，不惜付出一切牺牲的精神。
坚持独立自主、实事求是，一切从实际出发的精神，顾全大局、严守纪律、紧密团结的精神。
紧紧依靠人民群众，同人民群众生死相依、患难与共、艰苦奋斗的精神。

图 7－76

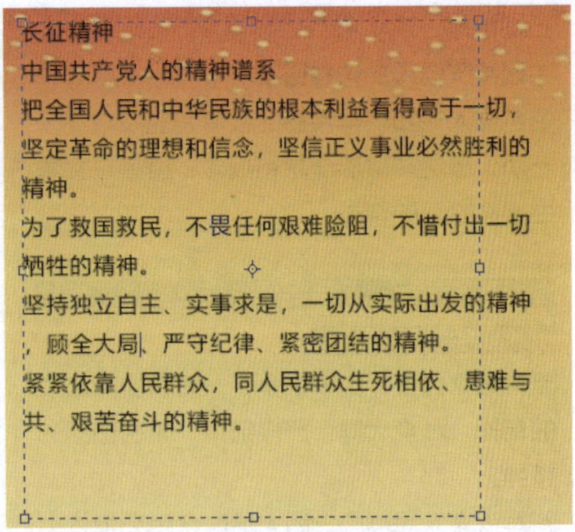

长征精神
中国共产党人的精神谱系
把全国人民和中华民族的根本利益看得高于一切，坚定革命的理想和信念，坚信正义事业必然胜利的精神。
为了救国救民，不畏任何艰难险阻，不惜付出一切牺牲的精神。
坚持独立自主、实事求是，一切从实际出发的精神，顾全大局、严守纪律、紧密团结的精神。
紧紧依靠人民群众，同人民群众生死相依、患难与共、艰苦奋斗的精神。

图 7－77

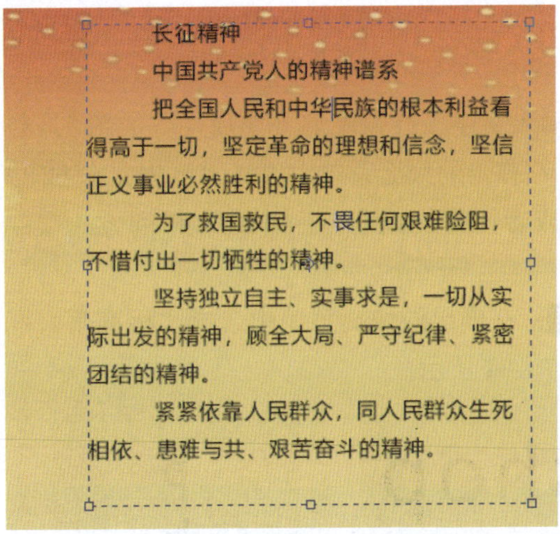

长征精神
中国共产党人的精神谱系
把全国人民和中华民族的根本利益看得高于一切，坚定革命的理想和信念，坚信正义事业必然胜利的精神。
为了救国救民，不畏任何艰难险阻，不惜付出一切牺牲的精神。
坚持独立自主、实事求是，一切从实际出发的精神，顾全大局、严守纪律、紧密团结的精神。
紧紧依靠人民群众，同人民群众生死相依、患难与共、艰苦奋斗的精神。

图 7－78

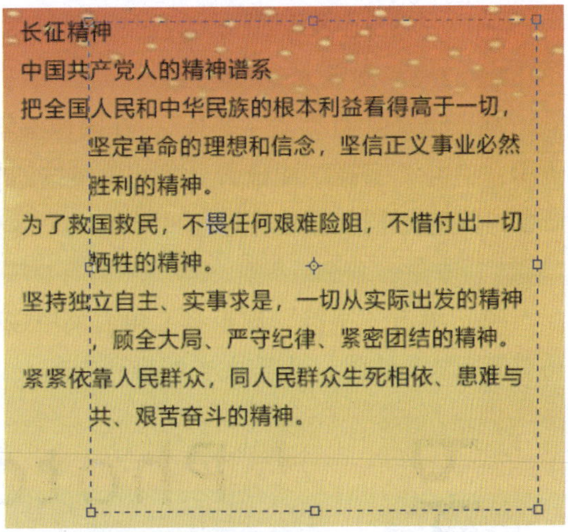

长征精神
中国共产党人的精神谱系
把全国人民和中华民族的根本利益看得高于一切，坚定革命的理想和信念，坚信正义事业必然胜利的精神。
为了救国救民，不畏任何艰难险阻，不惜付出一切牺牲的精神。
坚持独立自主、实事求是，一切从实际出发的精神，顾全大局、严守纪律、紧密团结的精神。
紧紧依靠人民群众，同人民群众生死相依、患难与共、艰苦奋斗的精神。

图 7－79

（11）段前添加空格按钮：用于设置当前段落与上一段落之间的垂直距离。图 7－80 是设置段前添加空格为 20 的横排文字。

（12）段后添加空格按钮：用于设置当前段落与下一段落之间的垂直距离。图 7－81 是设置段后添加空格为 20 的横排文字。

（14）“避头尾设置”下拉列表框 避头尾设置 无：避头尾法则是亚洲文本的换行方式。不能出现在一行的开头或结尾的字符称为避头尾字符。

（15）“标点挤压”下拉列表框 标点挤压 无：用于确定日语文字中的标点、符号、数字以及其他字符类别之间的距离。

（16）“连字”复选框 连字：用于设置手动和自动断字，仅适用于罗马字符。

注意：段落缩进用来指定文字与文字块边框之间的距离，或是首行缩进文字块的距离。缩进只影响选中的段落，因此可以很容易为不同的段落设置不同的缩进。

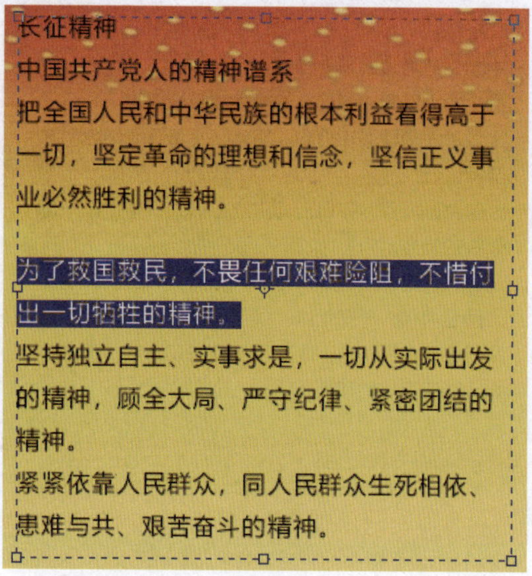

长征精神
中国共产党人的精神谱系
把全国人民和中华民族的根本利益看得高于一切，坚定革命的理想和信念，坚信正义事业必然胜利的精神。

为了救国救民，不畏任何艰难险阻，不惜付出一切牺牲的精神。
坚持独立自主、实事求是，一切从实际出发的精神，顾全大局、严守纪律、紧密团结的精神。
紧紧依靠人民群众，同人民群众生死相依、患难与共、艰苦奋斗的精神。

图 7－80

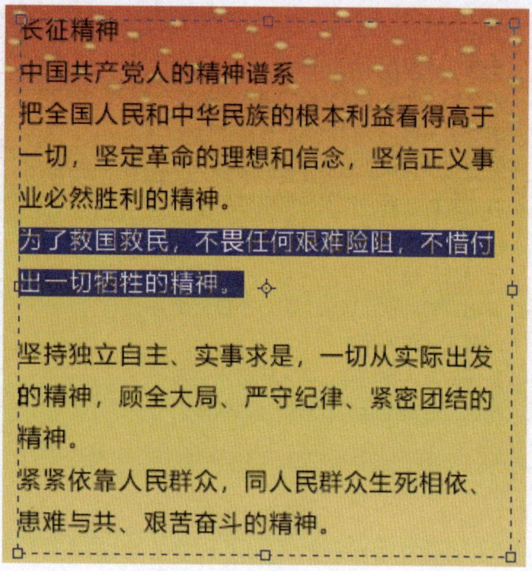

长征精神
中国共产党人的精神谱系
把全国人民和中华民族的根本利益看得高于一切，坚定革命的理想和信念，坚信正义事业必然胜利的精神。
为了救国救民，不畏任何艰难险阻，不惜付出一切牺牲的精神。

坚持独立自主、实事求是，一切从实际出发的精神，顾全大局、严守纪律、紧密团结的精神。
紧紧依靠人民群众，同人民群众生死相依、患难与共、艰苦奋斗的精神。

图 7－81

7.3.2.2　文字方向的更改

（1）选择“直排文字工具”，在图像编辑区输入文字，并调整好文字属性，如图 7－82 所示，单击“字符”面板右上角的菜单按钮 ，在弹出的快捷菜单中选择“更改文本方向”命令，调整文本的排列方向，如图 7－83 所示，或者操作“文字”→“文本排列方式”→“横排”命令。

（2）单击“字符”面板右上角的菜单按钮 ，在弹出的快捷菜单中选择“标准垂直罗马对齐方式”命令，调整文本的排列方向，如图 7－84 所示。

图 7－82

图 7－83

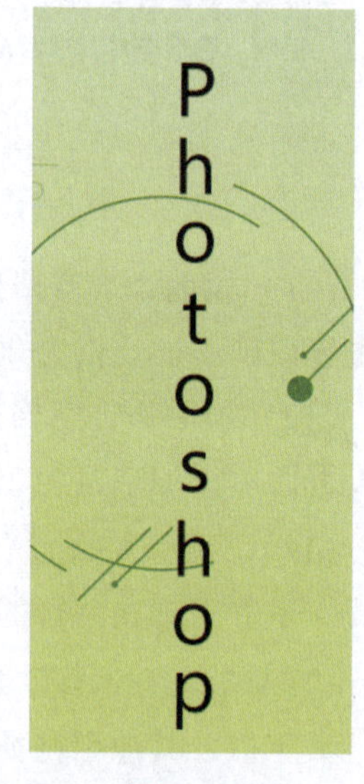

图 7－84

（3）单击“字符”面板右上角的菜单按钮 ，在弹出的快捷菜单中选择“直排内横排”命令，调整文本的排列方向。和图 7－83 所示的不同之处是对齐点的位置不同。

7.3.2.3　文字的查找与替换

当输入的文字内容较多时，容易出现很多相同的错误，逐个更改非常麻烦，这时可以使用 Photoshop 中的“查找与替换”功能进行替换，让系统自动处理，以提高工作效率。但是已经栅格化的文字不能进行查找和替换操作。

（1）如图 7－85 所示的文字，选择文本图层，操作“编辑”→“查找和替换文本”命令，弹出“查找和替换文本”对话框，如图 7－86 所示。

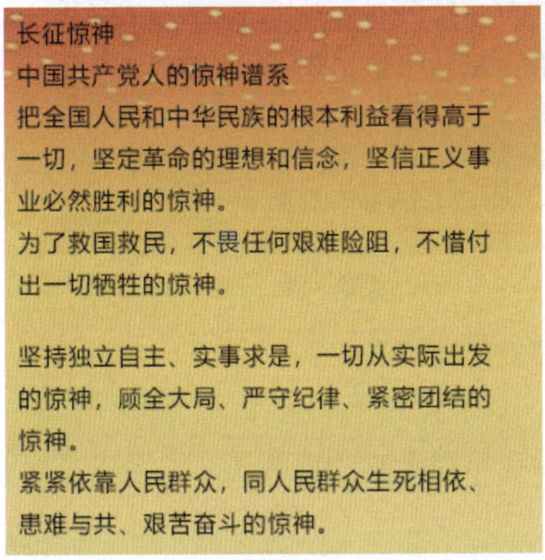

长征惊神
中国共产党人的惊神谱系
把全国人民和中华民族的根本利益看得高于一切，坚定革命的理想和信念，坚信正义事业必然胜利的惊神。
为了救国救民，不畏任何艰难险阻，不惜付出一切牺牲的惊神。
坚持独立自主、实事求是，一切从实际出发的惊神，顾全大局、严守纪律、紧密团结的惊神。
紧紧依靠人民群众，同人民群众生死相依、患难与共、艰苦奋斗的惊神。

图 7－85

查找和替换文本
查找内容(E):
惊神
更改为(C):
精神
搜索所有图层(S)
向前(O)
区分大小写(E)
全字匹配(W)
忽略重音(G)
完成(D)
查找下一个(I)
更改(H)
更改全部(A)
更改/查找(N)

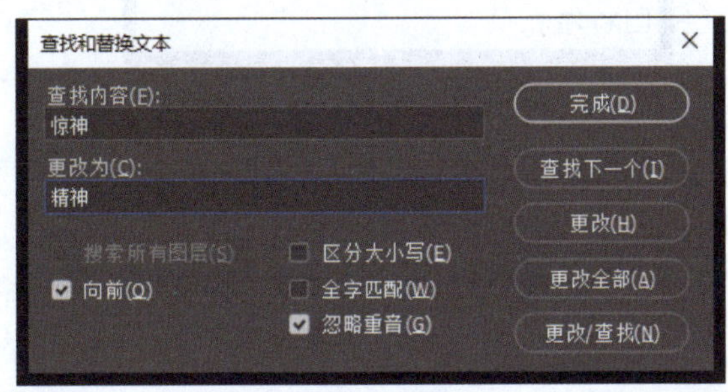

图 7－86

（2）在“查找内容”文本框中输入要查找的内容“惊神”，单击“查找下一个”按钮开始查找，查找到的内容被反白显示，如图 7－87 所示。如果要替换查找到的内容，在“更改为”文本框中输入要替换的内容“精神”，单击“更改”按钮，即可完成替换操作，如图 7－88 所示。如果要全部替换同样的错误，则单击“更改全部”按钮，提示如图 7－89 所示。更改后的文字如图 7－90 所示。

长征惊神
中国共产党人的惊神谱系
把全国人民和中华民族的根本利益看得高于一切，坚定革命的理想和信念，坚信正义事业必然胜利的惊神。
为了救国救民，不畏任何艰难险阻，不惜付出一切牺牲的惊神。
坚持独立自主、实事求是，一切从实际出发的惊神，顾全大局、严守纪律、紧密团结的惊神。
紧紧依靠人民群众，同人民群众生死相依、患难与共、艰苦奋斗的惊神。

图 7－87

长征精神
中国共产党人的惊神谱系
把全国人民和中华民族的根本利益看得高于一切，坚定革命的理想和信念，坚信正义事业必然胜利的惊神。
为了救国救民，不畏任何艰难险阻，不惜付出一切牺牲的惊神。
坚持独立自主、实事求是，一切从实际出发的惊神，顾全大局、严守纪律、紧密团结的惊神。
紧紧依靠人民群众，同人民群众生死相依、患难与共、艰苦奋斗的惊神。

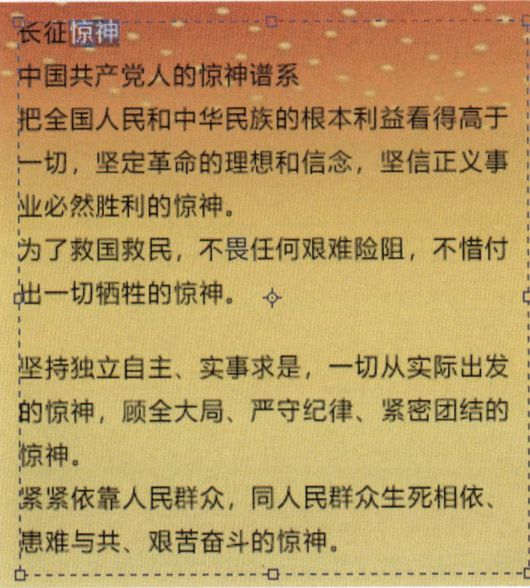

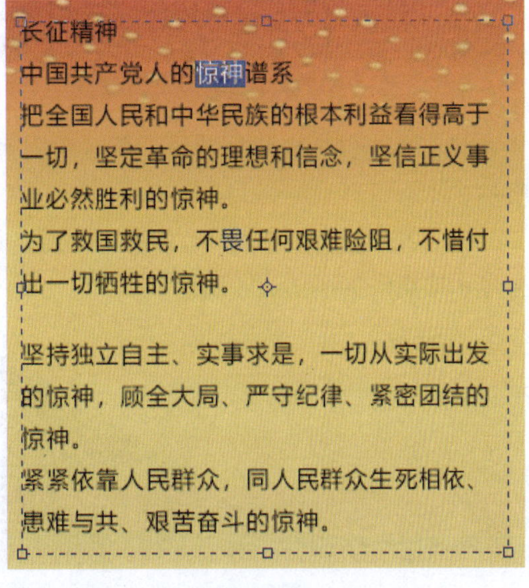

图 7－88

Adobe Photoshop
没有找到更多匹配项，进行了 7 处替换。
确定
不再显示

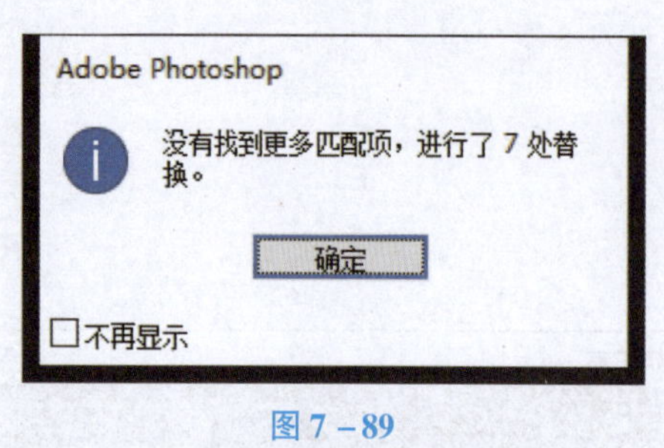

图 7－89

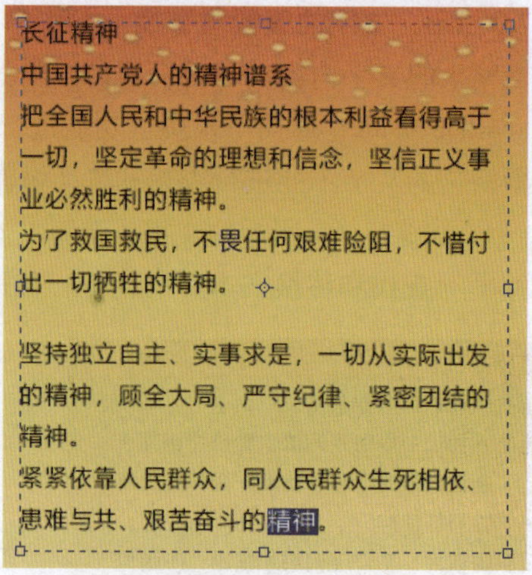

长征精神
中国共产党人的精神谱系
把全国人民和中华民族的根本利益看得高于一切，坚定革命的理想和信念，坚信正义事业必然胜利的精神。
为了救国救民，不畏任何艰难险阻，不惜付出一切牺牲的精神。
坚持独立自主、实事求是，一切从实际出发的精神，顾全大局、严守纪律、紧密团结的精神。
紧紧依靠人民群众，同人民群众生死相依、患难与共、艰苦奋斗的精神。

图 7－90

（3）查找和替换操作完成后，单击“完成”按钮关闭对话框。

7.3.2.4　路径文字的修改

路径文字创建完成后，就可以对其进行编辑了，如在路径上移动或翻转文字，或改变原始路径的形状，从而修改文字在路径上的排列方式。

（1）如图 7－91 所示的路径文字，在工具箱中选择“直接选择工具”或“路径选择工具”，将光标定位到文字上，当光标有变化时，单击并沿着路径拖动鼠标可以移动文字，如图 7－92 所示。

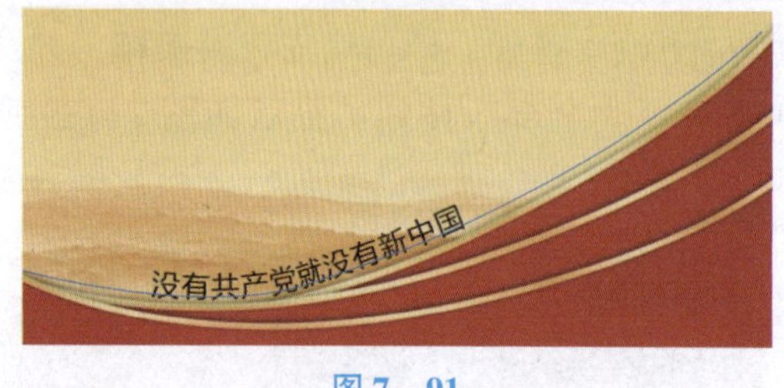

没有共产党就没有新中国

图 7－91

没有共产党就没有新中国

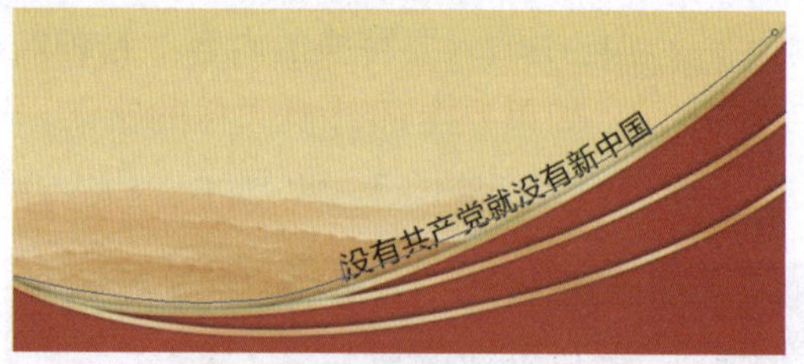

图 7－92

（2）单击并朝着路径的另一侧拖动文字，可以将文字翻转到路径的另一侧，如图 7－93 所示。

（3）重复步骤（2），将文字翻转到路径的上方，选择“直接选择工具”，在路径上单击显示锚点，如图 7－94 所示。

图 7－93

没有共产党就没有新中国

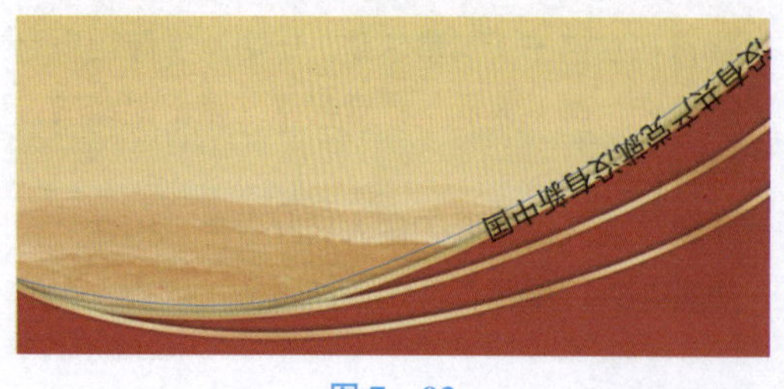

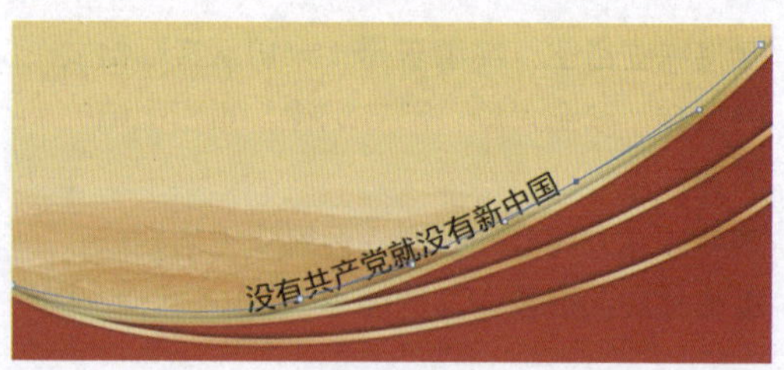

图 7－94

（4）移动锚点或改变方向线以改变路径的形状，文字会在修改后的路径上排列，如图 7－95 所示。

（5）单击“路径”面板的空白处，取消选择路径，效果如图 7－96 所示。

图 7－95

图 7－96

7.3.3　变形文字的制作

7.3.3.1　变形文字的创建与修改

Photoshop 的文字工具提供了灵活多变的文字设计形式，对于已经输入好的文字，可以通过工具选项栏中的“变形”选项进行各种变形，如挤压、扭转等。变形操作对文字图层上所有的字符有效，而不是只对选中的字符有效。

对文字图层执行了变形操作后，段落文字的文本框就不能像普通文本框那样进行变形或调节大小。

（1）如图 7－97 所示，操作“文字”→“文字变形”命令，或在文字图层缩览图上双击选中文字，然后在工具属性栏中单击“创建文字变形”按钮，弹出“变形文字”对话框，如图 7－98 所示，在其中可设置对文字的各种变形。

图 7－97

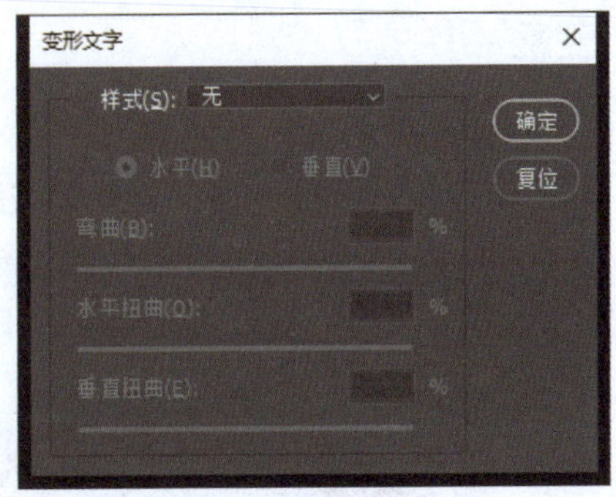

图 7－98

（2）“变形文字”对话框中各选项说明如下。

①“样式”下拉列表框，该下拉列表框中列出了 15 种样式，各种样式的变形效果如图 7－99 所示。

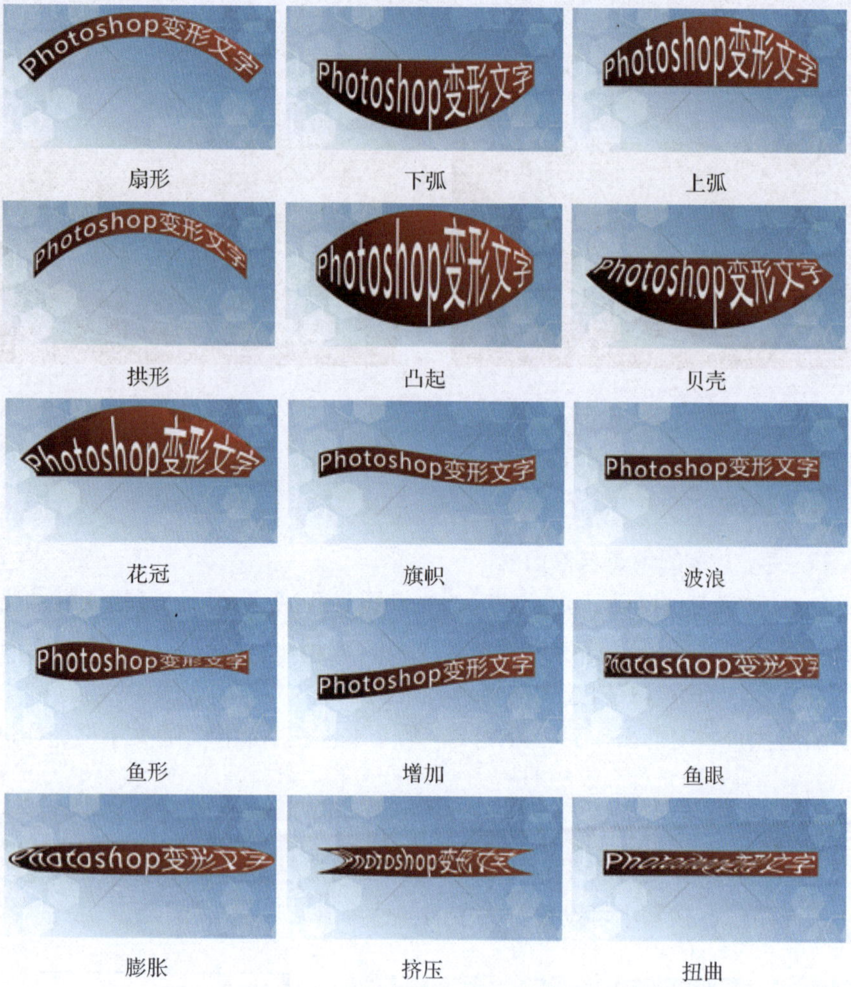

扇形　　下弧　　上弧

拱形　　凸起　　贝壳

花冠　　旗帜　　波浪

鱼形　　增加　　鱼眼

膨胀　　挤压　　扭曲

图 7－99

②“水平”和“垂直”单选按钮。选择“水平”单选按钮，可将弯曲的中心轴设置为水平方向，如图 7－100 所示；选择“垂直”单选按钮，可将弯曲的中心轴设置为垂直方向，如图 7－101 所示。

图 7－100　　图 7－101

③“弯曲”选项。用于设定文本的弯曲程度，数值越大，弯曲度越大。图 7－102 和图 7－103 分别是弯曲为 40% 和 80% 的效果。

图 7 – 102

图 7 – 103

④“水平扭曲”和“垂直扭曲”选项。用于设定文本在水平或垂直方向产生扭曲变形的程度。图 7 – 104 是水平扭曲值分别是 +50% 和 –50% 的效果。图 7 – 105 是垂直扭曲值分别是 +50% 和 –50% 时的效果。

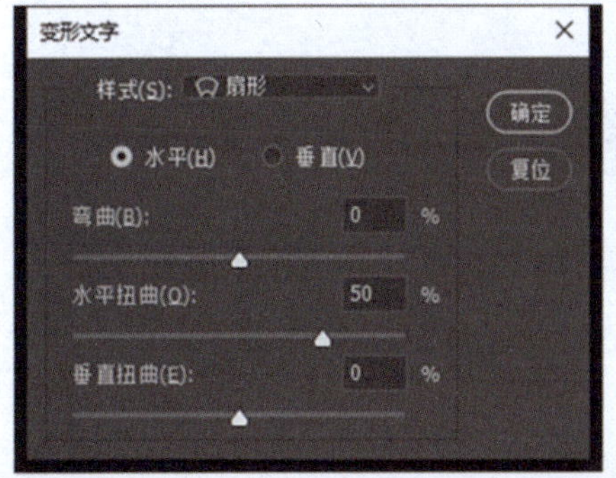

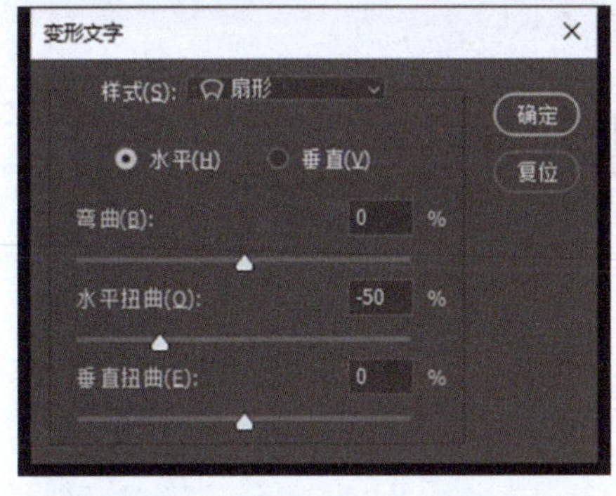

图 7 – 104

7.3.3.2　变形文字的重置与取消

使用横排文字工具和直排文字工具建立的文本，在没有进行栅格化或转换为形状之前，可以随时重置或取消文字的变形效果。

（1）重置变形文字。选择文字图层，操作“文字”→“文字变形”命令，或在文字图层缩览图上双击选中文字，然后在工具属性栏中单击“创建文字变形”按钮，弹出“变形文字”对话框，在其中重新设置变形文字的效果即可。

（2）取消变形文字。在“变形文字”对话框的“样式”下拉列表中选择“无”选项，单击“确定”按钮，可将文字还原到未变形之前的效果。图 7 – 106 是修改前变形文字的效果，图 7 – 107 和图 7 – 108 分别是修改后和取消变形的文字效果。

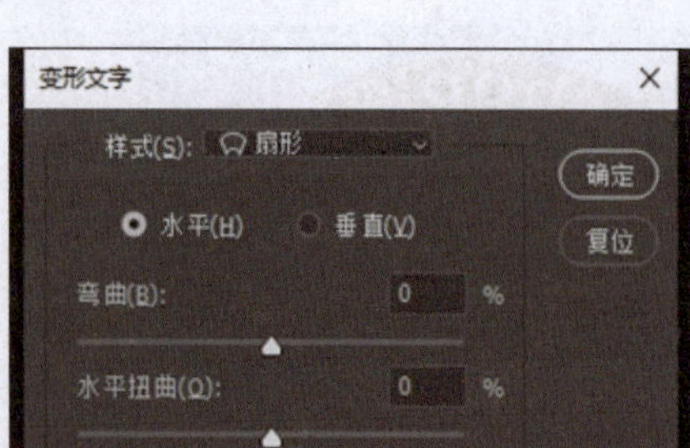

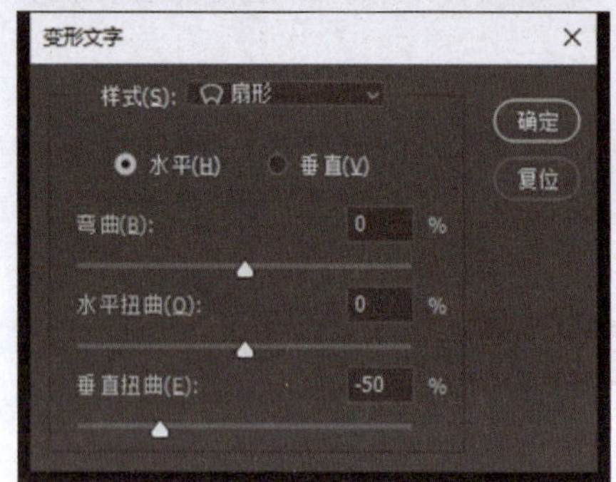

图 7 – 105

图 7 – 106

图 7 – 107

7.3.4 文字的转换

文字创建完成后，可以将文字转换为形状，可以在点文本与段落文字之间转换，也可以将文字图层转换为普通图层，然后对其应用各种滤镜效果。

图 7 – 108

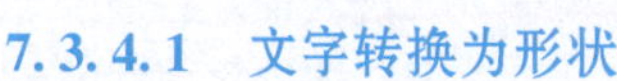

7.3.4.1 文字转换为形状

除了可以在“变形文字”对话框中对文字进行各种变形操作设置外，还可以将文字创建成路径或转换为形状，从而进行更加细致的变形操作。

在将文字转换为形状时，文字图层被替换为具有矢量蒙版特性的图层，这时可以使用编辑路径工具对文字形状进行任意编辑，包括设置大小、位置、外形等，但无法在图层中将字符作为文本进行编辑。

（1）打开“扬帆起航 . psd”文件，如图 7 – 109 所示。

（2）确定文字图层为选中状态，如图 7－110 所示，操作“文字”→“转换为形状”命令，将文字图层转换为形状图层，“图层”面板如图 7－111 所示，“路径”面板如图 7－112 所示。

图 7－109

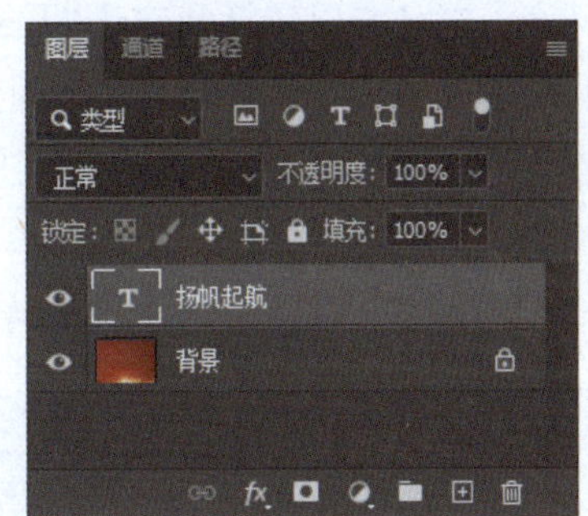

图 7－110

图 7－111

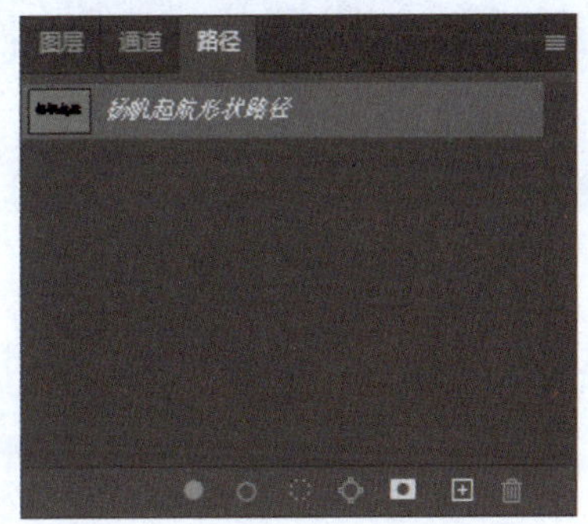

图 7－112

（3）选择工具箱中的“直接选择工具”，根据需要调整“扬”字部分结点的形态，效果如图 7－113 所示，调整“航”字部分结点的形态，效果如图 7－114 所示。

图 7－113

图 7－114

7.3.4.2　点文本与段落文本的转换

文字创建完成后，可以在点文本与段落文本之间相互转换，方法是在“图层”面板中选择需要转换的文字图层，然后操作“文字”→“转换为段落文本”命令或操作“文字”→“转换为点文本”命令。

将点文本转换为段落文本，可以在文本框中调整字符排序；将段落文本转为点文本，可以使文本之间独立排列。需要注意的是，将段落文本转为点文本时，所有溢出文本框的字符都将被删除。为了避免文字丢失，可以在转换之前调整好文本框，使文字全部可见后再进行转换。

7.3.4.3 文字图层转换为普通图层

在 Photoshop 中，文字图层不能使用滤镜、色彩调节等命令，要想对文字图层应用这些效果，只能将文字图层转换为普通图层后再进行操作。

（1）打开“乘风破浪.psd”文件，如图 7－115 所示。

（2）在“图层”面板中选择需要转换的文字图层，如图 7－116 所示。

图 7－115

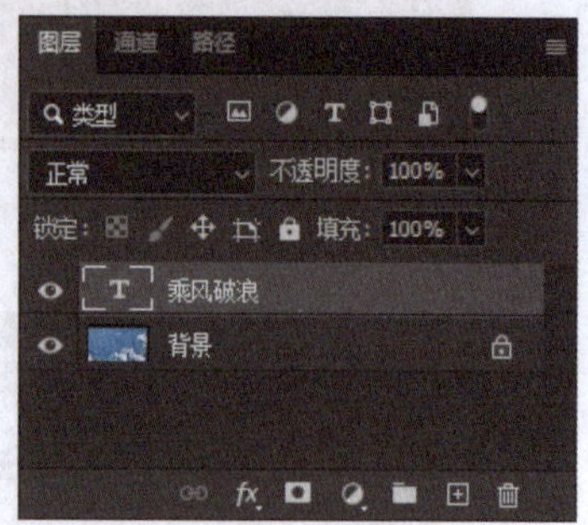

图 7－116

（3）操作“文字”→“栅格化文字图层”命令，即可将文字图层转换为普通图层，如图 7－117 所示。

（4）操作“滤镜”→“扭曲”→“波纹”命令，文字栅格化后添加滤镜的效果如图 7－118 所示。

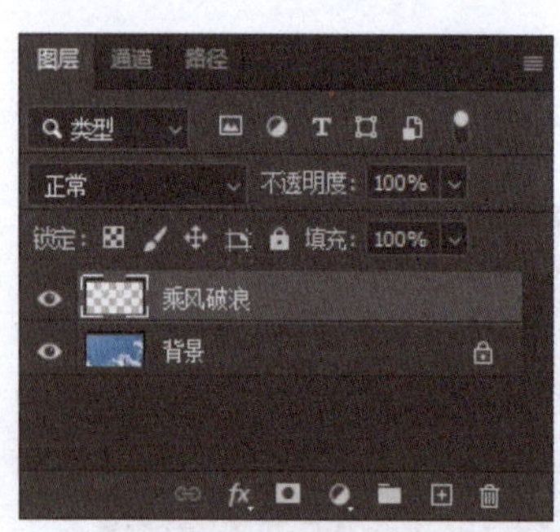

图 7－117

图 7－118

7.4 拓展练习

7.4.1 党史学习教育

要求：

（1）在宽为 2.4 米、高为 2.4 米的墙面上制作“党史学习教育”展板，用 Photoshop 制

作效果图。

（2）文字：党史，学习教育、学党史、悟思想、办实事、开新局。

（3）图像素材："拓展练习 1 – 素材" 文件夹中的 "红旗 . png" 和 "平鸽 . jpg" 图像文件。

（4）效果如图 7 – 119 所示。

图 7 – 119

操作要点：

（1）选择 "文件" → "新建" 命令创建一个新文件，在弹出的对话框中设置文件名为 "7 – 4 – 1 – 党史学习教育"，文件的 "宽度" 为 50 厘米，"高度" 为 50 厘米，"分辨率" 为 72 像素/英寸，"颜色模式" 为 RGB，"背景内容" 为白色。

（2）打开 "拓展练习 1 – 素材" 文件夹中的 "红旗 . png" 图像文件，如图 7 – 120 所示，移至文件中。

（3）绘制圆形选区，填充白色，描边宽度为 10 px，描边颜色 RGB（170，9，18），放入适合位置，如图 7 – 121 所示。

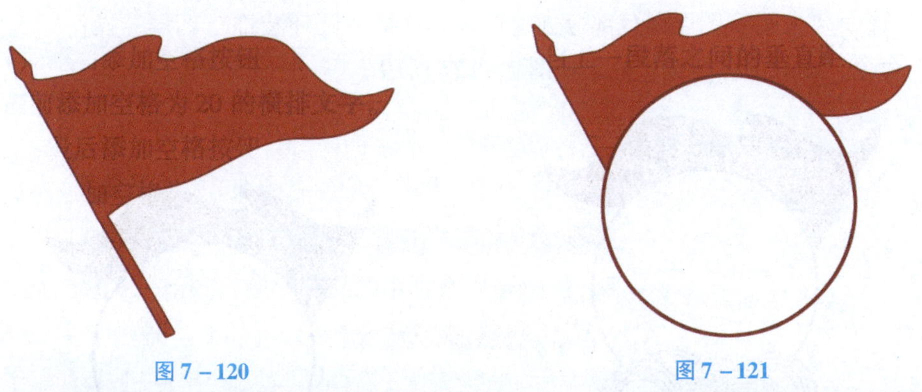

图 7 – 120　　　　图 7 – 121

（4）绘制圆形选区，填充白色，描边宽度为 10 px，描边颜色 RGB（228，1，20）。复制多个，按中心等比变化大小，每个圆形的描边宽度都是 10 px，"图层" 面板如图 7 – 122 所示，效果如图 7 – 123 所示（或者使用椭圆形状工具制作圆环效果）。

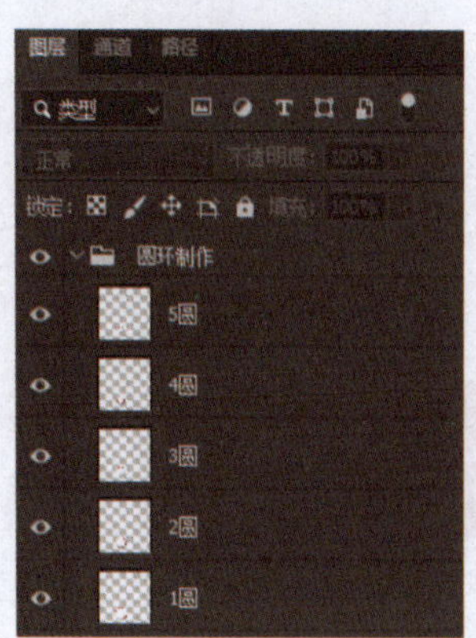

图 7－122

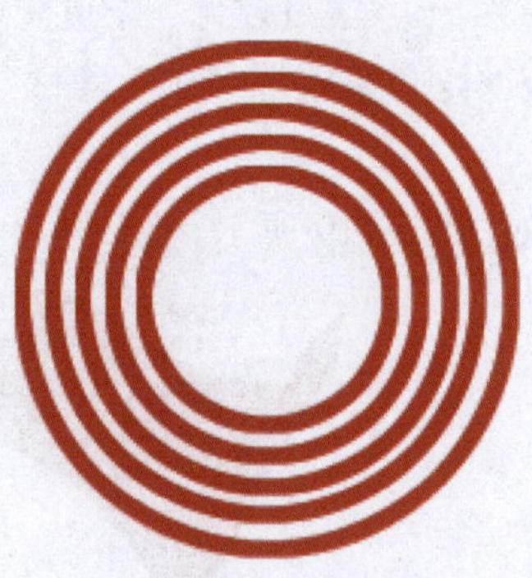

图 7－123

（5）在“圆环制作”图层组控制不同图层的可见性，分别盖印 3 个圆、4 个圆、5 个圆的图层，“图层”面板如图 7－124 所示。

（6）将“多个圆环”组中的各个图层摆放到适当的位置，盖印图层，图层名为“圆环装饰”，“图层”面板如图 7－125 所示，效果如图 7－126 所示。

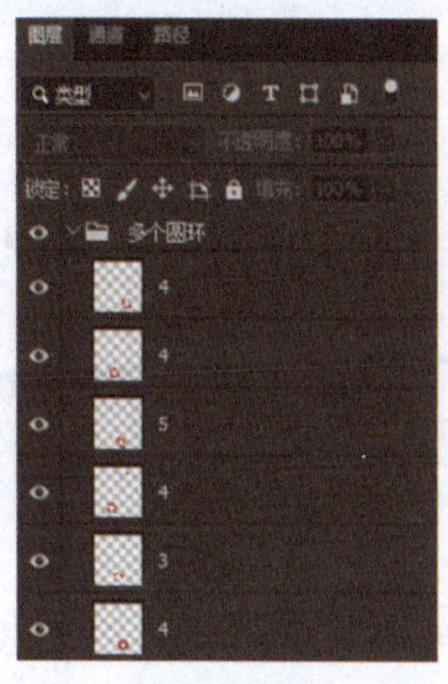

图 7－124

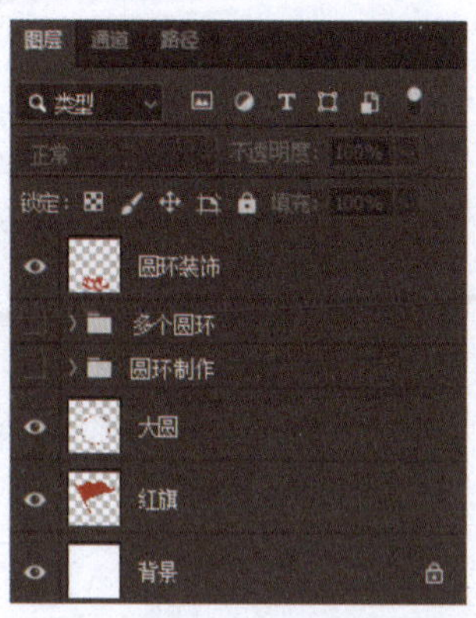

图 7－125

（7）选中“大圆”图层白色部分创建选区，选择“圆环装饰”图层，操作“选择”→“反选”命令，删除部分图像，效果如图 7－127 所示。

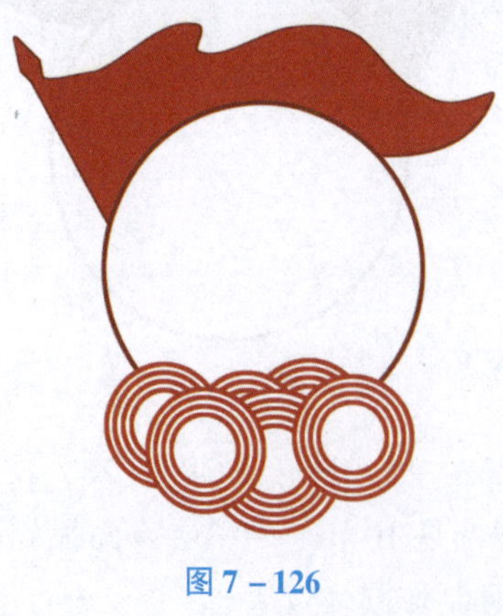

图 7－126

图 7－127

(8) 使用“横排文字工具”，设置文字颜色 RGB (228, 1, 20)，字体“华文行楷”，字号“185 点”，创建“党”和“史”文字图层。

(9) 使用“直排文字工具”，设置文字颜色 RGB (228, 1, 20)，字体“黑体”，字号“185 点”，字体特殊样式“仿粗体”，创建“学习教育”文字图层。

(10) 使用“直排文字工具”，设置文字颜色 RGB (228, 1, 20)，字体“隶书”，字号“60 点”，设置行距“72 点”，设置所选字符的字距“－100”，字体特殊样式“仿粗体”，参数设置如图 7－128 所示。创建“学党史”文字图层。“图层”面板如图 7－129 所示，效果如图 7－130 所示。

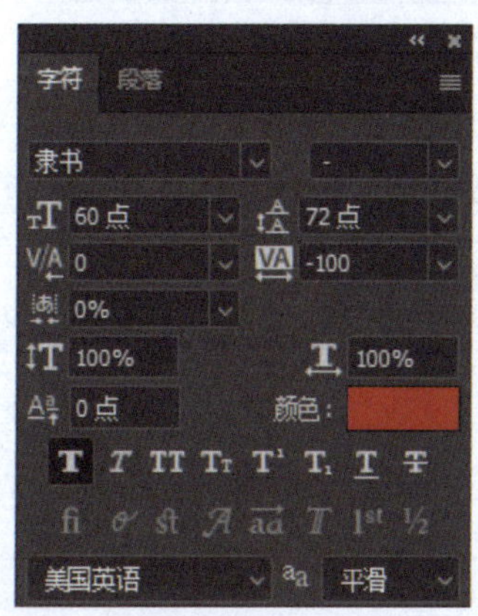

图 7－128

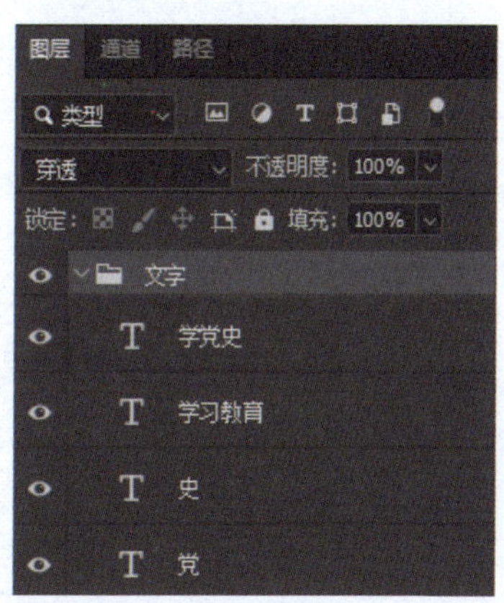

图 7－129

(11) 打开“拓展练习 1－素材”文件夹中的“和平鸽.jpg”图像文件，如图 7－131 所示，选中红色鸽子，移至文件中，水平翻转，放入适合位置。“图层”面板和效果如图 7－132 所示。

图 7－130

图 7－131

图 7 – 132

（12）选择“文件”→“存储副本”命令，在弹出的“存储副本”对话框中，设置保存类型为 Photoshop（*.PSD；*.PDD；*.PSDT），输入文件名“7 – 4 – 1 – 党史学习教育 . psd”。

（13）选择“文件”→“存储副本”命令，在弹出的“存储副本”对话框中，设置保存类型为 JPEG（*.JPG；*.JPEG；*.JPE），输入文件名“7 – 4 – 1 – 党史学习教育 . jpg”。

（14）案例视频见二维码“党史学习教育”。

党史学习教育

7.4.2 诗词设计

要求：

（1）图像素材：“拓展练习 2 – 素材”文件夹中的“井冈山 . jpg”图像文件。

（2）文字素材：“拓展练习 2 – 素材”文件夹中的“诗词 . txt”文件。

（3）效果如图 7 – 133 所示。

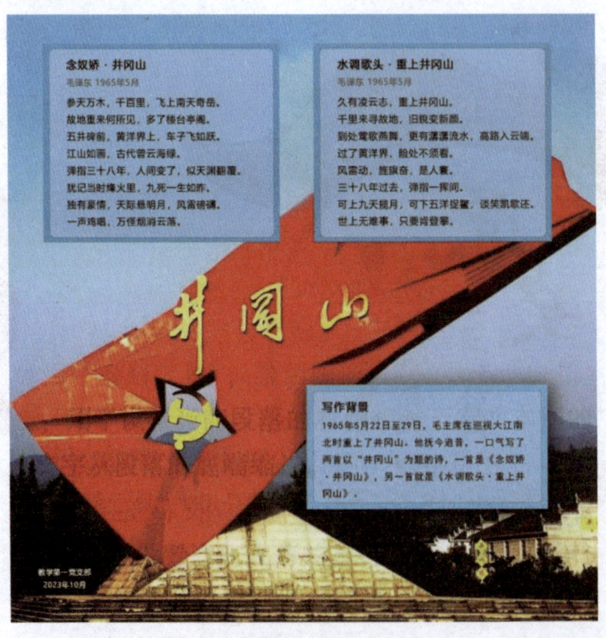

图 7 – 133

操作要点：

(1) 打开图像素材文件，使用矩形选区工具、填充选区制作诗词文字背景。

(2) 使用“字符”面板、“段落”面板排版诗词文字。

(3) 保存文件。

(4) 案例视频见二维码“诗词设计”。

诗词设计

7.5 项目考核

项目七考核

学习情境三

图像调整

项目八 图像色彩调整

在现实生活中，颜色是千变万化的，存在着很多差异，所以需要一种精确的方法定义每一种颜色。Photoshop 中有多种颜色模式，能够精确地定义每一种颜色。

色彩调整是图形设计和修饰的一项十分重要的内容，在进行图形处理时，经常需要调整图像的颜色，如调整图像的色彩平衡、色相/饱和度、亮度、对比度等。Photoshop 提供了大量的色彩调整和色彩平衡命令，正确使用这些命令能使黯淡的图像变得明亮绚丽，使毫无特色的图像变得充满活力。

学习目标：

通过本项目的学习，掌握调整图像色彩的方法与技巧。可以根据不同的需要应用多种调整命令或者使用调整图层对图像的色彩进行细微的调整，也可以对图像进行特殊颜色的处理。

学习框架：

8.1 学习任务1：黑白图像上色
8.2 学习任务2：调整头发颜色
8.3 知识要点
8.4 拓展练习
8.5 项目考核

8.1 学习任务1 黑白图像上色

知识目标	(1) 掌握选区工具的使用方法 (2) 掌握填充工具的使用方法 (3) 掌握图层混合模式的使用方法 (4) 掌握图层蒙版的使用方法

续表

能力目标	（1）能够熟练运用选区工具 （2）能够熟练运用填充工具 （3）能够熟练运用图层混合模式 （4）能够熟练运用图层蒙版
素质目标	（1）培养学生运用选区工具的能力 （2）培养学生运用填充工具的能力 （3）培养学生运用图层混合模式的能力 （4）培养学生运用图层蒙版的能力
教学重点	（1）选区工具的使用 （2）填充工具的使用 （3）图层混合模式的使用 （4）图层蒙版的使用
教学难点	（1）选区工具的使用 （2）图层混合模式的使用 （3）图层蒙版的使用
效果展示	学习任务 1 效果图如图 8－1 所示。  图 8－1

8.1.1　任务描述

给黑白图像上色。

8.1.2　任务分析

使用填充工具给图片上色；设置图层混合模式，保留图片细节。

8.1.3　任务实施

（1）打开素材文件“橙子.jpg”，如图 8－2 所示，复制“背景”图层为新图层“黑白橙子”。

（2）在“图层”面板上新建名为“橙子”的图层，前景色设置颜色 RGB（255，150，0），按 Alt + Delete 组合键填充图层，隐藏图层。

（3）选中“黑白橙子”图层，选择适合的选区工具建立选区，如图 8 – 3 所示。

图 8 – 2

图 8 – 3

（4）取消隐藏并选中“橙子”图层，如图 8 – 4 所示，单击“图层”面板底部的“添加图层蒙版”按钮◘，效果如图 8 – 5 所示。

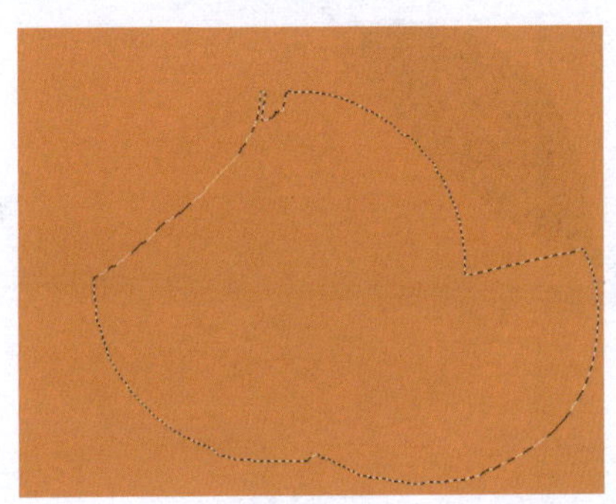

图 8 – 4

图 8 – 5

（5）调整“橙子”图层的混合模式为“强光”，显示橙子的细节，如图 8 – 6 所示。“图层”面板如图 8 – 7 所示。

图 8 – 6

图 8 – 7

（6）在“图层”面板上新建名为“叶子”的图层，前景色设置颜色 RGB（47，102，1），按 Alt + Delete 组合键填充图层，隐藏图层。

（7）选中“黑白橙子”图层，选择适合的选区工具，建立选区，如图 8 – 8 所示。

（8）取消隐藏并选中“叶子”图层，如图 8－9 所示，单击“图层”面板底部的“添加图层蒙版”按钮，效果如图 8－10 所示。

图 8－8

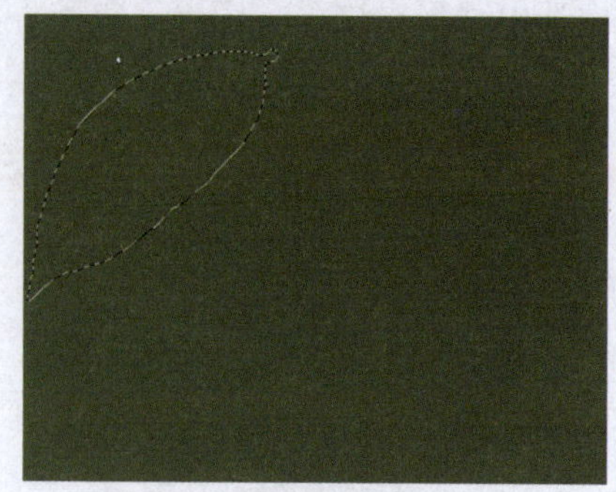
图 8－9

（9）调整“叶子”图层的混合模式为“颜色”，显示叶子的细节，如图 8－11 所示。“图层”面板如图 8－12 所示。

图 8－10

图 8－11

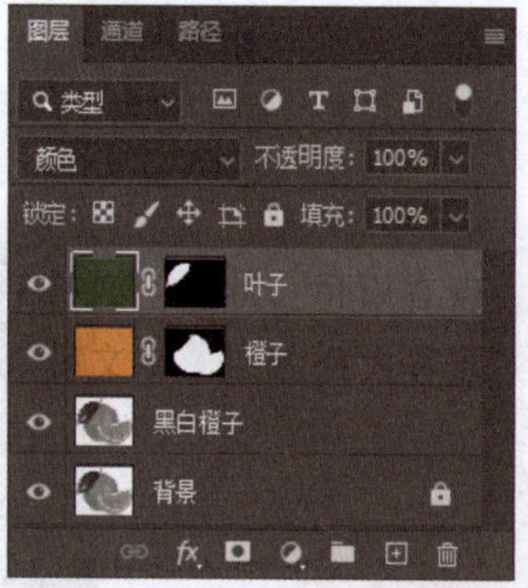

图 8－12

（10）选择“文件”→“存储副本”命令，在弹出的“存储副本”对话框中，设置保存类型为 Photoshop（＊. PSD；＊. PDD；＊. PSDT），输入文件名“8－1－黑白图像上色. psd”。

（11）选择“文件”→“存储副本”命令，在弹出的“存储副本”对话框中，设置保存类型为 JPEG（＊. JPG；＊. JPEG；＊. JPE），输入文件名“8－1－黑白图像上色. jpg”。

8.2 学习任务2　调整头发颜色

知识目标	(1) 掌握使用曲线调整颜色的方法 (2) 掌握使用色相/饱和度调整颜色的方法 (3) 掌握使用色彩平衡调整颜色的方法 (4) 掌握使用可选颜色调整颜色的方法
能力目标	(1) 能够熟练运用曲线调整颜色 (2) 能够熟练运用色相/饱和度调整颜色 (3) 能够掌握运用色彩平衡调整颜色 (4) 能够掌握运用可选颜色调整颜色
素质目标	(1) 培养学生运用曲线调整颜色的能力 (2) 培养学生运用色相/饱和度调整颜色的能力 (3) 培养学生运用色彩平衡调整颜色的能力 (4) 培养学生运用可选颜色调整颜色的能力 (5) 培养细致、耐心完成任务的能力
教学重点	(1) 曲线调整颜色的使用 (2) 色相/饱和度调整颜色的使用 (3) 色彩平衡调整颜色的使用 (4) 可选颜色调整颜色的使用
教学难点	(1) 曲线调整颜色的使用 (2) 色相/饱和度调整颜色的使用 (3) 色彩平衡调整颜色的使用 (4) 可选颜色调整颜色的使用
效果展示	学习任务2效果图如图8－13所示。 图8－13

8.2.1 任务描述

利用图像色彩调整工具给头发上色，制作头发染发后的效果。

8.2.2 任务分析

（1）准备多个图层组，建立头发图像图层。

（2）使用曲线工具、色相/饱和度工具、色彩平衡工具、可选颜色工具这 4 种方法在不破坏头发的明暗关系的前提下调整头发的颜色。

8.2.3 任务实施

（1）打开图像素材文件“头发 .jpg”，复制“背景”图层，新图层名为“人物”，如图 8 – 14 所示。

图 8 – 14

（2）使用工具箱中适合的“选区工具”为图 8 – 14 所示的图像中的头发制作选区，如图 8 – 15 所示。复制选区，粘贴至新图层“头发 – 原来的颜色”，如图 8 – 16 所示。

图 8 – 15

图 8 – 16

（3）复制“头发 – 原来的颜色”图层 3 次，图层名分别为“头发 – 调整的颜色 1”“头发 – 调整的颜色 2”“头发 – 调整的颜色 3”。

（4）将“人物”“头发 – 原来的颜色”“头发 – 调整的颜色 1”“头发 – 调整的颜色 2”和“头发 – 调整的颜色 3”图层放入“曲线调整”图层组中，“图层”面板如图 8 – 17 所示。

（5）复制“曲线调整”图层组 3 次，复制的图层组分别命名为“色相饱和度调整”“色彩平衡调整”“可选颜色调整”，“图层”面板如图 8 – 18 所示。图层组中的“头发 – 调整的颜色 1”“头发 – 调整的颜色 2”和“头发 – 调整的颜色 3”图层为使用调整颜色工具的图像素材。

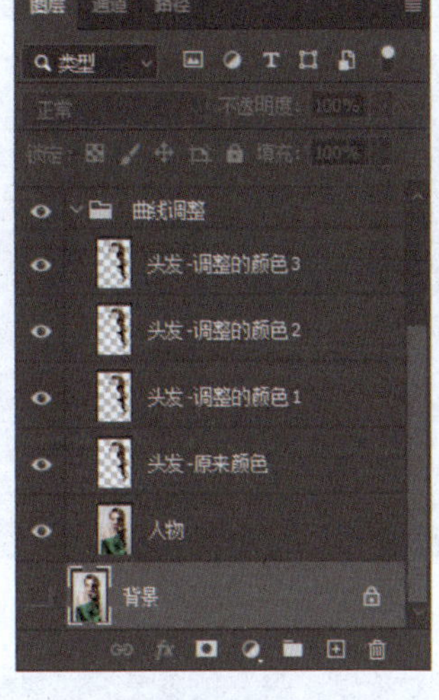

图 8－17

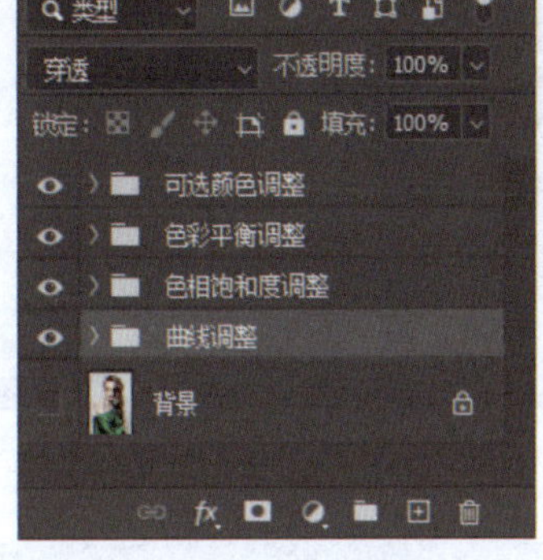

图 8－18

(6) 选中“曲线调整”图层组中的“头发－调整的颜色 1”图层，操作“图像”→“调整”→“曲线”命令，弹出“曲线”对话框，选择“红”通道，参数设置和调整前、后的头发颜色效果如图 8－19 所示。

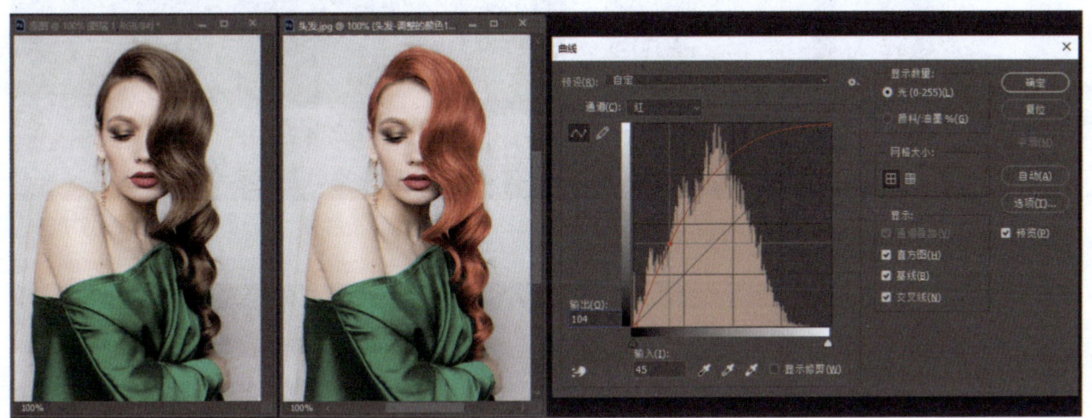

图 8－19

(7) 选中“曲线调整”图层组中的“头发－调整的颜色 2”图层，操作“图像”→“调整”→“曲线”命令，弹出“曲线”对话框，选择“绿”通道，参数设置和调整前、后的头发颜色效果如图 8－20 所示。

(8) 选中“曲线调整”图层组中的“头发－调整的颜色 3”图层，操作“图像”→“调整”→“曲线”命令，弹出“曲线”对话框，选择“蓝”通道，参数设置和调整前、后的头发颜色效果如图 8－21 所示。

(9) 选中“色相/饱和度调整”图层组中的“头发－调整的颜色 1”图层，操作“图像”→“调整”→“色相饱和度”命令，弹出“色相/饱和度”对话框，直接拖动色相滑块改变颜色。参数设置和调整前、后的头发颜色效果如图 8－22 所示。

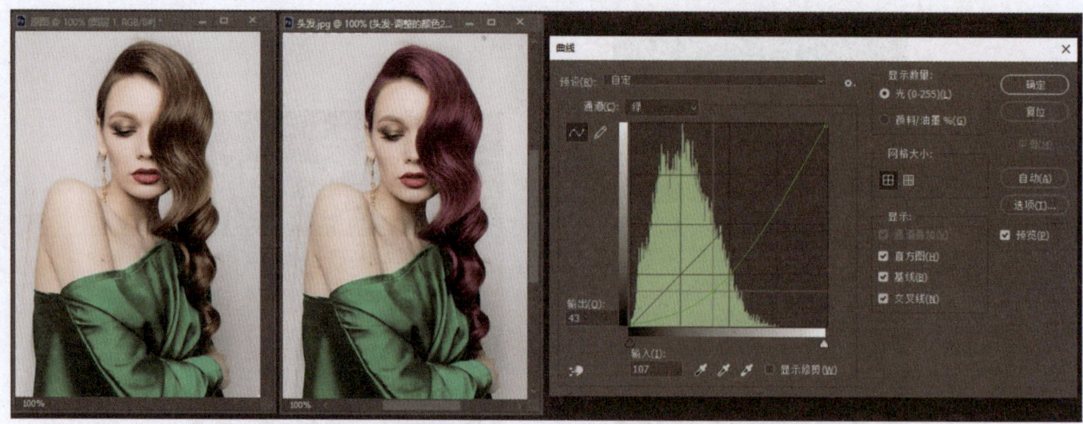

图 8－20

图 8－21

图 8－22

（10）选中“色彩平衡调整”图层组中的“头发－调整的颜色 1”图层，操作“图像”→“调整”→“色彩平衡”命令，弹出“色彩平衡”对话框，选择对应色的色调：

高光、中间调、阴影。头发的阴影、高光、中间调，哪个多就选择哪个，这里选择中间调。参数设置和调整前、后的头发颜色效果如图 8－23 所示。

图 8－23

（11）选中“可选颜色调整”图层组中的“头发－调整的颜色 1”图层，操作“图像”→“调整”→“可选颜色”命令，弹出“可选颜色”对话框，选择“中性色”。参数设置和调整前、后的头发颜色效果如图 8－24 所示。

图 8－24

（12）选择“文件”→“存储副本”命令，在弹出的“存储副本”对话框中，设置保存类型为 Photoshop（＊. PSD；＊. PDD；＊. PSDT），输入文件名“8－2－调整头发颜色. psd”。

（13）选择“文件”→“存储副本”命令，在弹出的“存储副本”对话框中，设置保存类型为 JPEG（＊. JPG；＊. JPEG；＊. JPE），输入文件名“8－2－调整头发颜色. jpg”。

8.3 知识要点

8.3.1 亮度/对比度

“亮度/对比度”命令可以调节图像的亮度和对比度。原始图像如图 8-25 所示，选择“图像”→“调整”→“亮度/对比度”命令，弹出“亮度/对比度”对话框，如图 8-26 所示。在对话框中，可以通过拖曳亮度或对比度滑块来调整图像的亮度/对比度，单击“确定”按钮，调整后的图像如图 8-27 所示。“亮度/对比度”命令调整的是整个图像的亮度/对比度。

图 8-25

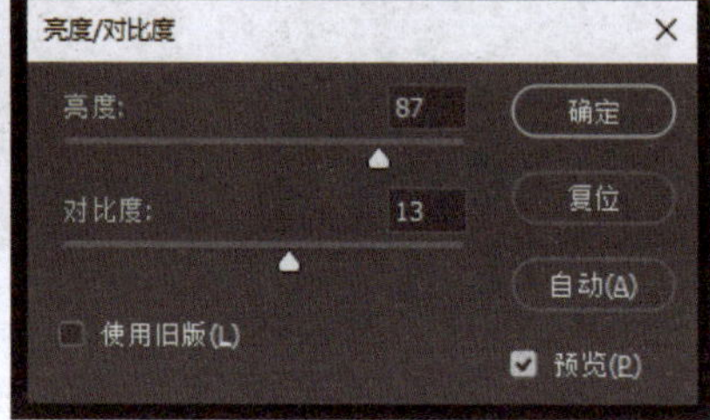

图 8-26

图 8-27

8.3.2 色阶

“色阶”命令用于调整图像的对比度、饱和度及灰度。原始图像如图 8-28 所示，选择“图像”→“调整”→“色阶”命令（或按 Ctrl + L 组合键），弹出“色阶”对话框，如图 8-29 所示。对话框中间是一个图，其横坐标为 0～255，表示亮度值；纵坐标为图像的像素数。

图 8-28

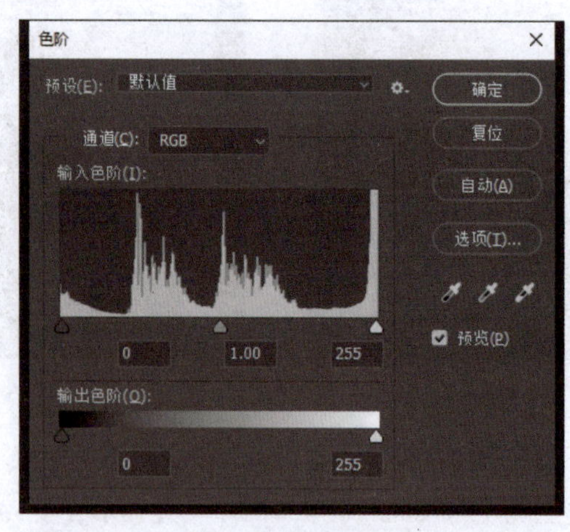

图 8-29

“色阶”对话框中部分选项的含义如下。

通道：可以从下拉列表中选择不同颜色通道来调整图像，如果想选择两个以上的颜色通道，要先在“通道”控制面板中选择所需的通道，再调出“色阶”对话框。

输入色阶：用于控制图像选定区域的最暗和最亮色彩，通过输入数值或拖曳三角滑块来调整图像。左侧的数值框和黑色滑块用于调整黑色，图像中低于该亮度值的所有像素将变为黑色。中间的数值框和灰色滑块用于调整灰度，其数值范围为 0.1 ~ 9.99，1.00 为中性灰度。该数值大于 1.00 时，将降低图像中间灰度；该数值小于 1.00 时，将提高图像中间灰度。右侧的数值框和白色滑块用于调整白色，图像中高于该亮度值的所有像素将变为白色。

调整“输入色阶”选项的 3 个滑块后，图像产生的不同色彩效果如图 8 - 30 ~ 图 8 - 32 所示。

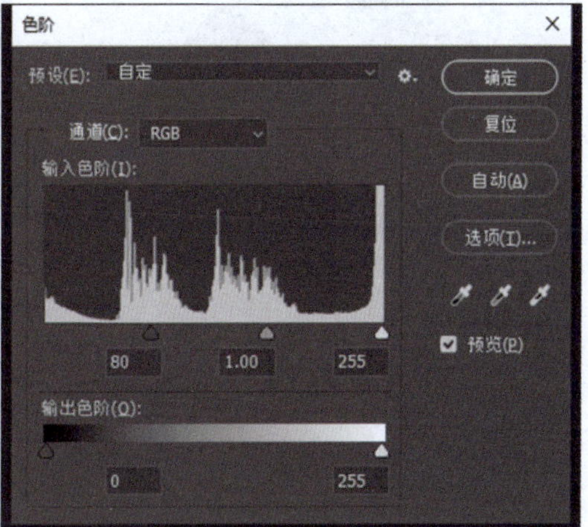

图 8 - 30

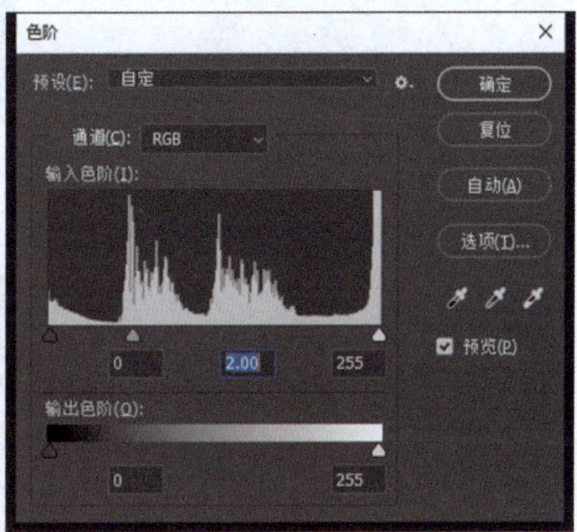

图 8 - 31

输出色阶：可以通过输入数值或拖曳三角滑块来控制图像的亮度范围。左侧数值框和黑色滑块用于调整图像的最暗像素的亮度；右侧数值框和白色滑块用于调整图像的最亮像素的亮度。输出色阶的调整将增加图像的灰度，降低图像的对比度。

调整“输出色阶”选项的两个滑块后，图像产生的不同色彩效果如图 8 - 33、图 8 - 34 所示。

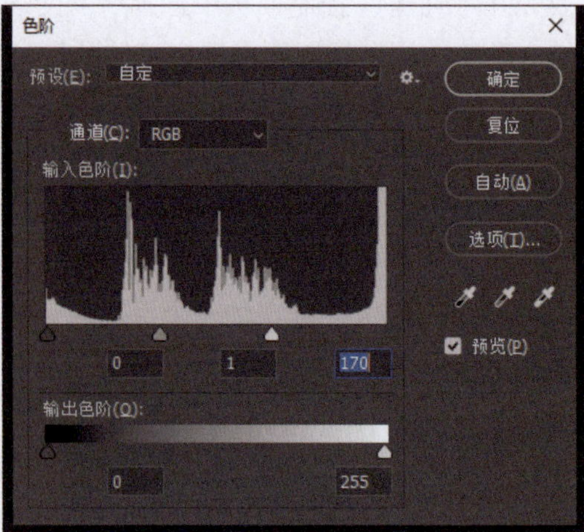

图 8－32

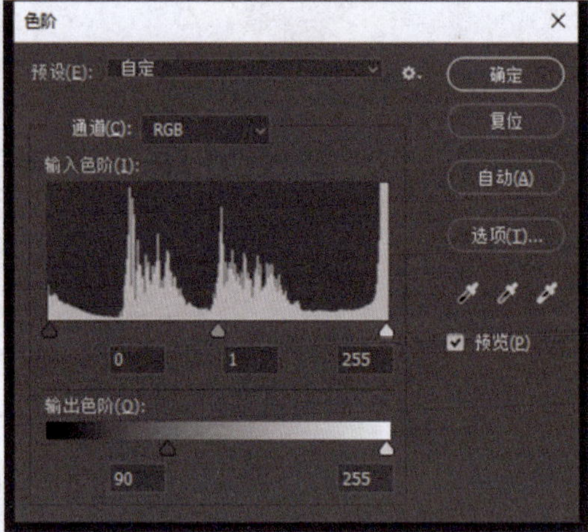

图 8－33

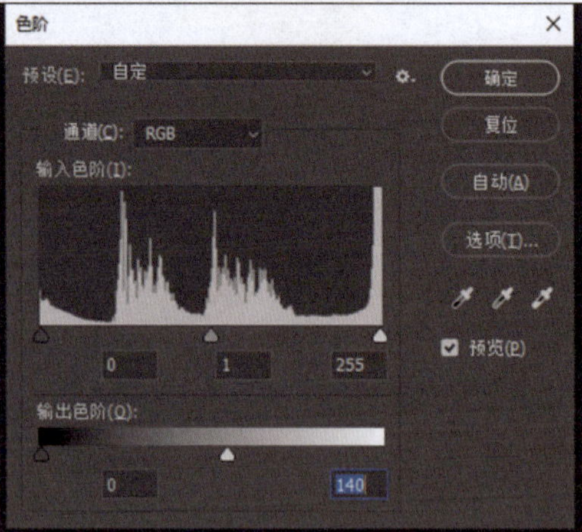

图 8－34

自动：可自动调整图像并设置层次。

选项：单击此按钮，弹出“自动颜色校正选项”对话框，系统将以 0.10% 的数据量来使图像加亮和变暗。

复位：单击此按钮可以将刚调整过的色阶复位还原，然后可重新进行设置。

：分别为黑色吸管工具、灰色吸管工具和白色吸管工具。选中黑色吸管工具，在图像中单击，图像中暗于单击点的所有像素都会变为黑色；选中灰色吸管工具，在图像中单击，单击点的像素者会变为灰色，图像中的其他颜色也会相应地调整；选中白色吸管工具，在图像中单击，图像中亮于单击点的所有像素都会变为白色。双击任意吸管工具，可在弹出的颜色选择对话框中设置吸管颜色。

预览：勾选此复选框，可以即时显示图像的调整结果。

8.3.3　曲线

可以通过“曲线”命令调整图像色彩曲线上的任意一个来改变图像的色彩范围。原始图像如图 8－35 所示，选择“图像”→“调整”→“曲线”命令（或按 Ctrl＋M 组合键），弹出“曲线”对话框，如图 8－36 所示。在图像中单击并按住鼠标左键不放，如图 8－37 所示。“曲线”对话框中的调解曲线上显示出一个小正方形，它表示图像中单击处的输入色阶数值和输出色阶数值，如图 8－38 所示。

图 8－35

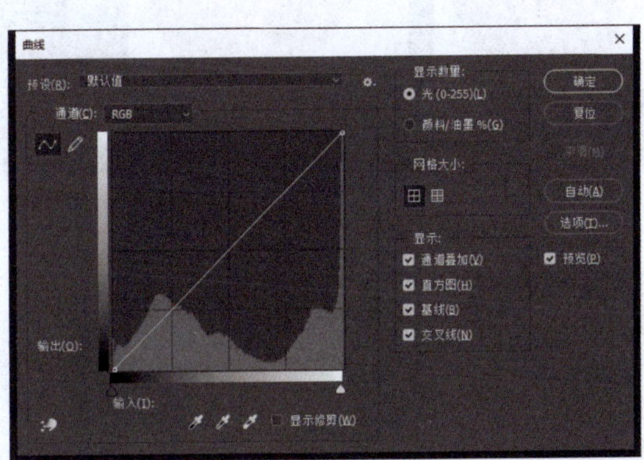

图 8－36

图 8－37

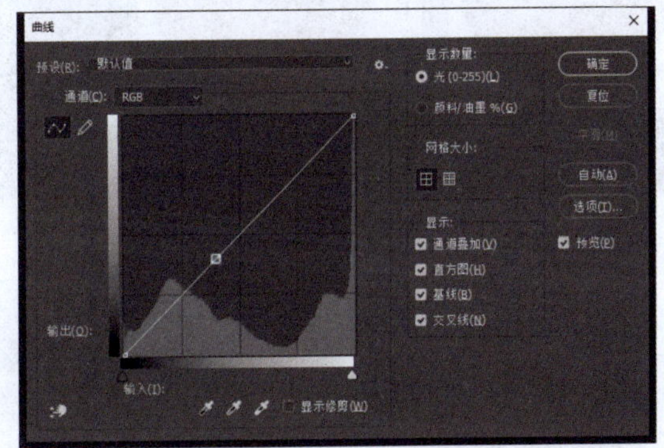

图 8－38

“曲线”对话框中部分选项的含义如下。

通道：用于选择调整图像的颜色通道。

图表中的 X 轴为色彩的输入色阶，Y 轴为色彩的输出色阶，曲线代表输入色阶和输出色阶之间的关系。

编辑点以修改曲线 ：在默认状态下使用此工具，在图表曲线上单击，可以增加控制点，拖曳控制点可以改变曲线的形状，拖曳控制点到图表外可以删除控制点。

通过绘制来修改曲线 ：可以在图表中绘制出任意曲线，单击右侧的“平滑”按钮可使曲线变得光滑。按住 Shift 键的同时使用此工具，可以绘制出直线。

“输入”和“输出”选项的数值显示的是图表中鼠标指针所在位置的色阶值。

自动：可自动调整图像的亮度。

设置不同的曲线，图像调整前、后的效果如图 8－39～图 8－41 所示。

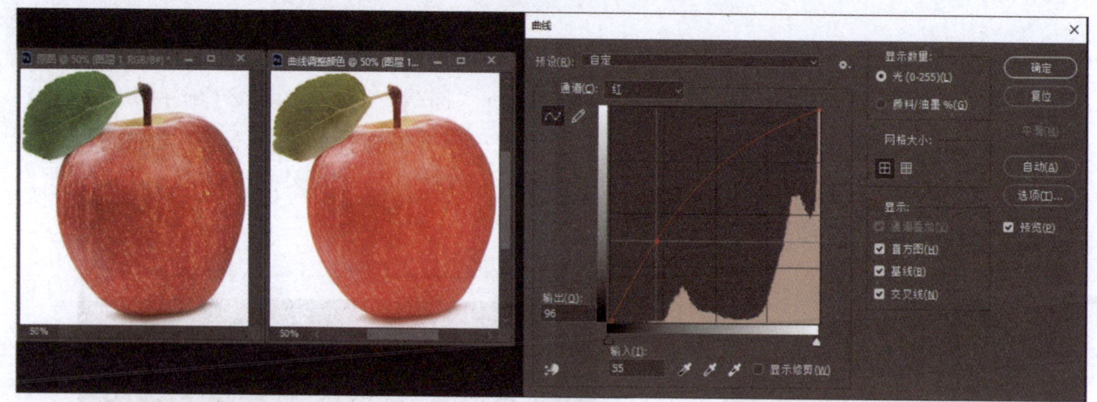

图 8－39

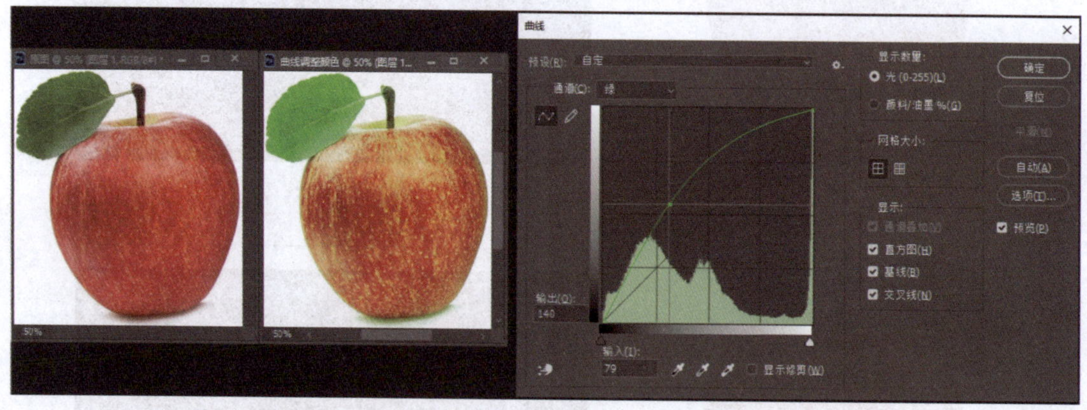

图 8－40

8.3.4 曝光度

“曝光度”命令可以调整图像曝光度。原始图像如图 8－42 所示，选择“图像”→“调整”→“曝光度”命令，弹出“曝光度”对话框，如图 8－43 所示，单击“确定”按钮，即可调整图像的曝光度，效果如图 8－44 所示。

图 8－41

图 8－42

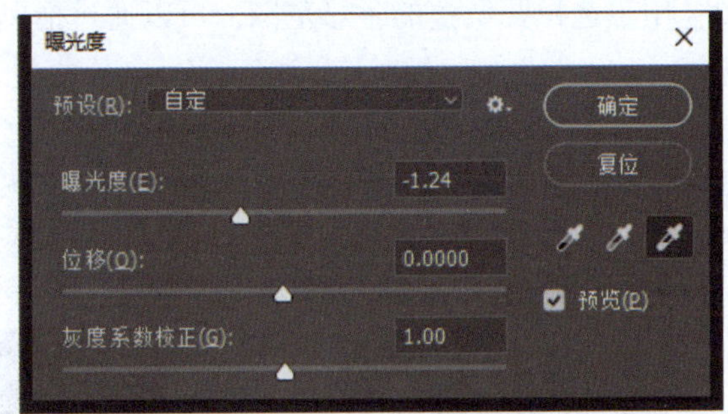

图 8－43

"曝光度"对话框中部分选项的含义如下。

曝光度：调整色彩范围的高光，对极限阴影的影响很小。

位移：使阴影和中间调变暗，对高光的影响很小。

灰度系数校正：使用乘方函数调整图像灰度系数。

8.3.5　色相/饱和度

"色相/饱和度"命令可以调节图像的色相和饱和度。原始图像如图 8－45 所示，选择"图像"→"调整"→"色相/饱和度"命令（或按 Ctrl + U 组合键），弹出"色相/饱和度"对话框，参数设置如图 8－46 所示，单击"确定"按钮后，图像效果如图 8－47 所示。

图 8－44

图 8－45

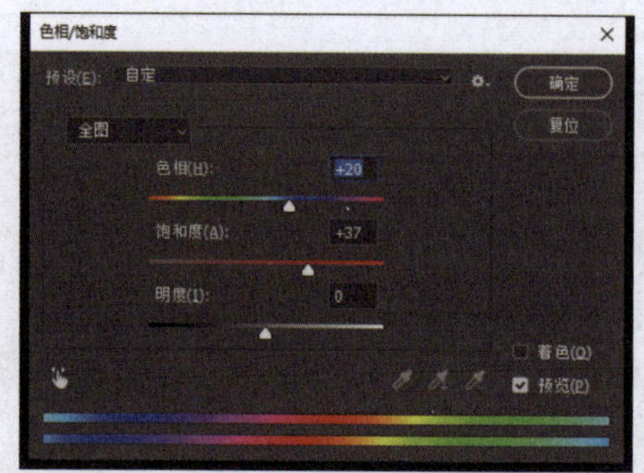

图 8－46

图 8－47

“色相/饱和度”对话框中部分选项的含义如下。

全图：用于选择要调整的色彩范围，可以通过拖曳各选项的滑块来调整图像的色彩、饱和度和亮度。

着色：用于在由灰度模式转化而来的色彩模式图像中添加需要的颜色。

原始图像效果如图 8－48 所示，在“色相/饱和度”对话框中进行设置，勾选“着色”复选框，如图 8－49 所示，单击“确定”按钮后，图像效果如图 8－50 所示。

图 8－48

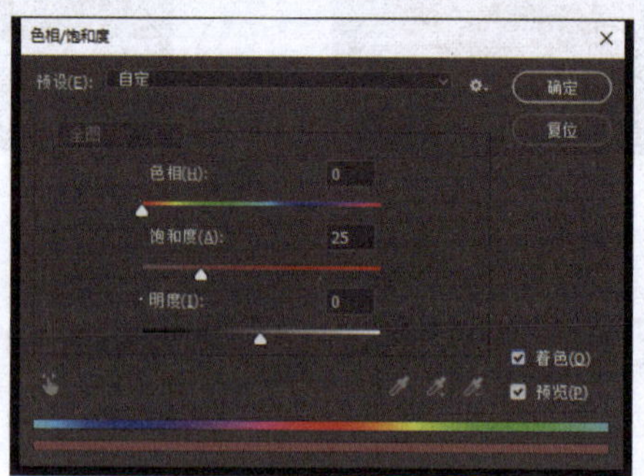

图 8－49

8.3.6 色彩平衡

“色彩平衡”命令用于调节图像的色彩平衡度。原始图像如图 8－51 所示，选择“图像”→“调整”→“色彩平衡”命令（或按 Ctrl＋B 组合键），弹出“色彩平衡”对话框，参数设置如图 8－52 所示，单击“确定”按钮后，图像效果如图 8－53 所示。

图 8－50

图 8－51

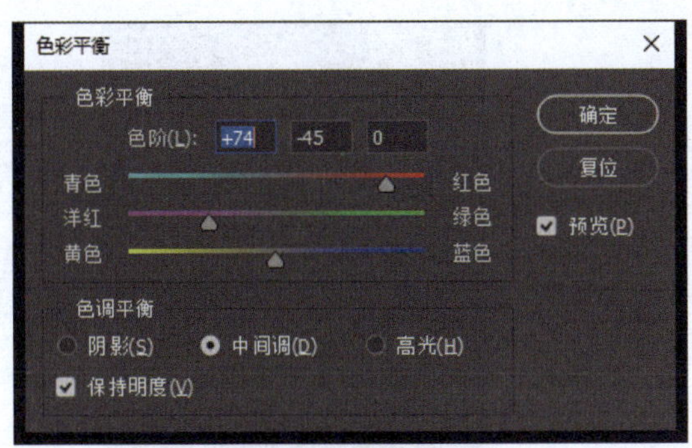

图 8－52

图 8－53

“色彩平衡”对话框部分选项的含义如下。

色彩平衡：用于设置图像的阴影、中间调和高光。

保持明度：用于保持原图像的亮度。

8.3.7　照片滤镜

“照片滤镜”命令类似于传统摄影中的滤光镜功能，即模拟在相机镜头前加上彩色滤光镜，使胶片产生特定的曝光效果。它可以有效地过滤图像的颜色，使图像产生不同颜色的滤色效果。原始图像如图 8－54 所示，选择“图像”→“调整”→“照片滤镜”命令，弹出“照片滤镜”对话框，参数设置如图 8－55 所示，单击“确定”按钮后，图像效果如图 8－56 所示。

图 8－54

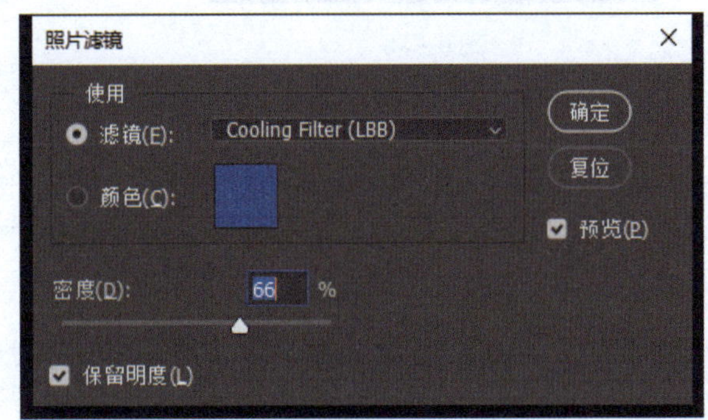

图 8－55

8.3.8　通道混合器

“通道混合器”命令可以将选择的通道与想要调整的颜色通道混合，从而修改颜色通道中的光线量，影响其颜色的含量。利用该命令可以创建高品质的不同色调图像，也可以对图像进行创造性的颜色调整。

原始图像如图 8－57 所示，选择“图像”→“调整”→“通道混合器”命令，弹出“通道混合器”对话框，如图 8－58 所示，单击“确定”按钮后，效果如图 8－59 所示。

图 8－56

图 8－57

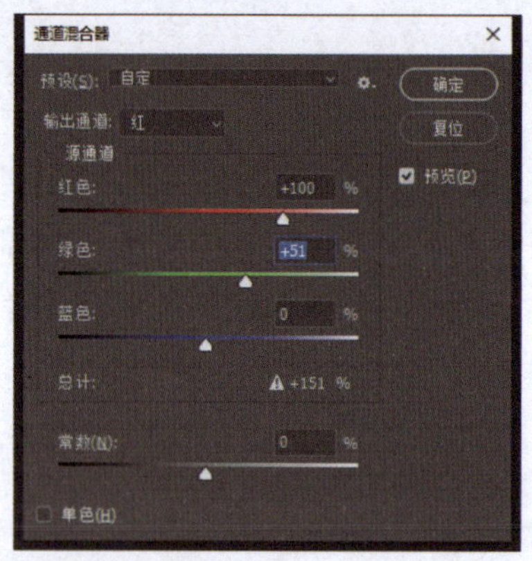

图 8－58

图 8－59

“通道混合器”对话框中部分选项的含义如下。

预设：在该下拉列表框中可以选择预设的通道混合器效果。

输出通道：在该下拉列表框中可以选择需要调整的输出通道。

“源通道”选项组：分别拖动“红色、绿色、蓝色”滑块，可以调整相应颜色在输出通道中所占的比例。向左拖动滑块或在颜色框中输入负值，可以减少该颜色通道在输出通道中所占的比例；向右拖动滑块或在颜色框中输入正值，则增加该颜色通道在输出通道中所占的比例。“总计”选项用于显示源通道的总计值。

常数：用于调整输出通道的灰色值。若该选项为负值，则增加更多的黑色；若为正值，则增加更多的白色。当数值为－200%时，输出通道为纯黑色；当数值为＋200%时，输出通道为纯白色。

“单色”复选框：选中该复选框，可以创建只包含灰度值的彩色图像。

8.3.9 反相

“反相”命令用于制作类似底片的效果，它可以对图像进行反相，即将黑色变为白色，或者从扫描的黑白阴片中得到一个阳片，该命令能将一幅彩色图像的每一种颜色都反转成它的互补色。将图像反相时，通道中每像素的亮度值都会被转换成256级颜色刻度上相反的值。例如，执行“反相”命令后，图像中亮度值为255的像素会变成亮度值为0的像素，亮度值为5的像素就会变成亮度值为250的像素。

原始图像如图8-60所示，选择“图像”→“调整”→“反相”命令（或按Ctrl+I组合键），效果如图8-61所示。

图8-60

图8-61

8.3.10　色调分离

“色调分离”命令可以指定图像中每个通道的色调级或者亮度值的数目，然后将像素映射为最接近的匹配级别。例如，在RGB图像中选择两个色调级别，可以产生6种颜色，分别为两种红色、两种绿色和两种蓝色。该命令对于创建较大的单色调区域非常有用。当减少灰色图像中的灰色色阶时，效果非常明显，也可在彩色图像中产生特殊的效果。

原始图像如图8-62所示，选择“图像”→“调整”→“色调分离”命令，弹出“色调分离”对话框，如图8-63所示，输入所需的色阶数量，单击“确定”按钮，完成图像的色调分离，效果如图8-64所示。

图8-62

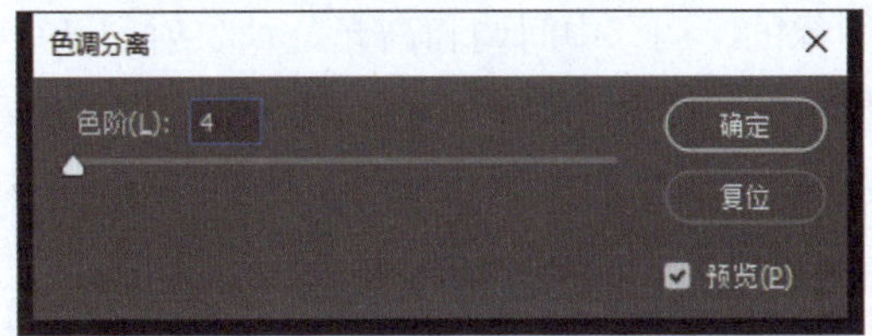

图8-63

8.3.11　阈值

“阈值”命令可以将灰度或彩色图像转换为高对比度的黑白图像，指定某个色阶作为阈值时，所有比阈值亮的像素都转为白色，所有比阈值暗的像素都转为黑色。“阈值”命令适合于制作单色特殊效果的图片。

原始图像如图 8 – 65 所示，选择“图像”→“调整”→“阈值”命令，弹出“阈值”对话框，如图 8 – 66 所示，其中显示了当前图像中像素亮度级的直方图，拖动直方图下面的滑块调整阈值色阶，单击“确定”按钮后，效果如图 8 – 67 所示。

图 8 – 64

图 8 – 65

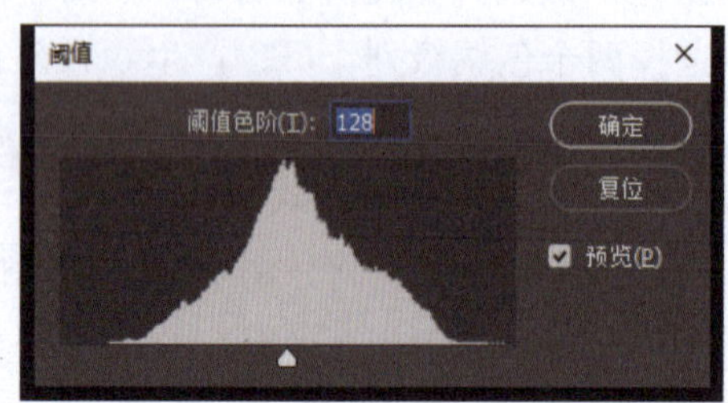

图 8 – 66

图 8 – 67

8.3.12 渐变映射

“渐变映射”命令用于将图像中相等的灰度范围映射到所设定的渐变填充色中，默认情况下，图像的暗调、中间调和高光分别映射到渐变填充的起始颜色、中间端点和结束颜色。

原始图像如图 8 – 68 所示，设置前景色 RGB（255，0，0）、背景色 RGB（0，255，0），选择“图像”→“调整”→“渐变映射”命令，弹出“渐变映射”对话框，如图 8 – 69 所示。

“渐变映射”对话框中部分选项的含义如下。

灰度映射所用的渐变：单击渐变条右侧的三角形按钮，打开下拉列表，如图 8 – 70 所示，可以从中选择或编辑渐变填充样式。如果要创建自定义渐变，单击渐变颜色条，弹出“渐变编辑器”对话框，如图 8 – 71 所示，在渐变条下方的中间添加色标，颜色 RGB（0，0，255），单击“确定”按钮，设置后的“渐变映射”对话框如图 8 – 72 所示。图像效果如图 8 – 73 所示。

图 8－68

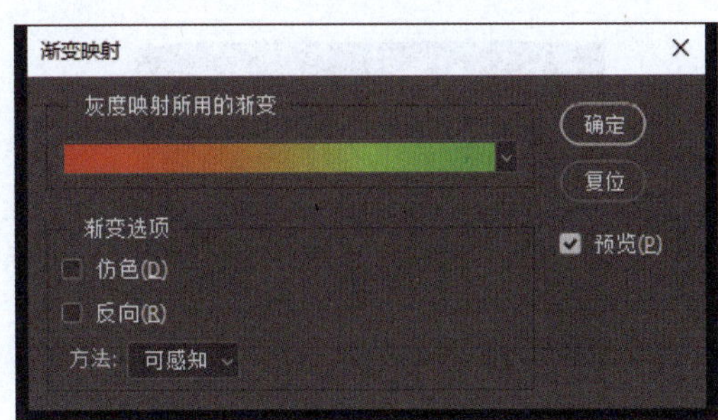

图 8－69

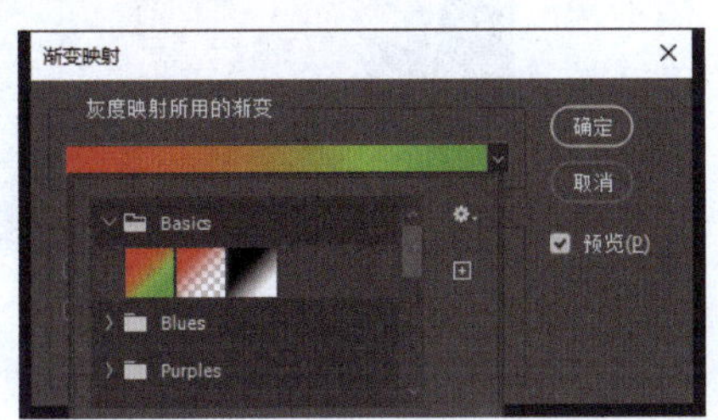

图 8－70

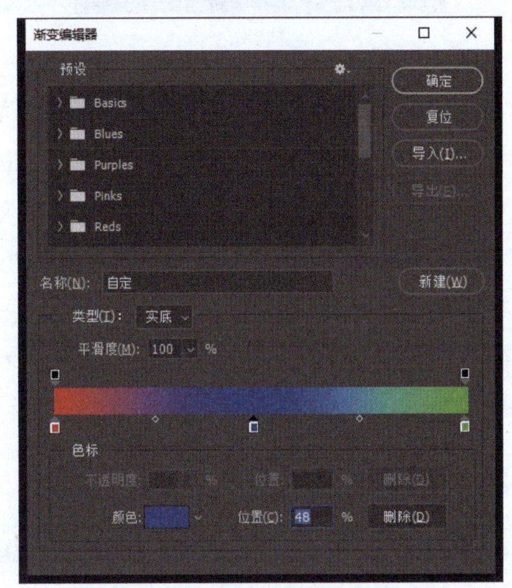

图 8－71

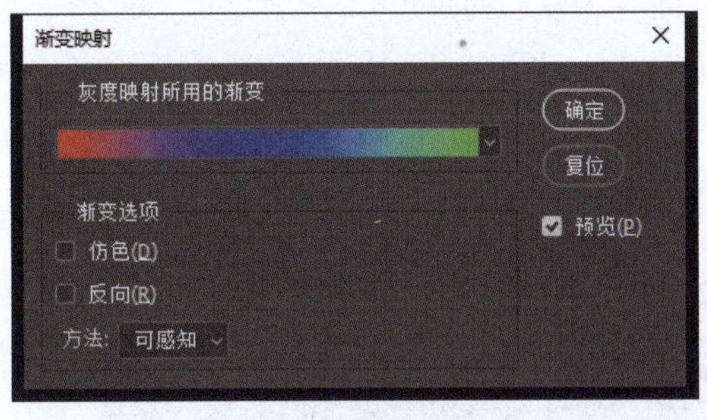

图 8－72

图 8－73

“仿色”复选框：用于使色彩过渡更平滑。

“反向”复选框：用于使现有的渐变色逆转方向。

8.3.13　可选颜色

“可选颜色”命令可以 RGB、CMYK 和灰度等颜色模式的图像进行分通道的颜色调节，以此校正图像颜色的平衡。原始图像如图 8－74 所示，选择“图像”→“调整”→“可选颜色”命令，弹出“可选颜色”对话框，如图 8－75 所示，单击“确定”按钮后，效果图像如图 8－76 所示。

图 8 – 74

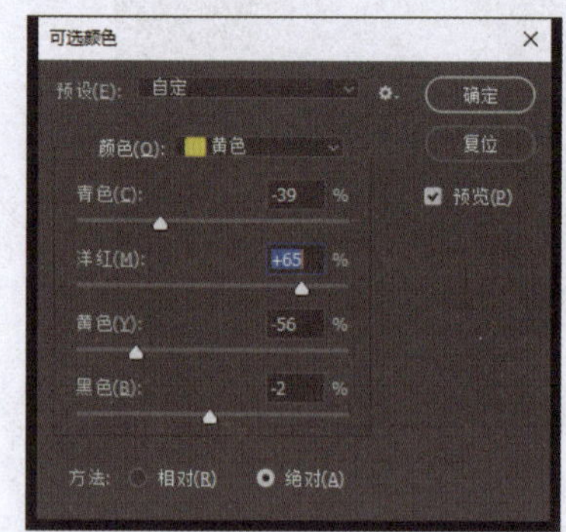

图 8 – 75

“可选颜色”对话框中部分选项的含义如下。

“颜色”选项组：从“颜色”下拉列表框中选择要调整的颜色通道，然后拖动下面的颜色滑块来改变颜色的组成。

“方法”选项：用来设置颜色调整的方式。选中“相对”单选按钮，调整图像时，将按图像总量的百分比来更改现有的青色、洋红、黄色或黑色。选中“绝对”单选按钮，调整图像时，将按绝对的调整值来调整颜色。

图 8 – 76

8. 3. 14　阴影/高光

“阴影/高光”命令的作用不是简单地使图像变亮或变暗，而是根据图像中暗调或高光的像素范围来控制色调增亮或变暗，可分别控制暗调或高光，非常适合校正强逆光而形成剪影的照片，也适合校正由于太接近相机闪光灯而有些发白的焦点。

原始图像如图 8 – 77 所示，选择“图像”→“调整”→“阴影/高光”命令，弹出“阴影/高光”对话框，如图 8 – 78 所示，单击“确定”按钮后，效果图像如图 8 – 79 所示。

图 8 – 77

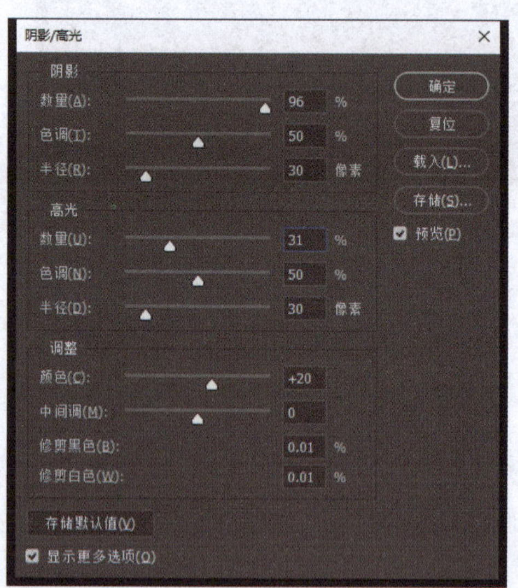

图 8 – 78

"阴影/高光"对话框中部分选项的含义如下。

"数量"选项："阴影"选项组中的"数量"值越大，图像中的阴影区域越亮；"高光"选项组中的"数量"值越大，图像中的高光区域越暗。

"色调"选项："阴影"选项组中，该选项用于控制阴影中色调的修改范围，较小的值会限制只对较暗区域进行阴影校正。"高光"选项组中，该选项用于控制高光中色调的修改范围。

图 8－79

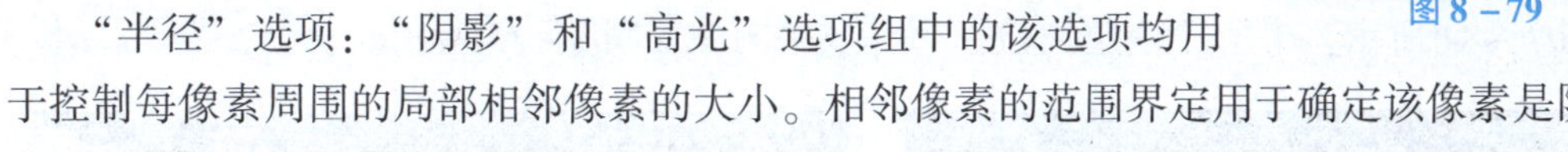

"半径"选项："阴影"和"高光"选项组中的该选项均用于控制每像素周围的局部相邻像素的大小。相邻像素的范围界定用于确定该像素是阴影还是高光。较小的半径值将指定较小的区域。

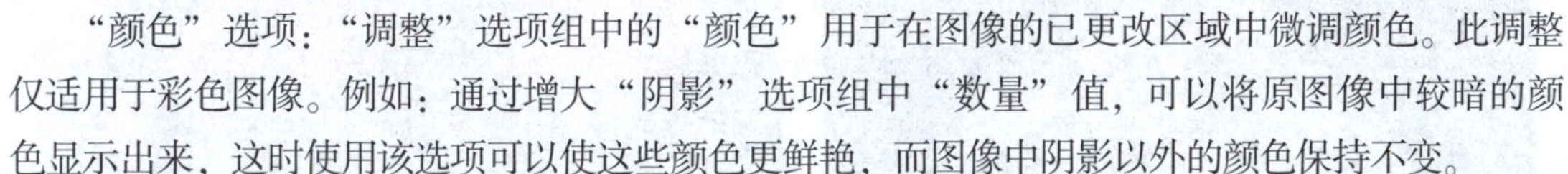

"颜色"选项："调整"选项组中的"颜色"用于在图像的已更改区域中微调颜色。此调整仅适用于彩色图像。例如：通过增大"阴影"选项组中"数量"值，可以将原图像中较暗的颜色显示出来，这时使用该选项可以使这些颜色更鲜艳，而图像中阴影以外的颜色保持不变。

"修剪黑色"和"修剪白色"选项："调整"选项组中的"修剪黑色"和"修剪白色"两个参数用于指定在图像中会将多少阴影和高光剪切到新的极端阴影和高光颜色。百分比数值越大，生成图像的对比度越大。需要注意的是，在设置过程中不要使剪贴值太大，因为会减少阴影或者高光的细节。

"存储默认值"按钮：当所有参数设置完成后，要想用这些参数替换该命令原来的默认参数，可以在对话框底部单击"存储默认值"按钮存储当前设置。如果要还原原来的默认设置，可以在按 Shift 键的同时单击"存储默认值"按钮。

"显示更多选项"复选框：选中此选项后，对话框会显示其他的选项，以便更精确地调整。

8.3.15　去色

"去色"命令可将彩色图像转换为灰色图像，将图像的色彩饱和度设置为 0，但图像的颜色模式和亮度保持不变。

原始图像如图 8－80 所示，选择"图像"→"调整"→"去色"命令，效果图像如图 8－81 所示。

图 8－80

图 8－81

8.3.16 匹配颜色

“匹配颜色”命令可以将一个图像文件的颜色与另一个图像文件的颜色相匹配，从而使这两张色调不同的图像自动调节成统一协调的颜色。该命令还可以匹配多个图层或多个选区之间的颜色，但是它只对 RGB 颜色模式的图像有效。

打开素材图像“粉花.jpg”“红花.jpg”，图像如图 8－82、图 8－83 所示。激活“粉花”图像文件，选择“图像”→“调整”→“匹配颜色”命令，弹出“匹配颜色”对话框，如图 8－84 所示，单击“确定”按钮后，效果图像如图 8－85 所示。

图 8－82

图 8－83

图 8－84

图 8－85

“匹配颜色”对话框中部分选项的含义如下。

1. “目标图像”选项组

“目标”选项：用于显示当前选中图像的名称、图层及颜色模式。

“图像选项”子选项组：通过设置“明亮度”“颜色强度”“渐隐”选项来调整颜色匹配的效果。“明亮度”选项用于调整目标图像的亮度，最大值是 200，最小值是 1；“颜色强度”选项用于调整目标图像中颜色像素值的范围，最大值是200，最小值是1；“渐隐”选项用于控制应用于图像的调整量。

“中和”复选框：用于使源文件和将要进行匹配的目标文件的颜色自动混合，产生更加丰富的混合色。

2. “图像统计”选项组

“使用源选区计算颜色”复选框：如果在源文件中建立选区并希望使用选区中的颜色进行匹配，则选中此选项。

“源”下拉列表框：可以在其下拉列表中选择需要进行匹配的目标文件。如果选择了“无”选项，则不会匹配任何图像。

“图层”下拉列表框：用来选择需要匹配颜色的图层。

“载入统计数据”按钮：用于载入已存储的调整文件。

“存储统计数据”按钮：用于保存当前调整好的设置参数。

8.3.17　替换颜色

“替换颜色”命令用于对图像中的特定颜色进行替换，可以修改其色相、饱和度和明度，还可以使用吸管工具在图像中选择需要替换的颜色。

原始图像如图8－86所示，选择“图像”→“调整”→“替换颜色”命令，弹出“替换颜色”对话框，如图8－87所示，单击“确定”按钮后，效果图像如图8－88所示。

图8－86

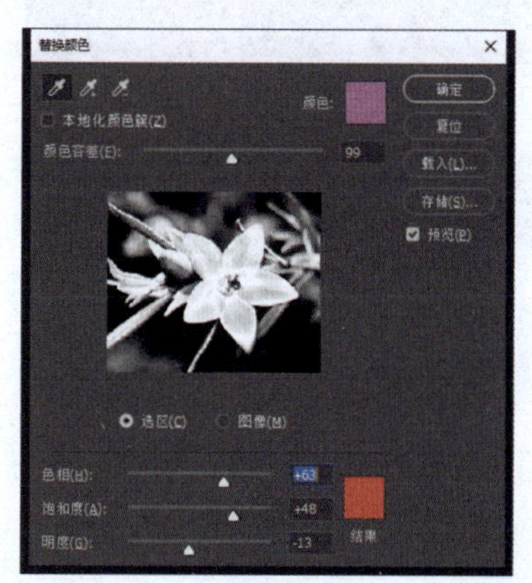

图8－87

“替换颜色”对话框中部分选项的含义如下。

吸管工具组：单击“吸管工具”按钮，在图像中单击可以吸取需要替换颜色的区域；单击“添加到取样”按钮，在图像中单击可以把每次选择的颜色添加在一起；单击“从取样中减去”按钮，在图像中单击可以把选中颜色从选定的颜色中减去。

图8－88

“颜色”选项：单击颜色块，会弹出“拾色器”对话框，在其中设置需要替换的颜色。

“颜色容差”选项：拖动滑块或输入数值，可以调节选定颜色的选取范围，值越大，选取颜色的范围越大。

“选区”单选按钮：选中“选区”单选按钮，则预览框中显示蒙版，其中黑色表示未选择区域，白色表示选择区域。

“图像”单选按钮：选中“图像”单选按钮，则预览框中显示原始图像，不显示选区。

“色相”“饱和度”和“明度”选项：通过对色相、饱和度和明度的调整来替换图像颜色。

“结果”选项：单击颜色块，弹出“拾色器”对话框，可以在其中选择一种颜色作为替换色，从而精确控制颜色的变化。

8.3.18 色调均化

“色调均化”命令用于按照灰度重新分布图像亮度，将图像中最亮的部分提升为白色，最暗部分降低为黑色，而中间值平均分布在整个灰度中。该命令还可以增加相邻颜色像素间的对比度。

原始图像如图 8-89 所示，选择“图像”→“调整”→“色调均化”命令，效果图像如图 8-90 所示。

图 8-89

图 8-90

8.4 拓展练习

8.4.1 水果上色

要求：

(1) 给黑白图像上色。

(2) 图像素材：“拓展练习 1-素材”文件夹中的“猕猴桃.jpg”图像文件，如图 8-91 所示。

(3) 上色后效果如图 8-92 所示。

操作要点：

(1) 打开素材文件“猕猴桃.jpg”，如图 8-91 所示，复制“背景”图层为新图层“黑白猕猴桃”。

图 8－91

图 8－92

（2）在“图层”面板上新建名为“猕猴桃”的图层，前景色设置颜色 RGB（203，126，50），按 Alt + Delete 组合键填充图层，隐藏图层。

（3）选中“黑白猕猴桃”图层，选择适合的选区工具，建立选区，如图 8－93 所示。

（4）取消隐藏并选中“猕猴桃”图层，如图 8－94 所示，单击“图层”面板底部的“添加图层蒙版”按钮，效果如图 8－95 所示。

图 8－93

图 8－94

（5）调整“猕猴桃”图层的混合模式为“颜色”，显示猕猴桃的细节，如图 8－96 所示。“图层”面板如图 8－97 所示。

图 8－95

图 8－96

（6）在“图层”面板上新建名为“猕猴桃切面”的图层，前景色设置颜色 RGB（231，252，109），按 Alt + Delete 组合键填充图层，隐藏图层。

（7）选中“黑白猕猴桃”图层，选择工具箱中的“钢笔工具”，建立“猕猴桃切面”选区，如图 8－98 所示。

（8）取消隐藏并选中“猕猴桃切面”图层，如图 8－99 所示，单击“图层”面板底部的“添加图层蒙版”按钮，效果如图 8－100 所示。

图 8－97

图 8－98

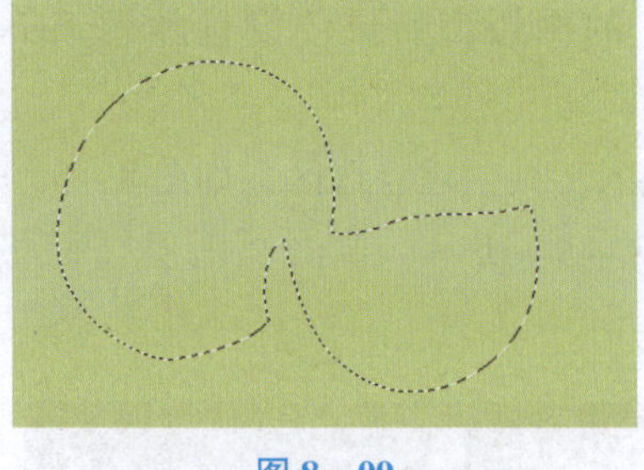

图 8－99

图 8－100

（9）调整“猕猴桃切面”图层的混合模式为“颜色”，显示叶子的细节，如图 8－101 所示。

（10）单击“图层”面板底部的“创建新的填充或调整图层”按钮，在弹出的菜单中选择“亮度/对比度”，参数设置如图 8－102 所示，效果如图 8－103 所示，“图层”面板如图 8－104 所示。

图 8－101

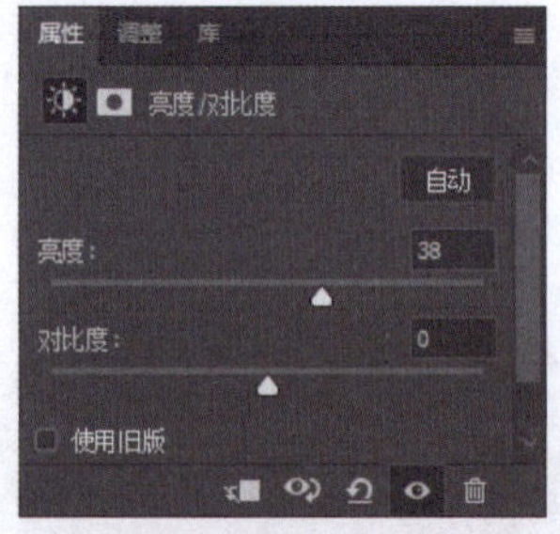

图 8－102

图 8－103

图 8－104

(11) 选择“文件”→“存储副本”命令，在弹出的“存储副本”对话框中，设置保存类型为 Photoshop（＊.PSD；＊.PDD；＊.PSDT），输入文件名“8－4－1－水果上色.psd”。

(12) 选择“文件”→“存储副本”命令，在弹出的“存储副本”对话框中，设置保存类型为 JPEG（＊.JPG；＊.JPEG；＊.JPE），输入文件名“8－4－1－水果上色.jpg”。

水果上色

(13) 案例视频见二维码“水果上色”。

8.4.2 调整曝光图像

要求：

(1) 调整曝光图像。

(2) 图像素材：“拓展练习 2－素材”文件夹中的“花.jpg”图像文件，如图 8－105 所示。

(3) 调整后的效果如图 8－106 所示。

图 8－105

图 8－106

操作要点：

(1) 打开素材文件“花.jpg”，如图 8－105 所示，复制“背景”图层为新图层“花 1”。

(2) 在“花 1”图层中选中曝光的白色选区，如图 8－107 所示。单击“图层”面板底部的“添加图层蒙版”按钮◘，图层模式选择“正片叠底”，不透明度设置为 80%。复制“花 1”图层为“花 2”，图层模式选择“正片叠底”，不透明度设置为 50%，效果如图 8－108 所示。

图 8－107

图 8－108

(3) 单击“图层”面板底部的“创建新的填充或调整图层”按钮，在弹出的菜单中选择“曲线”，参数设置如图 8－109 所示。

(4) 单击“图层”面板底部的“创建新的填充或调整图层”按钮，在弹出的菜单中选择“色相/饱和度”，参数设置如图 8－110 所示。

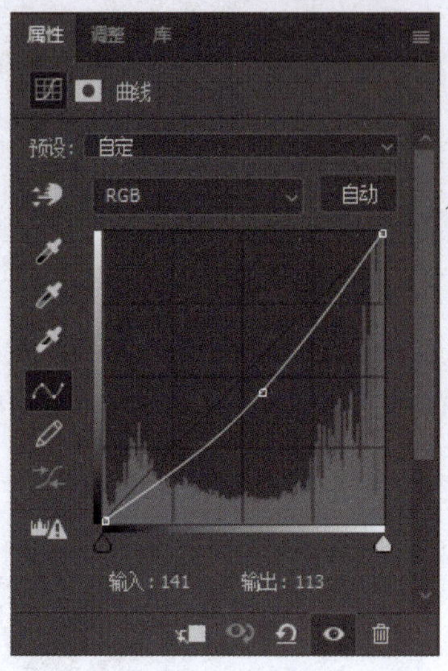

图 8－109

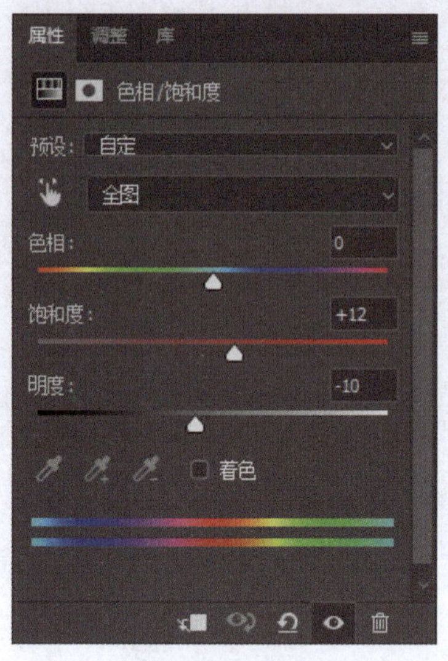

图 8－110

(5) 隐藏“背景”图层，按 Shift + Ctrl + Alt + E 组合键，盖印新图层，名为“调整后”。

(6) 除“背景”和“调整后”图层外，其他图层放入“调整过程”图层组中。“图层”面板如图 8－111 所示。

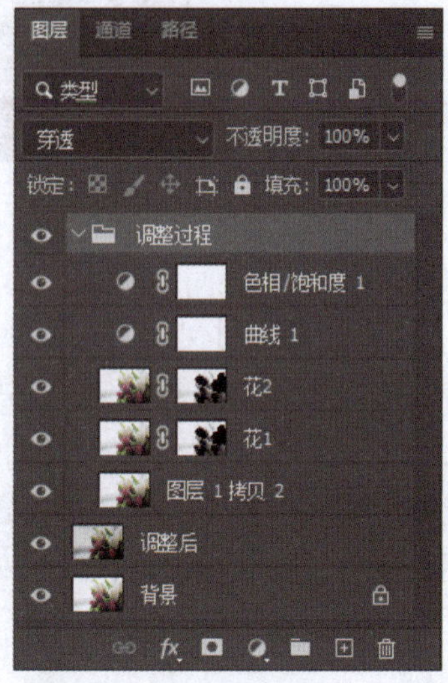

图 8－111

(7) 选择“文件”→“存储副本”命令，在弹出的“存储副本”对话框中，设置保存类型为 Photoshop (＊.PSD；＊.PDD；＊.PSDT)，输入文件名“8－4－2－调整曝光图像.psd”。

(8) 选择“文件”→“存储副本”命令，在弹出的“存储副本”对话框中，设置保存类型为 JPEG (＊.JPG；＊.JPEG；＊.JPE)，输入文件名“8－4－2－调整曝光图像.jpg”。

(9) 案例视频见二维码“调整曝光图像”。

调整曝光图像

8.5 项目考核

项目八考核

学习情境四

图像特效

项目九

滤镜应用

滤镜是 Photoshop 最重要的功能之一，使用滤镜可以很容易地制作出非常专业的效果，滤镜的功能虽然强大，使用方法却非常简单，它能够在强化图像效果的同时掩盖图像的缺陷，并对图像进行优化。合理使用滤镜，可以很容易地制作出各种奇幻、多彩的图像效果。Photoshop 的所有滤镜名称都列在滤镜菜单的各子菜单中，使用这些命令即可启动相应的滤镜功能。

学习目标：

通过本项目的学习，掌握内置滤镜和外挂滤镜的区别，了解各种滤镜实现图像各种特殊效果的方法，能熟练将滤镜同通道、图层等联合使用。

学习框架：

9.1　学习任务1：制作下雨效果
9.2　学习任务2：制作水彩画效果
9.3　知识要点
9.4　拓展练习
9.5　项目考核

9.1　学习任务1　制作下雨效果

知识目标	（1）掌握杂色滤镜的使用方法 （2）掌握模糊滤镜的使用方法 （3）掌握扭曲滤镜的使用方法 （4）掌握调整图层的使用方法 （5）掌握图层混合模式的使用方法 （6）掌握剪贴蒙版的使用方法
能力目标	（1）能够熟练运用杂色滤镜 （2）能够熟练运用模糊滤镜 （3）能够熟练运用扭曲滤镜

续表

能力目标	(4) 能够熟练运用调整图层 (5) 能够熟练运用图层混合模式 (6) 能够熟练运用剪贴蒙版
素质目标	(1) 培养学生运用杂色滤镜的能力 (2) 培养学生运用模糊滤镜的能力 (3) 培养学生运用扭曲滤镜的能力 (4) 培养学生运用调整图层的能力 (5) 培养学生运用图层混合模式的能力 (6) 培养学生运用剪贴蒙版的能力
教学重点	(1) 杂色滤镜的使用 (2) 模糊滤镜的使用 (3) 扭曲滤镜的使用 (4) 调整图层的使用 (5) 剪贴蒙版的使用
教学难点	(1) 杂色滤镜的使用 (2) 模糊滤镜的使用 (3) 扭曲滤镜的使用 (4) 调整图层的使用 (5) 剪贴蒙版的使用
效果展示	学习任务 1 效果图如图 9－1 所示。 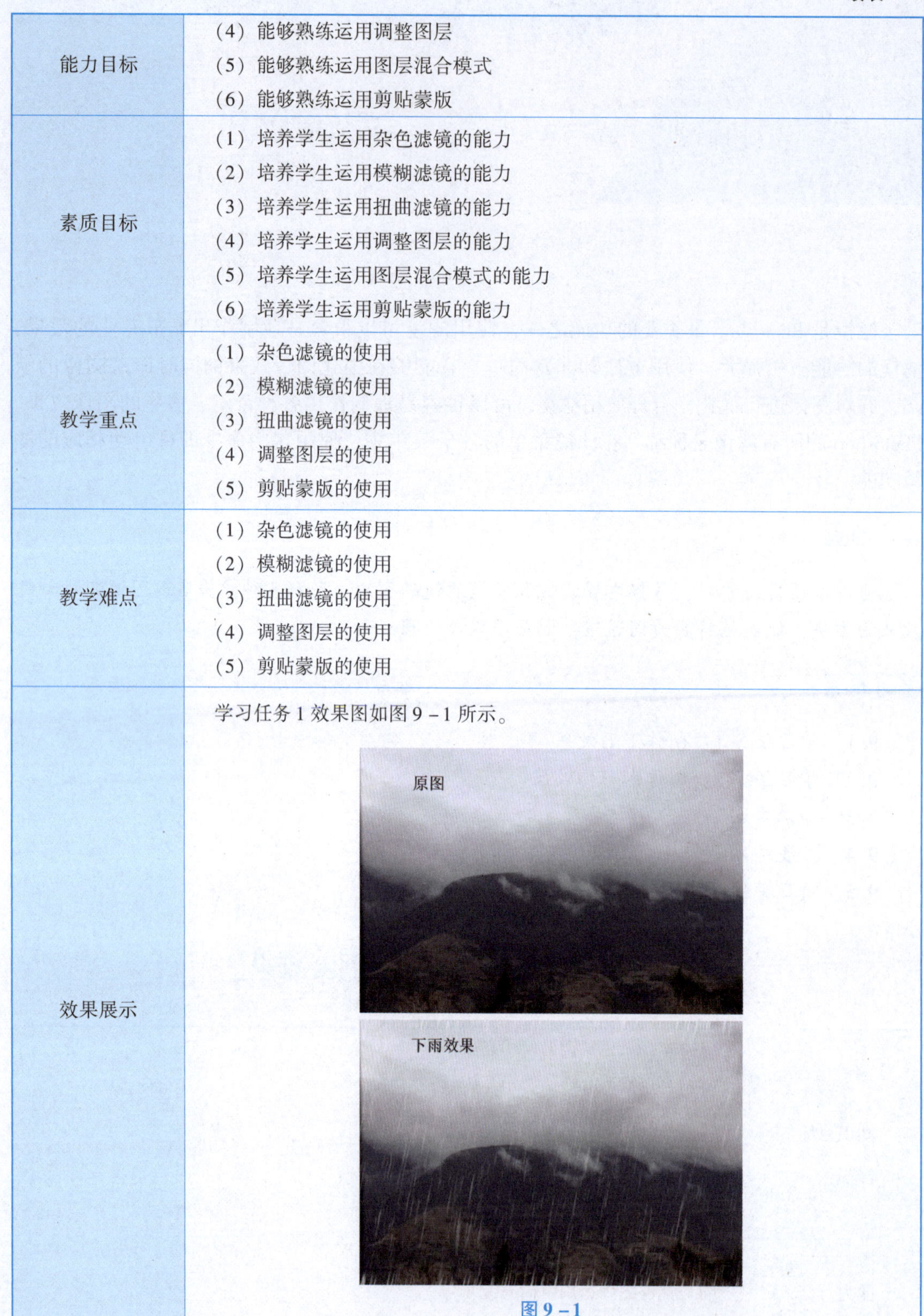 图 9－1

9.1.1　任务描述

制作烟雨蒙蒙效果。

9.1.2　任务分析

使用杂色、模糊、扭曲、色阶、图层混合模式等制作下雨效果。

9.1.3　任务实施

（1）打开素材文件“风景.jpg”，如图9－2所示，复制“背景”图层为新图层“风景”。

（2）新建“雨”图层，将前景色设置为黑色，按Alt＋Delete组合键填充图层。

（3）选中“雨”图层，选择“滤镜”→“杂色”→“添加杂色”命令，数量设置为75%，高斯分布，单色，参数设置如图9－3所示。

图9－2

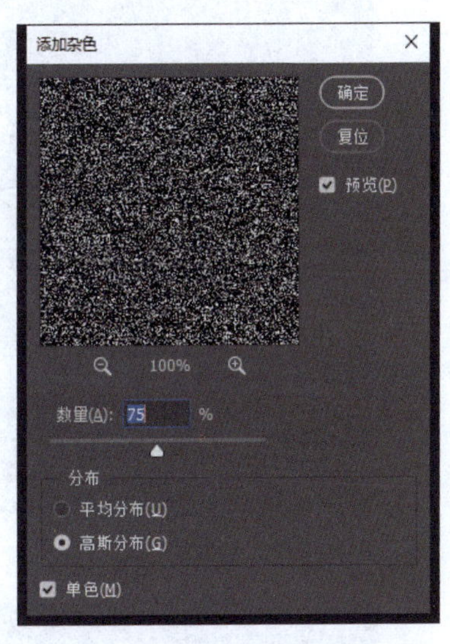

图9－3

（4）选择“滤镜”→“模糊”→“高斯模糊”命令，半径设置为0.5，参数设置如图9－4所示。

（5）选择“滤镜”→“模糊”→“动感模糊”命令，角度设置为80，距离设置为50，参数设置如图9－5所示。

（6）单击“图层”面板底部的“创建新的填充或调整图层”按钮，在弹出的菜单中选择“色阶”，参数设置如图9－6所示。图像效果如图9－7所示。

（7）选中“色阶1”图层，选择“图层”→“创建剪贴蒙版”命令，“图层”面板如图9－8所示。

（8）选中“雨”图层，选择“滤镜”→“扭曲”→“波纹”命令，参数设置如图9－9所示。

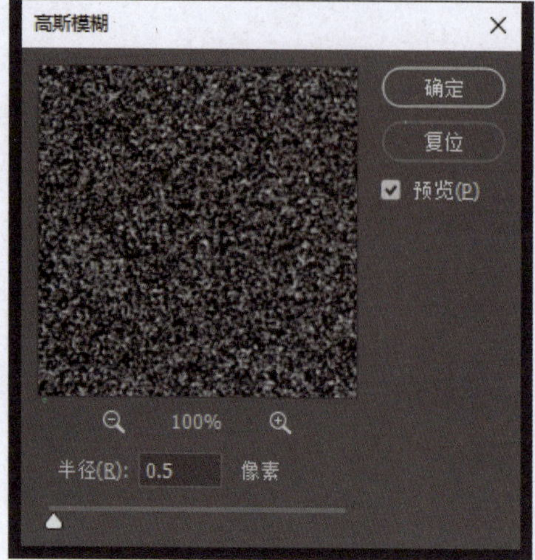

图 9－4

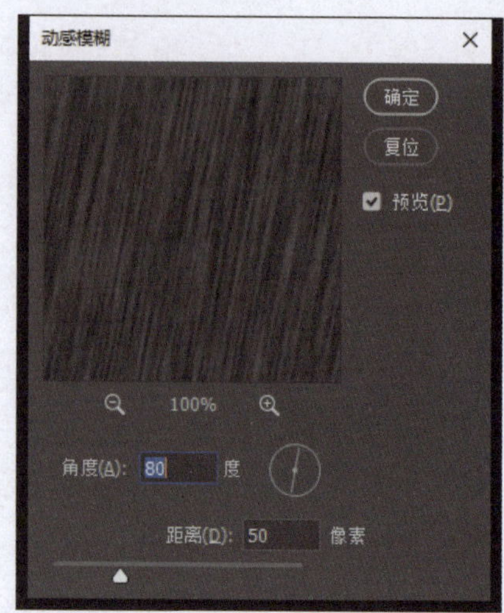

图 9－5

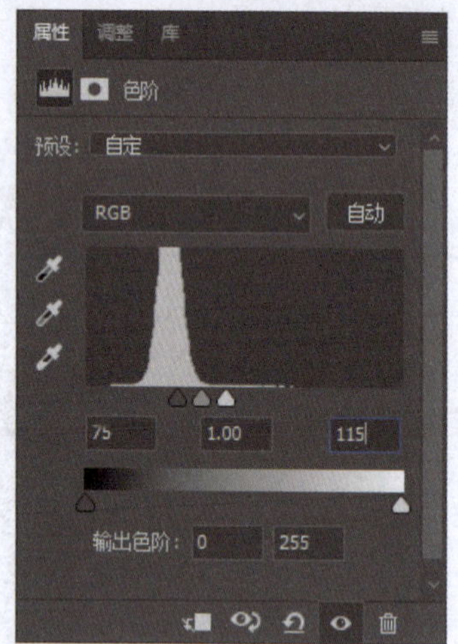

图 9－6

图 9－7

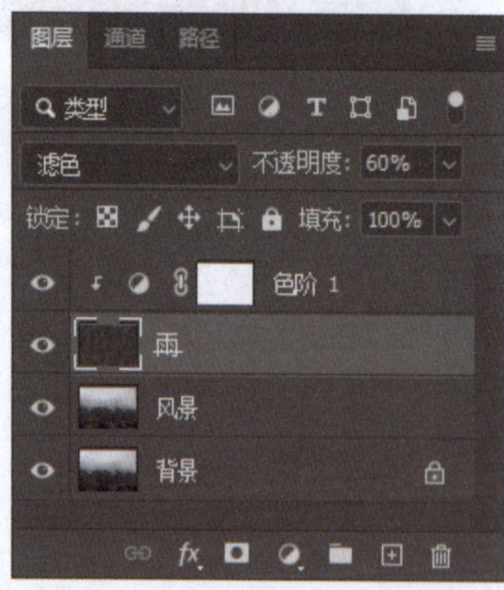

图 9－8

图 9－9

(9) 选择“滤镜”→“模糊”→“高斯模糊”命令，半径设置为0.5。

(10) 设置“雨”图层的混合模式为“滤色”，不透明度为60%，效果如图9-10所示。

图9-10

(11) 选择“文件”→“存储副本”命令，在弹出的“存储副本”对话框中，设置保存类型为Photoshop（*.PSD；*.PDD；*.PSDT），输入文件名“9-1-下雨效果.psd”。

(12) 选择“文件”→“存储副本”命令，在弹出的“存储副本”对话框中，设置保存类型为JPEG（*.JPG；*.JPEG；*.JPE），输入文件名“9-1-下雨效果.jpg”。

9.2 学习任务2　制作水彩画效果

知识目标	(1) 掌握特殊模糊滤镜的使用方法 (2) 掌握绘画涂抹滤镜的使用方法 (3) 掌握调色刀滤镜的使用方法
能力目标	(1) 能够熟练运用特殊模糊滤镜 (2) 能够熟练运用绘画涂抹滤镜 (3) 能够掌握运用调色刀滤镜
素质目标	(1) 培养学生运用特殊模糊滤镜的能力 (2) 培养学生运用绘画涂抹滤镜的能力 (3) 培养学生运用调色刀滤镜的能力 (4) 培养学生运用滤镜库的能力 (5) 培养细致、耐心完成任务的能力
教学重点	(1) 特殊模糊滤镜的使用 (2) 绘画涂抹滤镜的使用 (3) 调色刀滤镜的使用 (4) 滤镜库的使用

续表

教学难点	(1) 特殊模糊滤镜的使用 (2) 绘画涂抹滤镜的使用 (3) 调色刀滤镜的使用 (4) 滤镜库的使用
效果展示	学习任务 2 效果图如图 9－11 所示。  原图 水彩画效果 图 9－11

9.2.1 任务描述

制作水彩画效果。

9.2.2 任务分析

使用“特殊模糊”“绘画涂抹”“调色刀”滤镜命令，制作水彩画图像效果。

9.2.3 任务实施

(1) 打开图像素材文件“花.jpg”，复制“背景”图层，新图层名为“花”，如图 9－12 所示。

(2) 选择“滤镜”→“模糊”→“特殊模糊”命令，半径设置为 3.0，阈值设置为 25，品质设置为低，模式设置为正常，参数设置如图 9－13 所示。

(3) 复制“花”图层，新图层名为“花 1”，选择“滤镜”→“滤镜库”，在弹出的对话框中，选择“绘画涂抹”，画笔大小设置为 2，锐化程度设置为 1，如图 9－14 所示。

图 9－12

图 9－13

图 9－14

（4）设置“花 1”图层的混合模式为“柔光”。

（5）复制“花 1”图层，新图层名为“花 2”，选择“滤镜”→“滤镜库”，在弹出的对话框中，选择“调色刀”，描边大小设置为 3，描边细节设置为 1，如图 9－15 所示。

（6）设置“花 2”图层的混合模式为“柔光”。效果如图 9－16 所示，“图层”面板如图 9－17 所示。

图 9－15

图 9－16

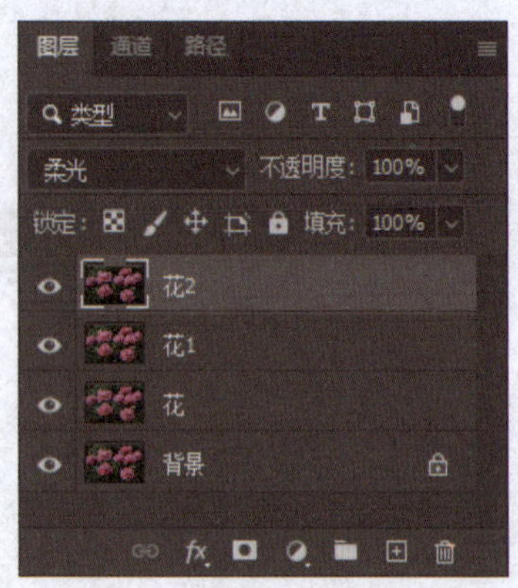

图 9－17

（7）选择“文件”→“存储副本”命令，在弹出的“存储副本”对话框中，设置保存类型为 Photoshop（＊. PSD；＊. PDD；＊. PSDT），输入文件名“9－2－水彩画效果 . psd”。

（8）选择“文件”→“存储副本”命令，在弹出的“存储副本”对话框中，设置保存类型为 JPEG（＊. JPG；＊. JPEG；＊. JPE），输入文件名“9－2－水彩画效果 . jpg”。

9.3 知识要点

9.3.1 滤镜简介

Photoshop 的“滤镜”菜单中提供了多种滤镜，如图 9－18 所示。这些滤镜共分为两类：

一类是内部滤镜，即 Photoshop 默认安装时自动安装到 plug - ins 目录下的滤镜；另一类是外挂滤镜（即第三方滤镜），是由第三方厂商为 Photoshop 生产的滤镜，它们种类齐全，品种繁多，功能强大，版本与种类也在不断升级与更新。

Photoshop 滤镜菜单被分为 5 部分，并用横线划分开。

第一部分：如果没有使用过滤镜，显示“滤镜库”；如果使用过滤镜，显示上次滤镜操作。使用任意一种滤镜后，当需要重复使用这种滤镜时，按 Alt + Ctrl + F 组合键，即可重复使用。

第二部分：转换为智能滤镜。智能滤镜可随时进行修改操作。

第三部分：Neural Filters，神经网络滤镜。这是一个完整的滤镜库，它使用了 Adobe Sensei 所提供的机器学习功能，可以大幅减少复制的工作流程。Neural Filters 滤镜是 Photoshop 的一个新工作区，但由于官方管控等原因，国内用户很难正常使用，显示为灰色。

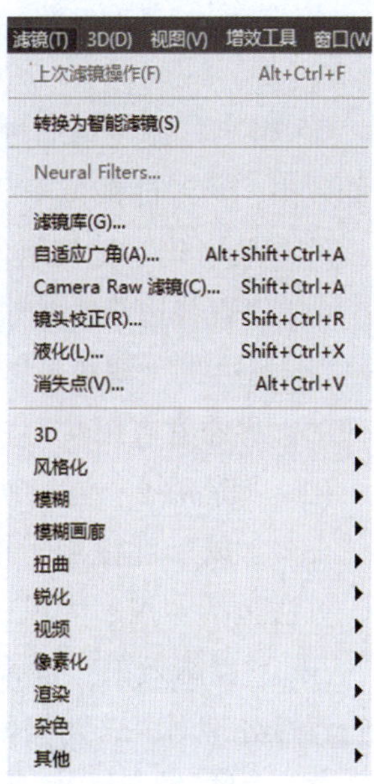

图 9 - 18

第四部分：滤镜库及 5 种 Photoshop 滤镜。每个滤镜的功能都十分强大。

第五部分：11 种 Photoshop 滤镜组。每个滤镜组中都包含多个子滤镜，如图 9 - 19 所示。

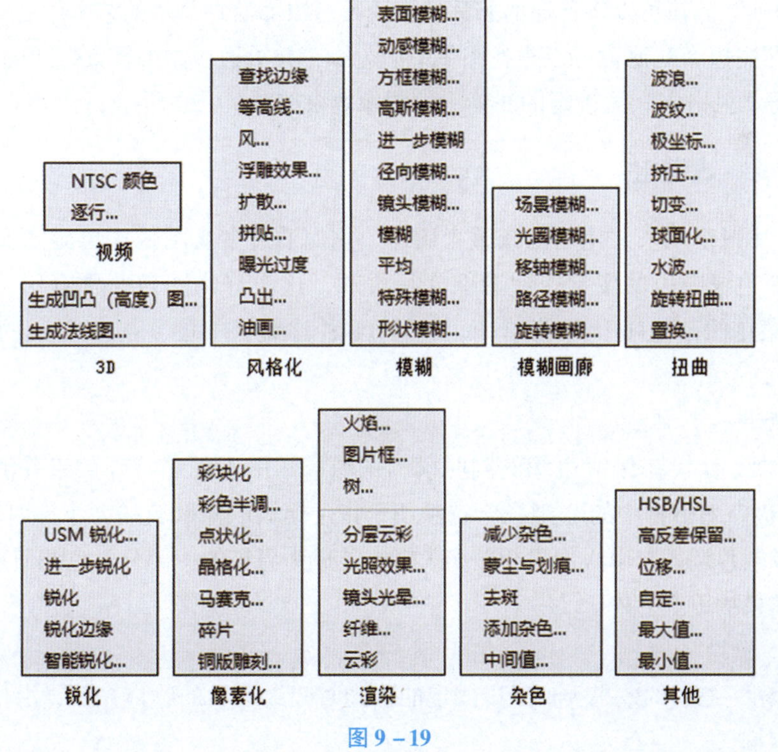

图 9 - 19

9.3.2 “风格化”滤镜组

“风格化”滤镜组通过置换像素、查找并增加图像的对比度，在选区中生成绘画或印象派的效果，该组滤镜位于“滤镜”菜单的“风格化”子菜单中，包含9种滤镜，如图9-19所示的“风格化”滤镜组。此外，还有“照亮边缘”滤镜在滤镜库中供使用。

（1）“查找边缘”滤镜。

“查找边缘”滤镜可以查找并用相对于白色背景的黑色线条勾勒图像的边缘，这对生成图像的边界非常有用。

（2）“等高线”滤镜就是沿着图像当前色阶的明暗值将色阶值相同的变成一条线。

（3）“风”滤镜用于模拟风吹的效果，在图像中放置细小的水平线条来获得风吹的效果，方法包括“风、大风、飓风”。

（4）“浮雕效果”滤镜通过勾画图像或选区的轮廓和降低周围色值来产生浮雕效果。在进行浮雕处理时，若要保留颜色和细节，需要在应用“浮雕”滤镜之后使用“渐隐”命令。

（5）“扩散”滤镜会搅乱图像中的像素，使图像产生一种不聚焦的感觉。

（6）“拼贴”滤镜可以将图像分解为多个拼贴块，并使每块拼贴产生一定的偏移。可以选背景色或前景色填充拼贴之间的区域。图像的反转版本位于原版本之上，并露出原图像中位于拼贴边缘下面的部分。

（7）“曝光过度”滤镜用于模拟在显影过程中将照片短暂曝光的效果。

（8）“凸出”滤镜给图像增加立体效果。

（9）“油画”滤镜可以将普通的照片转变成具有浓郁油画风格的艺术作品。

（10）“照亮边缘”滤镜可以查找图像中的边缘，并沿边缘添加霓虹灯式的光亮效果。

应用不同“风格化”滤镜组的滤镜后的图像效果如图9-20所示。

9.3.3 “模糊”滤镜组

“模糊”滤镜组用来柔化选区或整个图像，它们通过平衡图像中已经定义的线条和遮蔽区域的清晰边缘旁边的像素，使图像变得柔和，这对修饰图像非常有用。该组滤镜位于“滤镜”菜单的“模糊”子菜单中，包含11种滤镜，如图9-19所示的“模糊”滤镜组。

1. “表面模糊”滤镜

“表面模糊”滤镜在保留边缘的同时模糊图像，常用于创建特殊效果并消除杂色或粒度。“表面模糊”对话框中的“半径”选项用于指定模糊取样区域的大小，“阈值”选项用于控制相邻像素色调值与中心像素相差多大时才能成为模糊的一部分，色调值差小于阈值的像素被排除在模糊范围之外。

2. “动感模糊”滤镜

“动感模糊”滤镜的效果类似于以固定的曝光时间给运动的物体拍照，沿指定方向以指定强度进行模糊。

原图　　查找边缘　　等高线　　风

浮雕效果　　扩散　　拼贴　　曝光过度

凸出　　油画　　照亮边缘

图 9－20

3. "方框模糊" 滤镜

"方框模糊" 滤镜基于相邻像素的平均颜色值来模糊图像，可以调整用于计算给定像素平均值的区域大小，区域半径越大，产生的模糊效果越好。

4. "高斯模糊" 滤镜

"高斯模糊" 滤镜使用可调整的量快速模糊选区，可以利用高斯曲线的分布模式有选择地模糊图像。高斯曲线是指当 Photoshop 将加权平均应用于像素时生成的钟形曲线。

5. "径向模糊" 滤镜

"径向模糊" 滤镜是一种比较特殊的滤镜，模拟缩放或旋转相机所产生的模糊，可以将图像围绕一个指定的圆心，沿着圆的四周或半径方向产生模糊效果。

6. "镜头模糊" 滤镜

"镜头模糊" 滤镜向图像中添加模糊，使图像中的一些对象在焦点以内，另外一些区域变模糊，从而产生更窄的景深效果。

7. “模糊”滤镜和“进一步模糊”滤镜

“模糊”“进一步模糊”滤镜都用于消除图像中颜色明显变化处的杂色，使图像更加柔和，并隐藏图像中的缺陷，柔化图像中过于强烈的区域。“进一步模糊”滤镜产生的效果比“模糊”滤镜强。两个滤镜都没有参数设置对话框，可多次应用来加强模糊效果。

8. “平均”滤镜

“平均”滤镜可以对图像的平均颜色值进行柔化处理，从而产生模糊效果。该滤镜无参数设置对话框。

9. “特殊模糊”滤镜

“特殊模糊”滤镜可以对图像进行精确模糊，是唯一不模糊图像轮廓的模糊方式。

10. “形状模糊”滤镜

“形状模糊”滤镜是使用各种形状对图像产生一种朦胧的效果。

应用不同“模糊”滤镜组的滤镜后的图像效果如图 9-21 所示。

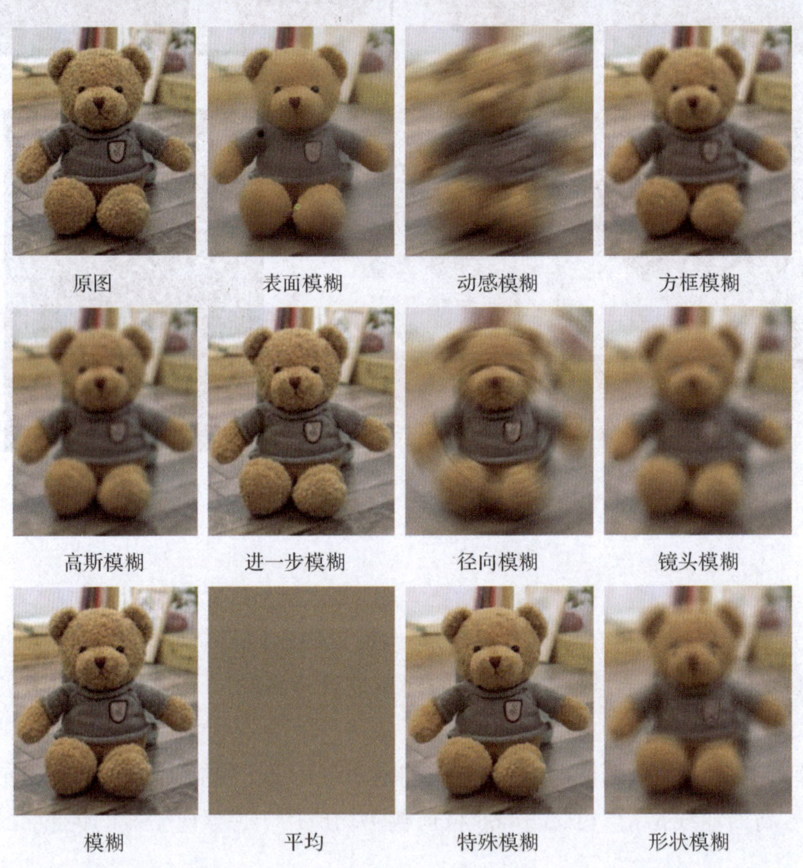

图 9-21

9.3.4 “模糊画廊”滤镜组

“模糊画廊”滤镜组位于“滤镜”菜单的“模糊画廊”子菜单中，包含 5 种滤镜，如图 9-19 所示的“模糊画廊”滤镜组。

1. “场景模糊”滤镜

“场景模糊”滤镜可以使画面不同区域呈现不同程度的模糊效果，是一个非常好的后期制作“焦外虚化”效果的工具。只要将焦点部分复制在原有图层的上方，然后在原有图层焦点部分使用内容识别的填充后，就可以运用场景模糊，制作非常自然的虚化背景，效图如图 9－22 所示。

图 9－22

2. “光圈模糊”滤镜

“光圈模糊”滤镜可以将一个或多个焦点添加到图像中，用户可以设置焦点的大小、形状，以及焦点区域外的模糊数量和清晰度等。效果如图 9－23 所示。

原图

调整光圈模糊

模糊后效果

图 9－23

3. “移轴模糊”滤镜

“移轴模糊”滤镜可用于模拟相机拍摄的移轴效果，其效果类似于微缩模型。这种模糊效果可以让图片的前景保持清晰而模糊图片的背景。效果如图 9－24 所示。

调整移轴模糊

模糊后效果

图 9－24

4. “路径模糊”滤镜

“路径模糊”滤镜可用于沿着路径创建模糊的效果，任何角度、任何形态都能根据实际需要进行塑造。这种模糊特别适合人在冲浪或一辆火车这样的照片需要动态地修饰模糊效果，让画面更具动感。效果如图 9－25 所示。

5. “旋转模糊”滤镜

“旋转模糊”滤镜比径向模糊要精确些，它与路径模糊工具结合使用，能做出类似梵高的画作那样超现实的场景。效果如图 9－26 所示。

图 9－25

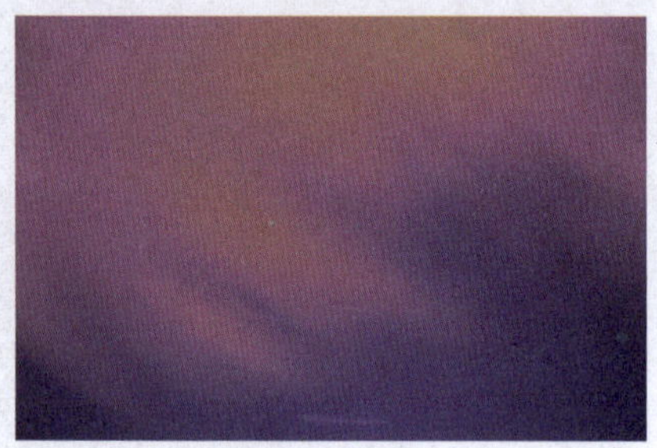

图 9－26

9.3.5 “扭曲”滤镜组

“扭曲”滤镜组可以将图像进行各种几何类型的扭曲。该组滤镜位于“滤镜”菜单的“扭曲”子菜单中，包含 9 种滤镜，如图 9－19 所示的“扭曲”滤镜组。

1. “波浪”滤镜

“波浪”滤镜可以按照指定类型、波长和波幅的波来扭曲图像。

2. “波纹”滤镜

“波纹”滤镜可以创建波状起伏的图案，像水池表面的波纹。

3. “极坐标”滤镜

“极坐标”滤镜可以将图像由平面坐标系统转换为极坐标系统，或是从极坐标系统转换为平面坐标系统。

4. “挤压”滤镜

“挤压”滤镜可以向中心或四周挤压图像。

5. “切变”滤镜

“切变”滤镜是沿一条曲线扭曲图像，通过拖动框中的线条来指定曲线的扭曲程度。

6. “球面化”滤镜

“球面化”滤镜可以将图像沿球形、圆管的表面凸起或凹下，从而使图像具有三维效果。

7. “水波”滤镜

“水波”滤镜可以用来模拟水波产生的视觉效果。

8. “旋转扭曲”滤镜

“旋转扭曲”滤镜可以使图像产生旋转的风轮效果。

9. “置换”滤镜

“置换”滤镜可以用另一幅 PSD 图像中的颜色、形状和纹理等来确定当前图像的扭曲方式及改变形式，最终将两个图像结合在一起，产生不定方向的位移效果。

应用不同“扭曲”滤镜组的滤镜后的图像效果如图 9－27 所示。

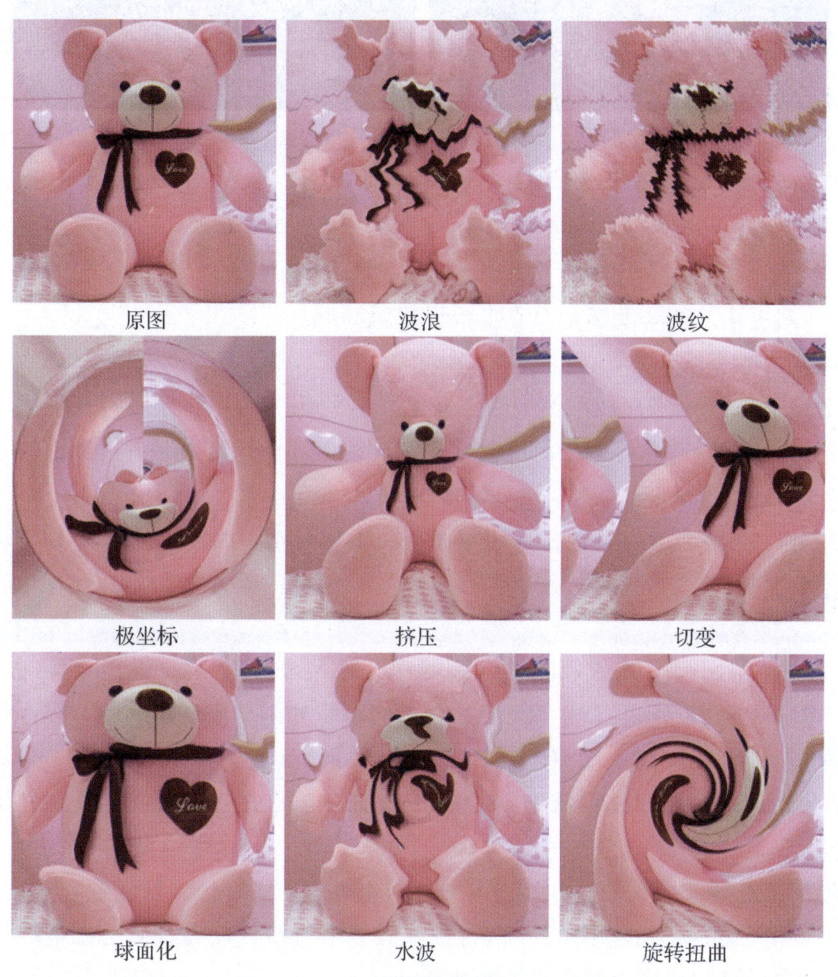

图 9－27

9.3.6 “锐化”滤镜组

“锐化”滤镜组通过增加相邻像素的对比度来聚焦模糊的图像。该组滤镜位于“滤镜”菜单的“锐化”子菜单中，包含 5 种滤镜，如图 9－19 所示的“锐化”滤镜组。

1. “USM 锐化”滤镜

“USM 锐化”滤镜可调整边缘细节的对比度，并在边缘的每一侧生成一条亮线和一条暗线，使边缘突出，造成图像更加锐化的错觉。它可以根据用户指定的选项来锐化图像。效果如图 9－28 所示。

原图

USM锐化

图 9－28

2．“锐化”滤镜和“进一步锐化”滤镜

“锐化”“进一步锐化”滤镜可以聚焦选区并提高清晰度。“进一步锐化”比“锐化”滤镜的锐化效果更强。两个滤镜都没有参数设置对话框。

3．“锐化边缘”滤镜

“锐化边缘”滤镜用来查找图像中颜色发生显著变化的区域，然后将其锐化。它只能锐化图像的边缘，同时保留总体的平滑度。使用此滤镜可在不指定数量的情况下锐化边缘。

4．“智能锐化”滤镜

“智能锐化”滤镜通过设置锐化算法或控制阴影和高光中的锐化量来锐化图像。

9.3.7 “视频”滤镜组

“视频”滤镜组用于视频图像的输入和输出。该组滤镜位于“滤镜”菜单的“视频”子菜单中，包含“NTSC 颜色”和“逐行”两种滤镜，如图 9－19 所示的“视频”滤镜组。

1．“NTSC 颜色”滤镜

“NTSC 颜色”滤镜可以将图像中不能显示在普通电视机上的颜色转换为最接近的可以显示的颜色。

2．“逐行”滤镜

“逐行”滤镜通过移去视频图像中的奇数或偶数隔行线，使在视频上捕捉的运动图像变得平滑。可以通过复制或插值替换去掉的线条。

9.3.8 “像素化”滤镜组

“像素化”滤镜组通过将单元格中颜色值相近的像素结成块来清晰地定义一个选区。该组滤镜位于“滤镜”菜单的“像素化”子菜单中，包含 7 种滤镜，如图 9－19 所示。

1．“彩块化”滤镜

“彩块化”滤镜可使纯色或相近颜色的像素结成相近颜色的像素块，使图像看起来像是手绘图像，或使现实主义图像变得类似于抽象派绘画。该滤镜没有参数设置对话框。

2．“彩色半调”滤镜

“彩色半调”滤镜用于模拟在图像的每个通道上使用放大的半调网屏的效果。对于每个通道，“彩色半调”滤镜将图像划分为矩形，并用圆形替换每个矩形，圆形大小与矩形的亮

度成比例，使像素结块形成多边形纯色。

3. “点状化”滤镜

“点状化”滤镜将图像中的颜色分解为随机分布的网点，如同点状化绘画一样，并使用背景色作为网点之间的画布区域。

4. “晶格化”滤镜

“晶格化”滤镜用于模拟图像中像素结晶的效果。

5. “马赛克”滤镜

“马赛克”滤镜用于模拟马赛克拼出图像的效果，使像素结为方形块。其中，给定块中的像素颜色相同，块颜色代表选区中的颜色。

6. “碎片”滤镜

“碎片”滤镜可以将图像中的像素复制 4 次，然后将复制的像素平均分布，并使其相互偏移，从而产生一种不聚焦的模糊效果。

7. “铜版雕刻”滤镜

“铜版雕刻”滤镜可以将图像转换为黑白区域的随机图案或者彩色图像中完全饱和颜色的随机图案。

应用不同“像素化”滤镜组的滤镜后的图像效果如图 9－29 所示。

图 9－29

9.3.9 “渲染”滤镜组

“渲染”滤镜组用于在图像中创建三维形状、云彩形状、折射图案和模拟的光反射，也可在三维空间中操纵对象，创建三维对象，并从灰度文件创建纹理填充，以产生类似三维的光照效果。该组滤镜位于“滤镜”菜单的“渲染”子菜单中，包含 8 种滤镜，如图 9－19 所示的“渲染”滤镜组。

1. “火焰”滤镜

“火焰”滤镜用于制作火焰的效果，使用此滤镜前，需要先绘制路径，如图 9 – 30 所示。选择“滤镜”→“渲染”→“火焰”命令，弹出如图 9 – 31 所示参数设置对话框，效果如图 9 – 32 所示。

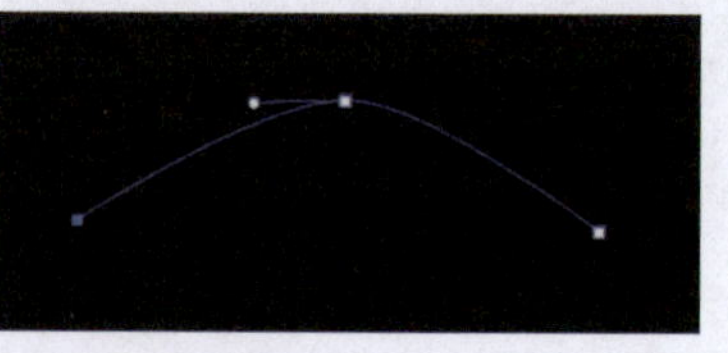

图 9 – 30

图 9 – 31

图 9 – 32

火焰类型一共有 6 种：

（1）沿路径一个火焰。

（2）沿路径多个火焰。

（3）一个方向多个火焰。

（4）指向多个火焰路径。

（5）多角度多个火焰。

（6）烛光。

不同火焰类型的效果如图 9 – 33 所示。

2. “图片框”滤镜

“图片框”滤镜用于给图像添加边框的效果。选择“滤镜”→“渲染”→“图片框”命令，弹出“图案”对话框，图案共有 47 种边框，选择“16：小树丛”，参数设置如图 9 – 34 所示，效果如图 9 – 35 所示。

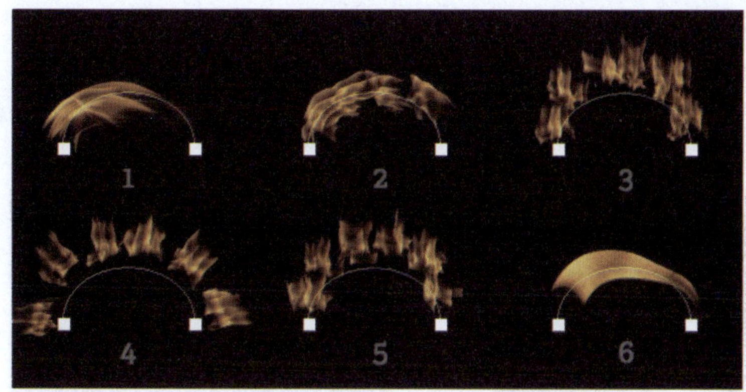

图 9－33

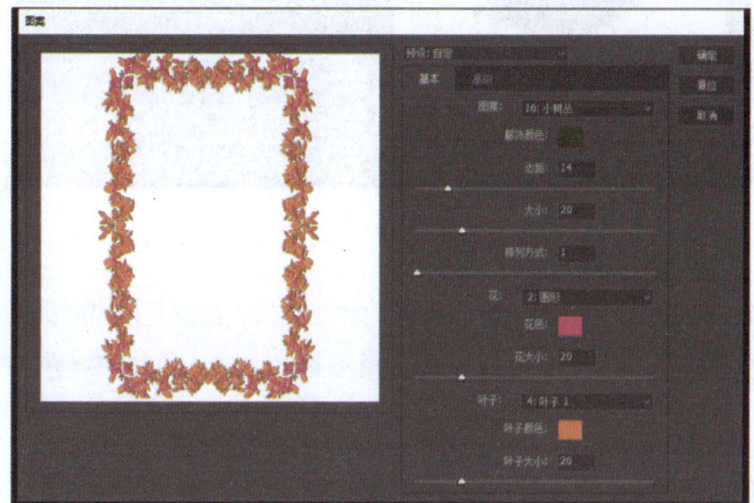

图 9－34

原图

图片框

图 9－35

3. “树”滤镜

“树”滤镜用于直接生成各种树的图像。新建图层，选择“滤镜”→“渲染”→“树”命令，弹出“树”对话框，共有 34 种边框，选择“3：银杏树”，参数设置和效果如图 9－36 所示。

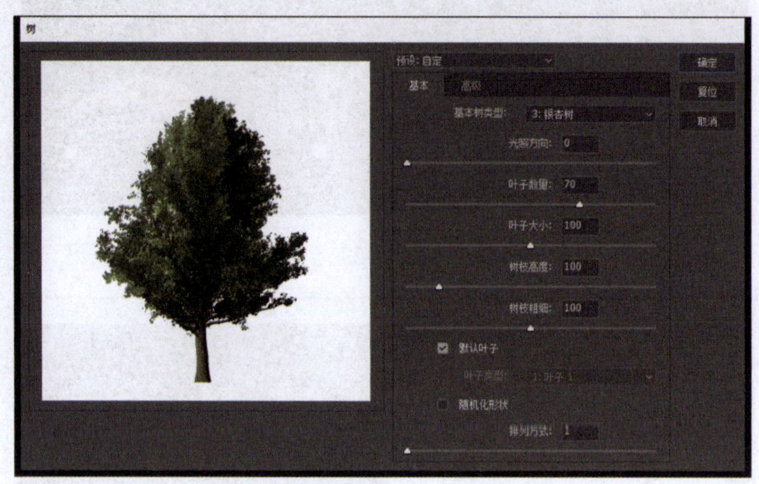

图 9－36

4. “分层云彩”滤镜和“云彩”滤镜

“分层云彩”滤镜的作用与“云彩”滤镜的作用类似，也就是使用随机生成的介于前景色与背景色之间的颜色生成云彩图案，二者的区别在于：“云彩”滤镜生成的云彩图案将替换原有的图案，而“分层云彩”滤镜生成的云彩图案将按“插值”模式与原有图像混合。设置前景色 RGB（22，143，245）、背景色 RGB（255，255，255），应用“分层云彩”和“云彩”滤镜的效果如图 9－37 所示。

原图　　分层云彩　　云彩

图 9－37

5. “光照效果”滤镜

“光照效果”滤镜可以为图像增加复杂的光照效果。

6. “镜头光晕”滤镜

“镜头光晕”滤镜可以模拟照相时的光晕效果，它通过单击图像缩览图的任意位置或拖动十字线指定光晕中心的位置。

7. “纤维”滤镜

“纤维”滤镜使用当前的前景色和背景色生成一种类似于纤维的纹理效果。它使用“纤维”对话框中的“差异”滑块来控制颜色的变化方式，较小的值产生较长的颜色条纹，较大的值则产生非常短且颜色分布变化大的纤维。

应用“光照效果”“镜头光晕”和“纤维”滤镜的效果如图 9－38 所示。

原图　光照效果　镜头光晕　纤维

图 9－38

9.3.10 “杂色”滤镜组

“杂色”滤镜组用于添加或移去杂色或带有随机分布色阶的像素，有助于将选区混合到周围的像素中，利用“杂色”滤镜组可以创建与众不同的纹理或移去有问题的区域，如灰尘与划痕。该组滤镜位于“滤镜”菜单的“杂色”子菜单中，包含 5 种滤镜，如图 9－19 所示的“杂色”滤镜组。

1. “减少杂色”滤镜

“减少杂色”滤镜用于去除图像中的杂色，不影响整个图像或各个通道的用户设置，保留边缘的同时减少杂色。选择“滤镜”→“杂色”→“减少杂色”命令，弹出“减少杂色”对话框，参数设置如图 9－39 所示。效果如图 9－40 所示。

图 9－39

原图

减少杂色

图 9－40

2. “蒙尘与划痕”滤镜

“蒙尘与划痕”滤镜通过更改相异的像素来减少杂色，在锐化图像和隐藏瑕疵之间取得平衡。可以在“蒙尘与划痕”对话框中设置“半径”与“阈值”的各种组合，或者在图像的选区中应用此滤镜。选择“滤镜”→“杂色”→“蒙尘与划痕”命令，弹出“蒙尘与划痕色”对话框，设置半径为 7 像素，阈值为 6 色阶，效果如图 9－41 所示。

原图

蒙尘与划痕

图 9－41

3. “去斑”滤镜

“去斑”滤镜可以把一些照片人物脸上的斑点去掉，达到祛斑美白效果，经过处理的人物照片冲洗出来更加好看。这个滤镜没有参数设置对话框。

4. “添加杂色”滤镜

“添加杂色”滤镜可用于在图像上随机添加一些杂色，也可用于减小羽化选区或渐变填充中的色带。选择“滤镜”→“杂色”→“添加杂色”命令，弹出“添加杂色”对话框，参数设置如图 9－42 所示，效果如图 9－43 所示。

5. “中间值”滤镜

“中间值”滤镜是专门用于去除照片中各种斑点的滤镜。中间值滤镜的原理就是将图像上的对象进行模糊处理来去除斑点。如果要在整个图像中使用该滤镜，会使图像中所有对象变得模糊。选择“滤镜”→“杂色”→“中间值”命令，弹出“中间值”对话框，参数设置如图 9－44 所示，效果如图 9－45 所示。

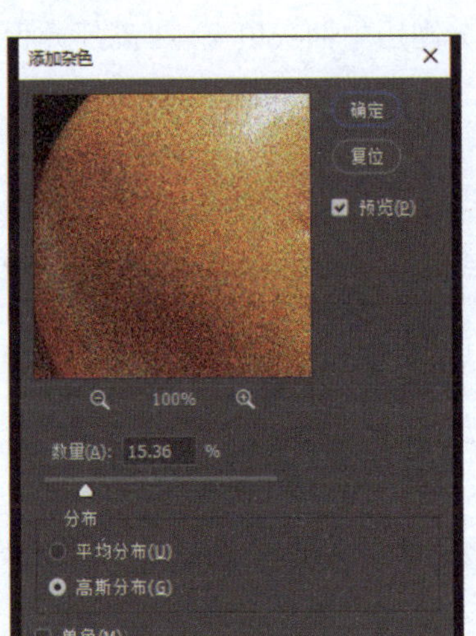

图 9-42

图 9-43

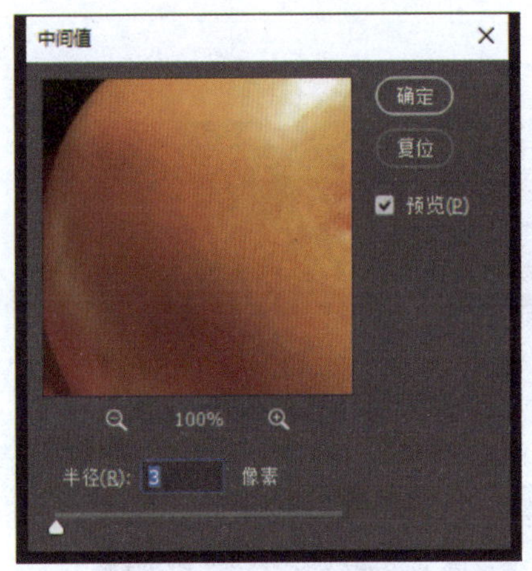

图 9-44

图 9-45

9.3.11 “其他”滤镜组

“其他”滤镜组中的滤镜允许创建自己的滤镜，使用滤镜修改蒙版，在图像中使选区发生位移和快速调整颜色。该组滤镜位于“滤镜”菜单的“其他”子菜单中，包含 6 种滤镜，如图 9-19 所示的“其他”滤镜组。

1. “HSB/HSL”滤镜

“HSB/HSL”滤镜：HSB 即色相（Hue）、饱和度（Saturation）、明度（Brightness）的缩写，而 HSL 则是色相（Hue）、饱和度（Saturation）、亮度（Lightness）的缩写。这两者主要用于描述图像的颜色属性。在摄影领域中，HSB/HSL 滤镜常用于建立饱和度分区蒙版，类似于亮度蒙版的功能。

2. “高反差保留”滤镜

“高反差保留”滤镜在有强烈颜色或明暗转变发生的地方按指定的半径保留边缘细节

(半径为 0.1 时，仅保留边缘像素)，而图像的其余部分则用中性灰填充。“高反差保留”滤镜常用于锐化、保护纹理、提取线条等处理上。

3. “位移”滤镜

“位移”滤镜可以将图像移动指定的水平量或垂直量，而选区的原位置变成空白区域。可以用当前背景色或图像的另一部分填充这块空白区域；如果选区靠近图像边缘，也可以使用选择的内容进行填充。

4. “自定”滤镜

“自定”滤镜是由文本框组成的网格，可以在文本框中输入数值。

5. “最大值”滤镜

利用“最大值”滤镜可以用指定半径范围内像素的最大亮度替换当前像素的高度值，从而扩大高光区域。

6. “最小值”滤镜

利用“最小值”滤镜可以用指定半径范围内像素的最小亮度替换当前像素的高度值，从而缩小高光区域，扩大暗调区域。

应用“其他”滤镜的效果如图 9 - 46 所示。

图 9 - 46

9.3.12 使用滤镜库

使用滤镜库可以累积添加并调整多个滤镜，或者多次应用同一个滤镜，并按照从下到上的顺序应用滤镜效果。滤镜库最大的特点是在应用和修改多个滤镜时，效果非常直观，修改非常方便。下面具体介绍“滤镜库”的功能及其应用。

1. 认识滤镜库

选择“滤镜”→“滤镜库”命令，弹出如图 9－47 所示的对话框，其中显示了可用滤镜效果的缩览图，但并不是所有可用的滤镜都在滤镜库中显示。在对话框中打开某一个滤镜序列的缩览图，即可对当前图像应用该滤镜，应用该滤镜后的效果在左侧的预览区中显示。

图 9－47

2. 滤镜库的应用

在滤镜库中选择一种滤镜，滤镜控制区将显示该滤镜，单击滤镜控制区下方的“新建效果图层”按钮 ⊞，新添加一种滤镜。

（1）应用多个不同的滤镜。

要在滤镜库中应用多个不同的滤镜，首先在滤镜选择区中选择一种滤镜，即可应用所选择的滤镜，滤镜名称会显示在滤镜控制区中；然后单击滤镜控制区下方的“新建效果图层”按钮，新添加一种滤镜；在滤镜选择区中再选择一种要应用的滤镜，即可将当前选中的滤镜修改为新的滤镜，依此类推。图 9－48 所示就是应用“绘画涂抹和塑料包装”两个不同滤镜的效果。删除一种滤镜，单击滤镜控制区下方的“删除效果图层”按钮，即可删除一种滤镜效果。

（2）多次应用同一个滤镜。

通过在滤镜库中多次应用同一种滤镜，可以增加滤镜对图像的作用效果，使滤镜效果更加显著。

（3）调整滤镜顺序。

滤镜效果列表中的滤镜顺序决定了当前图像的最终效果，因此，当这些滤镜的应用顺序发生变化时，最终得到的图像效果也会发生变化。

9.3.13　特殊滤镜

Photoshop 中除了前面介绍的普通滤镜外，还有一些特殊滤镜，如“液化”“消失点”等滤镜，下面对这几种滤镜进行介绍。

1. “液化”滤镜。

“液化”滤镜用于推、拉、旋转、反射、折叠和膨胀图像的任意区域，所创建的扭曲可以是细微的，也可以剧烈的，这使得“液化”滤镜成为修饰图像和创建艺术效果的强大工具。“液化”滤镜可应用于8位/通道或16位/通道图像。选择“滤镜”→“液化”命令，弹出“液化”对话框，如图9-48所示。

图9-48

2. “消失点”滤镜

“消失点”滤镜可以在一个图像中创建多个平面，以任意角度连接它们，然后围绕它们编排图形、文本和图像等，还可以在包含透视平面（如建筑物侧面或任何矩形对象）的图像中进行透视校正编辑。使用“消失点”滤镜可以在图像中指定平面，然后应用诸如绘画、仿制、复制、粘贴及变换等操作。

使用“消失点”滤镜修饰、添加或移去图像中的内容时，效果将更加逼真，因为系统可正确确定这些编辑操作的方向，并且将它们缩放到透视平面。

9.3.14 滤镜的使用技巧

滤镜主要用来实现图像的各种特殊效果，它能使图像产生非常神奇的效果。滤镜操作看上去非常简单，但是真正用起来却很难做到恰到好处。滤镜通常需要与通道或图层等配合使用，才能取得最佳的艺术效果。如果想在最适当的时候将滤镜应用到最适当的位置，除了具有美术功底之外，还需要用户具有操控滤镜的能力，甚至需要有很丰富的想象力。

1. 直接应用滤镜

当滤镜菜单命令后面没有“…”符号时，表示该滤镜不需要进行任何参数设置，不会出现任何对话框，系统会直接将该滤镜效果应用到当前图层中。

当滤镜菜单命令后面有“…”符号时，表示在使用该滤镜时会弹出一个对话框，需要设置一些选项和参数。

2. 重复使用滤镜

如果使用一次滤镜后效果不够理想，可以重复使用该滤镜来增强效果。按 Ctrl + F 组合键即重复使用滤镜。

3. 对图像局部使用滤镜

有时不需要对整个图像使用滤镜，只需要对图像的局部使用滤镜，将需要使用滤镜的区域制作成选区，滤镜效果只对选区内的图像有效，这是常用的处理图像的方法。

4. 对通道使用滤镜

分别对图像的各个通道使用滤镜，结果和对图像使用滤镜的效果相同。如果单独对图像的某个通道使用滤镜，可以得到一种非常特殊的效果。

5. 转换为智能滤镜

智能滤镜是一种非破坏性的滤镜。在 Photoshop 中，除了“液化”和“消失点”滤镜外，其他滤镜都可以作为智能滤镜使用。

9.4 拓展练习

9.4.1 制作光芒四射效果

要求：

（1）制作光芒四射的特效字。

（2）效果如图 9 - 49 所示。

图 9 - 49

操作要点：

（1）新建文件，填充黑色，输入文字“辉煌中国”。

（2）复制图层“辉煌中国”，新图层命名为“特效字”，隐藏“辉煌中国”文字图层，选中“特效字”图层，右击栅格化文件，选择“滤镜”→“扭曲”→“极坐标”命令，弹出如图 9 - 50 所示的对话框，单击“确定”按钮，效果如图 9 - 51 所示。

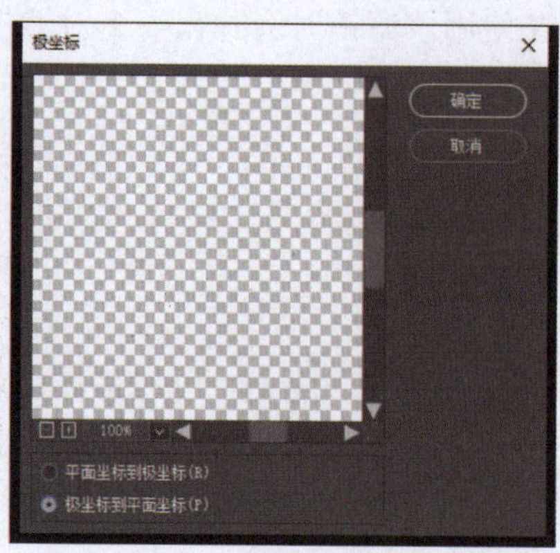

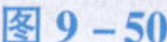
图 9－50

图 9－51

（3）选择“图像”→“图像旋转”→“顺时针 90 度”命令，效果如图 9－52 所示。

（4）选择“滤镜”→“风格化”→“风”命令，弹出如图 9－53 所示的对话框，单击“确定”按钮，继续执行风命令，这样执行 2～3 次，效果如图 9－54 所示。

图 9－52

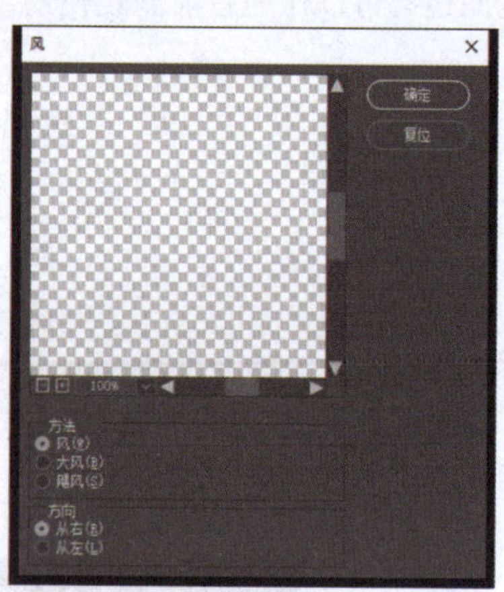

图 9－53

（5）选择“图像”→“图像旋转”→“逆时针 90 度”命令，效果如图 9－55 所示。

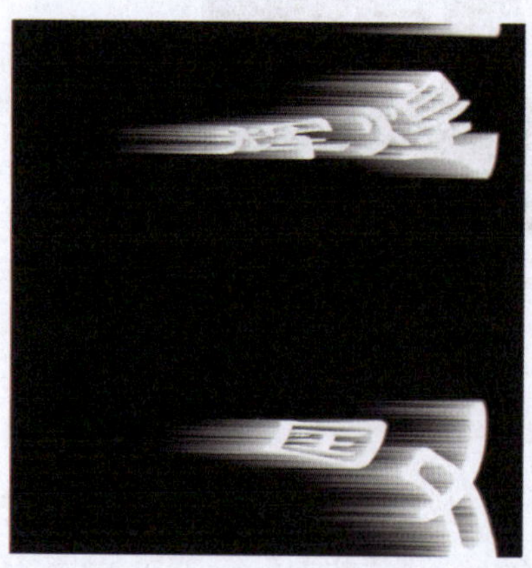

图 9－54

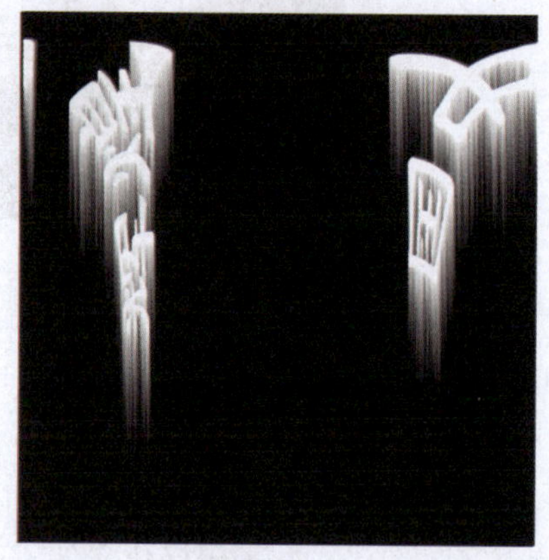

图 9－55

（6）选择“滤镜”→“扭曲”→“极坐标”命令，弹出如图 9－56 所示的对话框，单击“确定”按钮，效果如图 9－57 所示。

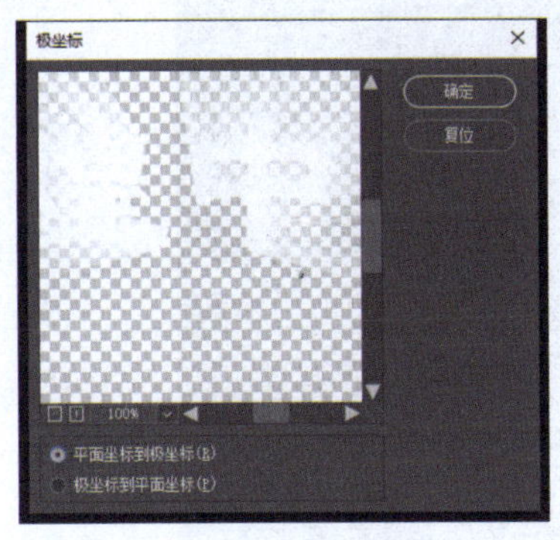

图 9－56

图 9－57

（7）单击“图层”面板底部的“添加图层样式”按钮，添加“渐变叠加”样式，渐变颜色条 RGB（244，69，69）、RGB（185，203，31）、RGB（244，69，69），参数设置如图 9－58 所示。

图 9－58

（8）单击“图层”面板底部的“添加图层样式”按钮，添加“外发光”样式，参数设置如图 9－59 所示。

（9）显示“辉煌中国”图层，将图层顺序调到最上面，效果如图 9－49 所示。

（10）选择“文件”→“存储副本”命令，在弹出的“存储副本”对话框中，设置保存类型为 Photoshop（＊.PSD；＊.PDD；＊.PSDT），输入文件名“9－4－1－辉煌中国.psd”。

（11）选择“文件”→“存储副本”命令，在弹出的“存储副本”对话框中，设置保存类型为 JPEG（＊.JPG；＊.JPEG；＊.JPE），输入文件名“9－4－1－－辉煌中国.jpg”。

辉煌中国

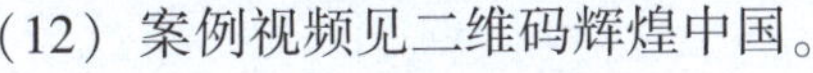

（12）案例视频见二维码辉煌中国。

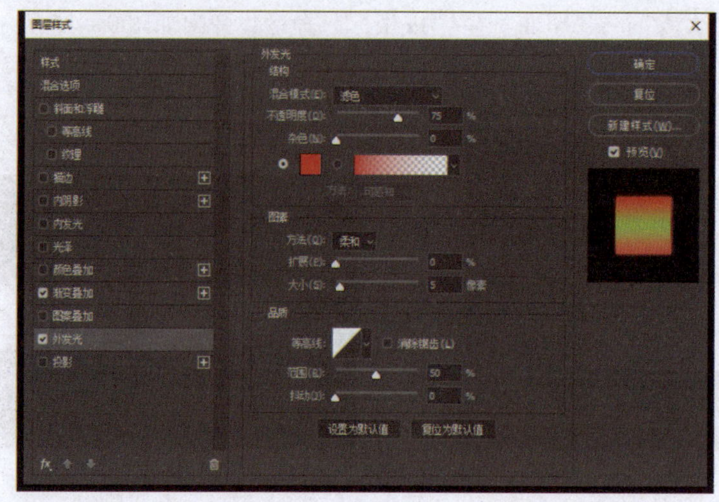

图 9－59

9.4.2　制作玻璃心效果

要求：

（1）制作玻璃心效果。

（2）效果如图 9－60 所示。

图 9－60

操作要点：

（1）新建文件。

（2）选择工具箱中的“渐变工具”，在属性栏中，“渐变类型”设置为“线性渐变”，“渐变预设”设置从前景色到背景色渐变，前景色 RGB（255，255，255），背景色 RGB（235，223，187），从上至下填充渐变色，如图 9－61 所示。

（3）选择工具箱中的“矩形工具”，绘制正方形，填充颜色 RGB（247，88，226），自由变换，旋转 45 度，如图 9－62 所示。

图 9－61

图 9－62

(4) 新建图层，选择工具箱中的“椭圆工具”，绘制圆形，填充颜色 RGB（247，88，226），复制图层，移动位置，如图 9－63 所示。

(5) 按 Shift + Ctrl + Alt + E 组合键盖印图层，新图层命名为“心”，选择“滤镜”→“模糊”→“高斯模糊”命令，半径设置为 38，效果如图 9－64 所示。

图 9－63

图 9－64

(6) 选择“滤镜”→“滤镜库”命令，选择“扭曲”中的“玻璃”效果，参数设置如图 9－65 所示。单击“确定”按钮，效果如图 9－60 所示。

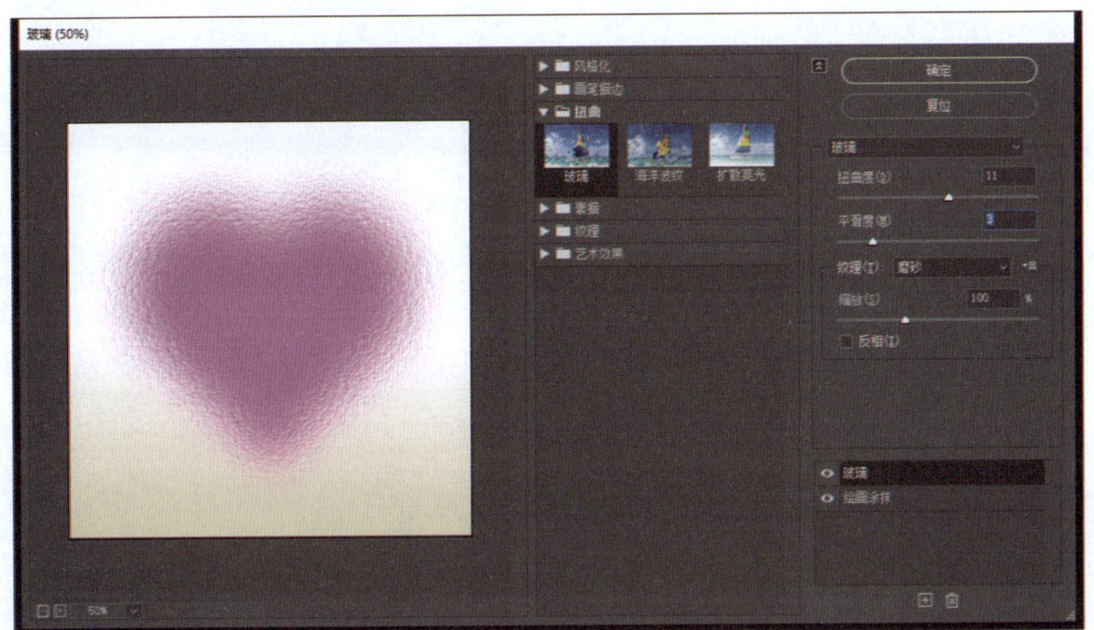

图 9－65

(7) 选择“文件”→“存储副本”命令，在弹出的“存储副本”对话框中，设置保存类型为 Photoshop（＊. PSD；＊. PDD；＊. PSDT），输入文件名“9－4－2－玻璃心. psd”。

(8) 选择“文件”→“存储副本”命令，在弹出的“存储副本”对话框中，设置保存类型为 JPEG（＊. JPG；＊. JPEG；＊. JPE），输入文件名“9－4－2－玻璃心.. jpg”。

(9) 案例视频见二维码玻璃心。

玻璃心

9.5 项目考核

项目九考核

学习情境五

综合实训

项目十　海报设计

参 考 文 献

[1]李斌,鲁丰玲. Photoshop 图形图像处理案例教程[M]. 北京:北京邮电大学出版社,2020.

[2]张婷,李天祥,李胡媛. Photoshop CS6 平面设计应用教程[M]. 北京:人民邮电出版社,2022.

[3]王才,李科,张满红. Photoshop CS6 案例教程[M]. 北京:航空工业出版社,2020.

[4]李晓静,徐红霞,秦慧,马海英. Photoshop 图形图像处理[M]. 北京:清华大学出版社,2015.